EXAMPRESS マイクロソフト認定資格学習書

Microsoft 365 Fundamentals

試験番号 MS-900

エディフィストラーニング(株) 甲田章子

SE SHOEISHA

■本書内容に関するお問い合わせについて
このたびは翔泳社の書籍をお買い上げいただき、誠にありがとうございます。弊社では、読者の皆様からのお問い合わせに適切に対応させていただくため、以下のガイドラインへのご協力をお願い致しております。下記項目をお読みいただき、手順に従ってお問い合わせください。

●ご質問される前に
弊社Webサイトの「正誤表」をご参照ください。これまでに判明した正誤や追加情報を掲載しています。
正誤表 https://www.shoeisha.co.jp/book/errata/

●ご質問方法
弊社Webサイトの「書籍に関するお問い合わせ」をご利用ください。
書籍に関するお問い合わせ https://www.shoeisha.co.jp/book/qa/
インターネットをご利用でない場合は、FAXまたは郵便にて、下記"翔泳社 愛読者サービスセンター"までお問い合わせください。
電話でのご質問は、お受けしておりません。

●回答について
回答は、ご質問いただいた手段によってご返事申し上げます。ご質問の内容によっては、回答に数日ないしはそれ以上の期間を要する場合があります。

●ご質問に際してのご注意
本書の対象を超えるもの、記述個所を特定されないもの、また読者固有の環境に起因するご質問等にはお答えできませんので、予めご了承ください。

●郵便物送付先およびFAX番号
送付先住所 〒160-0006 東京都新宿区舟町5
FAX番号 03-5362-3818
宛先 (株)翔泳社 愛読者サービスセンター

※本書に記載されたURL等は予告なく変更される場合があります。
※本書に記載された情報は、本書執筆時点(2023年7月)のもので、予告なく変更される場合があります。詳細はマイクロソフトの公式ウェブページをご確認ください。
※本書は、マイクロソフト認定資格試験に対応した学習書です。著者および出版社は、本書の使用によるMicrosoft 365 Fundamentals試験(MS-900)の合格を保証するものではありません。
※本書の出版にあたっては正確な記述につとめましたが、著者や出版社などのいずれも、本書の内容に対してなんらかの保証をするものではなく、内容やサンプルに基づくいかなる運用結果に関してもいっさいの責任を負いません。
※本書に掲載されているサンプルプログラムやスクリプト、および実行結果を記した画面イメージなどは、特定の設定に基づいた環境で再現される一例です。
※本書に記載されている会社名、製品名はそれぞれ各社の商標および登録商標です。
※本書に記載されているUIや用語等は、クラウドサービスという性質上頻繁に更新される可能性があります。

はじめに

この度は、本書をお手に取っていただきありがとうございます。本書は、MCP試験「MS-900：Microsoft 365基礎」に対応した解説書です。

MS-900試験は、クラウドの一般的な知識に加え、Microsoft 365に含まれる各種サービスの機能、ライセンスやサポート、セキュリティやコンプライアンスなど広範囲な内容を問われるため、基礎的な位置付けの資格とはいえハードルは高いです。

本書でも記載しておりますが、クラウドサービスのアップデートは頻繁に行われます。

試験がその変化に対応するには時間がかかるため、最新の機能名や画面で試験が出題されるわけではありません。古い名称と新しい名称を両方覚えなければならないなども含めて難易度の高い試験です。

試験に合格するためには、環境に触っていただくことが重要ですが、環境によっては、すべての機能をお試しになれない場合もあるかと思いますので、ぜひ本書をご活用ください。概念図やスクリーンショットを豊富に用いて解説しており、Microsoft 365に触ったことが無い方にも理解しやすい構成になっています。また、合格するためには、問題を数多く解いてください。

各章末の練習問題、模擬問題、ボーナス問題と多くの問題を準備しております。それらを繰り返し確認し、習熟度を高めたうえで試験に臨んでください。

この本をお手に取られた方の合格を心よりお祈り申し上げます。

エディフィストラーニング株式会社
甲田 章子

MCPの概要について

◆MCP（Microsoft Certifications Program）とは

MCP（Microsoft Certifications Program）は、Microsoftが実施する認定資格のことで、Microsoftが提供するさまざまな製品について、知識や経験があるかを問うものです。

試験に合格することで、製品に対する深い知識があることを証明したり、資格の称号を得ることができます。このプログラムは、グローバルで実施しているものであるため、認定資格の取得はさまざまな国でアピールすることができます。

◆試験と資格

MCP試験は、多くの科目が用意されています。1つの試験に合格することで、1つの資格に認定されるものもあれば、複数の試験に合格しないと認定されない資格もあります。

そのため、取得したい資格の称号を得るために、どのような試験を受ければよいのかをMicrosoftのホームページで確認する必要があります。

参照：Microsoftの認定資格
https://learn.microsoft.com/ja-jp/certifications/

◆試験のレベル

MCP試験は、次の3つのレベルがあります。

- 初級（Fundamentals）
  特定の製品やサービスについて幅広く知識を問う試験です。
  これから製品について学びたい技術者や営業担当者、新入社員など多くの方に適した試験です。本書で扱っているFundamentals資格は、初級に位置付けられます。
- 中級（Associate・Specialty）
  特定の製品やサービスについて、専門知識を問う試験です。
  既に、該当の製品やサービスについて運用経験のある技術者が、スキルを証明するために適した試験です。また、特定の資格の称号得るための必須科目となる場合もあります。

- 上級（Expert）
  特定の製品やサービスについて、エキスパートレベルの運用経験や知識を持つ技術者向けの試験です。設計や構築、運用、管理など幅広い内容が深く問われます。

◆Fundamentals資格について

合格することで、「Fundamentals」の称号を受けることができる試験があります。主に、次のようなものです（一例）。

AZ-900：Microsoft Azureの基礎
MS-900：Microsoft 365基礎
SC-900：Microsoftセキュリティ、コンプライアンス、IDの基礎
AI-900：Microsoft Azure AI Fundamentals
DP-900：Microsoft Azureのデータの基礎
PL-900：Microsoft Power Platform基礎

例えば、AZ-900：Microsoft Azureの基礎に合格すると、Microsoft Certified：Azure Fundamentalsの資格の称号を得ることができます。

これから、Microsoftの製品について学びたい方は、まずはFundamentalsの称号を取得することを目指し、その後、中級、上級の資格にチャレンジするのが良いでしょう。

試験の申込について

◆試験の申込方法

試験は、次の手順で申し込みます。

Step1：MSA（Microsoftアカウント）の取得

Step2：Microsoftの試験ページから試験の申し込み

Step3：Pearson VUEのページで試験会場や試験日時を決定

- Step1：MSA（Microsoftアカウント）の取得

  MCP試験を申し込むためには、Microsoftアカウントの取得が必須です。
  Microsoftアカウントに試験の結果や受験履歴などが保存されます。
  Microsoftアカウントの作成は、以下のページから行うことができます。

  Microsoftアカウントの作成
  https://account.microsoft.com/account?lang=ja-jp

- Step2：Microsoftの試験ページから試験の申し込み

  Microsoftが提供する試験ページにアクセスします。
  たとえば、MS-900の場合は次のページです。

  試験MS-900：Microsoft 365基礎
  https://learn.microsoft.com/ja-jp/certifications/exams/ms-900/

  上記のページにアクセスすると、[試験のスケジュール設定] セクションに [Pearson VUE] でスケジュールというボタンが表示されるためクリックします。
  Microsoftアカウントでのサインインを求められるため、Step1で作成したMicrosoftアカウントの資格情報を入力してサインインします。
  認定資格プロファイルの情報が表示されるため、間違いがないことを確認し、Pearson VUEのサイトに移動します。

- Step3：Pearson VUEのページで試験会場や試験日時を決定
Pearson VUEのサイトで、試験会場で受験するか、オンラインで受験するかなどの指定を行います。また試験の日時などを決定し、支払い方法の指定などを行います。

MS-900について

◆概要

MS-900の試験（Microsoft 365基礎）は、「Microsoft 365 Fundamentals」の資格を取得するためのものです。クラウドの一般的な知識に加え、Microsoft 365に含まれる各種サービスの機能、ライセンスやサポート、セキュリティやコンプライアンスなど広範囲な内容を問われるのが特徴です。

その他の試験に関する概要は、以下の通りです。

●MS-900試験の概要

受験資格	なし
試験日程	随時
試験時間	45分（着席時間は65分）
受験場所	全国のテストセンターもしくはオンライン受験
問題形式	・択一問題　・並び替え問題 ・ドラッグアンドドロップ　・プルダウン問題　・複数選択問題
合格スコア	700以上（最大1000）
受験料	12,500円（税別）

◆試験範囲

出題範囲と、それぞれの分野が占める割合は以下の通りです（2023年4月18日時点）。

●出題範囲と点数の割合

出題範囲	点数の割合
クラウドの概念について説明する	5-10%
Microsoft 365 Appsとサービスについて説明する	45-50%
Microsoft 365のセキュリティ、コンプライアンス、プライバシー、信頼について説明する	25-30%
Microsoft 365の価格、ライセンス、サポートについて説明する	10-15%

なお、最新の出題範囲や比重は変更される可能性がありますので、詳しくは公式ページの以下のURLをご参照ください。

●「試験 MS-900: Microsoft 365の基礎の学習ガイド」
https://learn.microsoft.com/ja-jp/certifications/resources/study-guides/MS-900

本書の使い方

本書は、「Microsoft 365 Fundamentals試験（MS-900）」を受験し、合格したいと考えられている方のための学習書です。本書の執筆においては、2023年7月のスクリーンキャプチャを用いています。本書に記載の解説・画面などは、この環境で作成しています。

●理解度チェック

各章の扉にその章で学習する項目の一覧とチェックボックスを用意しています。受験の直前などに、ご自身の理解度のチェックをする際に便利です。

●第1章～第9章

合格のために習得すべき項目を、出題範囲に則って第1章から第9章に分けて解説しています。

試験で正答するために必要となる重要な事項を紹介します。本文で言及していない内容が含まれる場合がありますので、必ず目を通してください。

間違えやすい事項など、注意すべきポイントを示しています。

関連する情報や詳細な情報が記載されている参照先やURLなどを示します。

試験で正解にたどり着くために知っておくと便利な事項や参考情報を示します。

● 操作手順

操作の方法等は、画面を追って順に解説します。実際に手を動かしながら学習する際の参考になります。また、実機がない環境での学習の手助けにもなります。

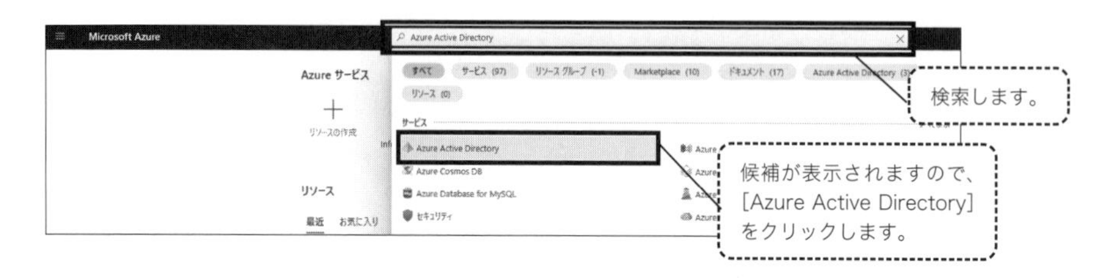

● コマンド、改行

紙面の都合上、コマンドなどを改行する場合は、改行マーク（⇒）を挿入しています。

● 練習問題

各章末には、学習の到達度を試すための練習問題が用意されています。復習べき箇所は 参照 のように記載してあります。

● 模擬問題（Web提供）

ダウンロード特典として、2回分の模擬問題が用意されています。問題の後に簡潔な解説がありますが、よくわからなかった箇所は本文に戻って復習しておくとよいでしょう。復習すべき箇所は 参照 のように記載してあります。

● ボーナス問題（Web提供）

ダウンロード特典として、新しい出題傾向に沿ったボーナス問題が用意されています。

また、本試験の受験までに、各章の練習問題とWeb提供の模擬問題とボーナス問題のすべての問題を解けるようにしておくことをお勧めします。

読者特典ダウンロードのご案内

本書の読者特典として、「模擬問題」、「最新の試験情報」および「ボーナス問題」を提供いたします。

● 最新の試験情報

Microsoft 365 Fundamentals（MS-900）は、対象がクラウドにおけるサービスであるため、試験の内容は不定期に更新されます。刊行後に大きな改訂や変更が行われた場合は、「最新の試験情報」としてPDFファイルで提供する予定です。

● 模擬問題

試験2回分の模擬問題のPDFファイルを提供いたします。

● ボーナス問題

刊行時（2023年9月）の最新傾向に合わせた問題約100問のPDFファイルを提供いたします。刊行後に大きな改訂や出題傾向の変更があった場合には、問題を追加する予定です。

提供サイト：https://www.shoeisha.co.jp/book/present/9784798180816
アクセスキー：本書のいずれかのページに記載されています（Webサイト参照）

※ダウンロードファイルの提供開始は2023年9月末頃の予定です。
※ファイルのダウンロードには、SHOEISHA iD（翔泳社が運営する無料の会員制度）への会員登録が必要です。詳しくは、Webサイトをご覧ください。
※ダウンロードしたデータを許可なく配布したり、Webサイトに転載することはできません。
※ダウンロードファイルの提供は、本書の出版後一定期間を経た後に予告なく終了することがあります。

第1章

クラウドサービスの一般的な知識

本章では、クラウドサービスの一般的な知識を学びます。Microsoftのクラウドに特化した内容ではない一般的なことも含まれます。

理解度チェック

- □ クラウドコンピューティングのメリット
- □ クライアントアクセスライセンス（CAL）
- □ IaaS
- □ Microsoft Azure
- □ PaaS
- □ Azure SQLデータベース
- □ Azure Logic Apps
- □ SaaS
- □ Microsoft 365
- □ Power Apps
- □ Dynamics 365
- □ クラウドサービスモデルの責任範囲
- □ パブリッククラウド
- □ マルチテナント
- □ 共有パブリッククラウド
- □ 専用パブリッククラウド
- □ プライベートクラウド（オンプレミス）
- □ ハイブリッドクラウド
- □ Azure Backup

1.1 クラウドコンピューティングとは

クラウドコンピューティングとは、クラウドサービス事業者が提供するさまざまなサービスを、インターネット回線を介して利用することをいいます。クラウドサービス事業者が提供するクラウドサービスには、次のようなものがあります。

- **仮想マシン**
  クラウド上に仮想マシンを作成し、インターネット経由で接続して利用します。
- **ストレージ**
  クラウド上にファイルを保存します。
- **アプリケーション**
  クラウドサービス事業者が提供するアプリケーションを利用して、電子メールをやり取りしたり、情報共有を行ったりします。

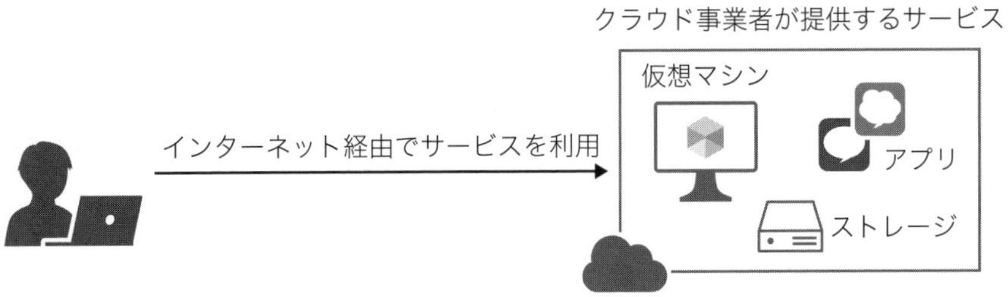

図1.1：クラウドサービスを契約するとインターネット経由でサービスを利用できる

1.1.1 クラウドコンピューティングのメリット

クラウドサービスは、クラウドサービス事業者が所有するハードウェアやネットワーク上にサービスを構築し、インターネット経由で、契約したユーザーが利用できるようになっています。クラウドコンピューティングを利用するメリットには、次のようなものがあります。

導入やメンテナンスコストがかからない

クラウドサービスを利用すれば、ユーザー側でサーバーを構築するために必要なハードウェアを用意したり、ソフトウェアのライセンスを購入したり、サーバーのセキュリティやバックアップ、リカバリなどの設定を行う必要もありません。

そのため、導入や運用にかかるコストを大幅に削減することができます。

自社でサーバーを導入して運用する場合、セキュリティパッチ（修正プログラム）の適用なども管理者が行う必要があります。しかし、クラウドサービスを利用すれば、これらはすべてクラウド事業者側に任せることができます。

ここが ポイント

自社にサーバーを設置して管理しているオンプレミス環境では、サーバーハードウェアを導入し、ソフトウェアライセンスを購入してサーバーの構築を行います。
そのため、Windows ServerやExchange Server、SharePoint Serverなどを構築して運用する場合、それらの製品ライセンスが必要となりますが、それと同時に、Windows ServerやExchange Serverなどのサーバーにアクセスするクライアント用のライセンス（CAL：Client Access License）も必要になります。
しかし、クラウドサービスに移行すればオンプレミス環境で利用していたサーバーハードウェアや各種ライセンスが不要になります。

■コストが予測しやすい

Microsoftのクラウドサービスの1つであるMicrosoft 365は、1ユーザーあたり月額○○円のように金額が固定です。そのため、1か月でどれくらいのコストがかかるのかを予測しやすいというメリットがあります。

一方、同じくMicrosoftが提供するクラウドサービスであるMicrosoft Azureは従量課金制であるため、サービスを使用した分だけ支払いをします。利用頻度の高かった月は支払金額も増えます。Microsoft Azureのポータルサイトで、現在の料金や予測金額なども確認できるようになっています。

また、1か月で一定の金額を超えた場合にアラートを表示するように設定することができます。

■拡張や縮小が可能

クラウドサービス事業者が提供するサービスの1つに、仮想マシンがあります。これを利用することで、ユーザーが自由に仮想マシンを作成することができますが、最初に選択した仮想マシンの構成内容（メモリやCPUなど）では料金が高すぎる場合は、もっと安いもの（低スペックなもの）に変更することもできます。逆に料金は高くても性能の良いものに変更することもできます。仮想マシンのスペックを上げることで処理の効率を良くすることをスケールアップといい、スペックを下げることをスケールダウンといいます。それに対して、仮想マシンの台数を増やすことで処理の効率を上げることもできます。

仮想マシンの台数を増やすことをスケールアウト、減らすことをスケールインと呼びます。

■環境は常に最新

クラウドサービスで提供される環境は常に最新です。そのため、品質更新プログラムが適用された安全性の高い環境でサービスを利用することができます。

■安定した稼働環境

クラウドサービス事業者が運用するさまざまなサービスでは、「SLA：サービスレベル契約」が設定されています。これは、特定のサービスについて「月間稼働率を○○%保証する」というものです。この数値を下回った場合には、返金の制度が設けられています。

たとえば、Microsoftが提供するチャットベースのコラボレーションツールであるMicrosoft Teamsは、月間稼働率99.9%を保証しています。

このように高い稼働率を保証しているため、いつでもサービスにアクセスして利用することができます。

SLAが100%になることはありません。
Microsoftのサービスにおいては、99.9%や99.99%といった稼働率を保証するサービスが多く存在します。

■データは安全

Microsoftのクラウドサービスでは、ハードディスクに保存されているファイルは、BitLockerを使用して暗号化されています。また、電子メールやネットワークを利用してやり取りされるデータも暗号化されます。このようにデータは常に安全な状態で保管されています。

Microsoftクラウド上のデータは保存中も通信中も暗号化され保護されていますが、企業によっては、クラウドに機密データを置くことを禁止している場合もあります。

1.2 クラウドコンピューティングのサービスモデル

Microsoftのようなクラウドサービス事業者が貸してくれるサービスには、さまざまなものがあります。

何を貸してくれるかによって、「サービスモデル」が異なります。代表的なサービスモデルは、次のようなものです。

・IaaS（Infrastructure as a Service）
・PaaS（Platform as a Service）
・SaaS（Software as a Service）

1.2.1 IaaS(Infrastructure as a Service)

IaaSは、「インフラ」を貸してくれるサービスです。インフラとは、サーバーハードウェアやネットワークなどを指します。ユーザーがIaaSのサービスを契約することで、クラウドサービス事業者が所有する物理サーバー上に仮想マシンを作成し、好きなOS、ミドルウェア、アプリなどをインストールして実行することができます。IaaSは、契約したユーザー側の構成の自由度が高いというところがメリットですが、一方でメンテナンスやセキュリティ対策などユーザー側が対策しなくてはならない部分が大きいという特徴があります。Microsoftが提供するIaaSのサービスは、Microsoft Azureです。

構成	
アプリ	クラウドサービスの契約者が自由に構成
ミドルウェア	（同上）
仮想マシンのOS	（同上）
ストレージなどの ハードウェアやネットワーク	← クラウドサービス事業者が提供

図1.2：IaaSはサーバーハードウェアやネットワークを貸してくれるサービス

ストレージ

ストレージとは、ファイルを保存したりするための記憶領域を提供するハードウェアのことで、ハードディスクなどがこれに該当します。

HINT ミドルウェア

ミドルウェアとは、OSとアプリの間に存在するソフトウェアで、Webサーバー、データベース管理サーバーなどが該当します。
たとえば、ユーザーがブラウザーを使用してWebページを表示する際、指定したWebページを表示するのがWebサーバーです。

ここがポイント

Microsoftが提供するIaaSのサービスは、Microsoft Azureです。
Microsoft Azureでは、IaaSのサービスの1つとしてAzure仮想マシンサービスを提供しています。

ここがポイント

IaaSでは、クラウドサービス事業者が提供するサーバー上に任意のOSを実行する仮想マシンを作成することができます。また、仮想マシンのセキュリティ設定を行うためのファイアウォール構成なども、IaaSの機能の一部となります。

1.2.2 PaaS(Platform as a Service)

PaaSは、「プラットフォーム」を貸してくれるサービスです。プラットフォームは、「アプリの実行環境」と考えていただくと分かりやすいかもしれません。

たとえば、自社で開発したアプリをユーザーに利用してもらうためには、サーバーハードウェアやネットワークなどを用意し、OSやミドルウェア、開発したアプリをインストールする必要があります。

しかし、サーバーというのは導入しただけで終わりではありません。導入したからには運用が必要です。

運用フェーズでは、データのバックアップやセキュリティ対策、障害対策、更新プログラムの適用、パフォーマンスチューニングなどさまざまなタスクがあります。これらの面倒なタスクをすべてクラウドサービス事業者に任せてしまうことができるのがPaaSです。

PaaSのサービスの1つとして、Azure Logic AppsやAzure SQL Databaseなどがあります。

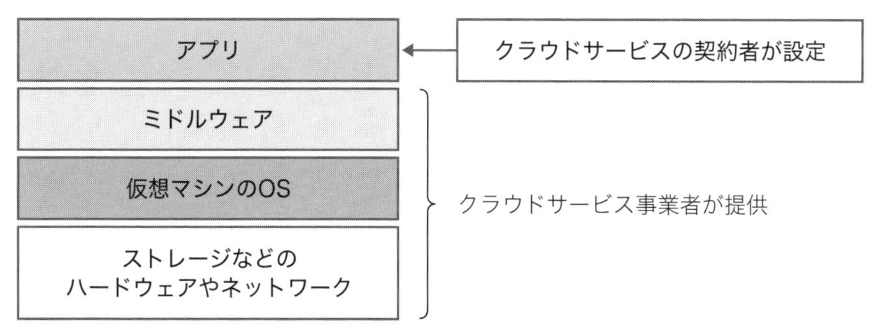

図1.3：PaaSはサーバーハードウェアやネットワーク、OS、ミドルウェアを貸してくれるサービス

Microsoftが提供するPaaSのサービスは、Microsoft Azureです。
Azure SQLデータベースは、Microsoft AzureのPaaSのサービスです。

Azure Logic Appsは、MicrosoftのPaaSのサービスです。
Azure Logic Appsを利用することで、難しいコーディングをすることなく普段行っているタスクを自動化するためのワークフローを作成することができます。

1.2.3 SaaS(Software as a Service)

SaaSは、「ソフトウェア」を貸してくれるサービスです。メールサービス、ストレージサービス、コラボレーションサービスなど、さまざまなサービスが存在します。

これらはすべてクラウドサービス事業者が構築および管理しているため、サービスを契約したユーザーは簡単な設定だけで、すぐにさまざまなアプリを使用することができます。

一方で、設定できる内容に制限があるなど、構成の自由度は低いですが、簡単な設定ですぐ使えることやメンテナンスが不要であることは大きなメリットです。

アプリ
ミドルウェア
仮想マシンのOS
ストレージなどの
ハードウェアやネットワーク
クラウドサービス事業者が提供

図1.4：SaaSはサーバーハードウェアやネットワーク、OS、ミドルウェア、アプリケーションを貸してくれるサービス

Microsoftが提供するSaaSのサービスはMicrosoft 365です。

次のサービスは、SaaSです。
- Power Apps（アプリを作成するアプリ）
- Dynamics 365（CRMやERPサービス）
- Microsoft 365 Apps
- SharePoint Online
- Exchange Online
- Microsoft Teams
- OneDrive for Business
- Microsoft 365 Apps

Microsoft 365 Appsは、WordやExcelなどが含まれるOfficeアプリケーションで、1人が所有するデスクトップPCやタブレット端末など複数のデバイスにインストールできます。

Microsoft 365はインターネットに接続されていることを前提としたサービスです。Microsoft 365に含まれる各種サービスを快適に利用するためには、信頼性の高いインターネット接続を利用することが推奨されます。

1.2.4 各サービスモデルの責任範囲

クラウドサービスにおいては、クラウドサービス事業者が責任を持つ部分と、サービスを契約したユーザー側が責任を持つ部分が明確に定義されています。各サービスモデルの責任範囲は次の通りです。

IaaS	PaaS	SaaS
アプリ	アプリ	アプリ
ミドルウェア	ミドルウェア	ミドルウェア
仮想マシンのOS	仮想マシンのOS	仮想マシンのOS
ストレージなどの ハードウェアやネットワーク	ストレージなどの ハードウェアやネットワーク	ストレージなどの ハードウェアやネットワーク

図1.5：各サービスモデルの責任範囲

図1.5で、塗りつぶされている部分が、クラウドサービス事業者の責任範囲です。一方、白い部分がユーザー側の責任範囲となっています。

オンプレミス環境では、サーバーやアプリを所有し運用管理している企業で全責任を負うことになりますが、クラウドサービスを利用することで、責任をクラウドサービス事業者と分担することができます。これにより、サーバーのメンテナンスなどをクラウドサービス事業者に任せることができ、メンテナンスコストを削減することができます。

図1.5の各サービスモデルの責任範囲を覚えておきましょう。

PaaSにおいては、クラウドサービス事業者の責任範囲は、ハードウェアやネットワーク、OS、ミドルウェアです。一方、ユーザー側が責任を持つのはアプリです。

クラウドサービスのモデルに関係なく責任を負う部分
3つのサービスモデルでは責任範囲が明確に分かれていますが、どのサービスモデルを利用していても、必ずユーザー側が責任を負うものがあります。それが次のものです。

・データ
・ユーザーが使用するエンドポイントデバイス
・アカウント
・アクセス管理

SaaSでは、責任範囲の図を見ると、ユーザー側が責任を負う部分が全く無いように見えます。しかし、実際はどのクラウドサービスモデルでも何らかの責任が発生します。

1.3 クラウドコンピューティングの実装モデル

クラウドコンピューティングの実装モデルには、データを保管する場所やアプリを実行する場所などによって、次のような3種類の形態があります。どの実装モデルを採用するかは、予算やセキュリティ、スケーラビリティ、メンテナンス性など企業の目的に応じて異なります。

・パブリッククラウド
・プライベートクラウド
・ハイブリッドクラウド

1.3.1 パブリッククラウド

Microsoftなどのクラウドサービス事業者が、世界各地に存在するデータセンターにサーバーを構築し、さまざまなサービスを実行しています。これらのサービスを加入者がインターネット経由で利用するのがパブリッククラウドです。

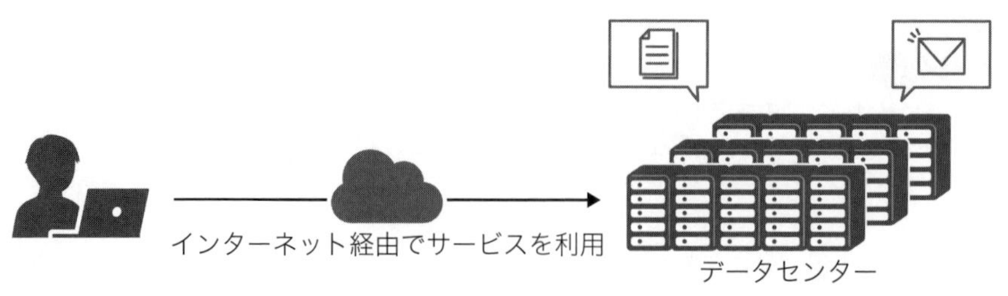

図1.6：パブリッククラウド

Microsoft Azureは、パブリッククラウドです。
また、Microsoft Azureのサービスの1つであるAzure Virtual Desktopもパブリッククラウドサービスです。

パブリッククラウドでは、ホスティング会社（クラウドサービス事業者）が、サーバーやストレージの運用や管理を行います。

パブリッククラウドの最も特徴的な点は、「マルチテナント」であることです。

クラウドサービス事業者が所有するネットワーク機器やハードウェアは非常に高価で高性能なものを採用しています。高性能なハードウェアを各企業で導入して運用するのは膨大なコストがかかりますが、高性能なものを多くの加入者で共有して利用することで、コストを抑えながら性能の良い機器を使用できるのはマルチテナントの大きなメリットです。

HINT データの安全性

マルチテナントは、高価な機器を加入者全員で共有して使用することができますが、反面セキュリティが心配になることがあります。例えば、他の会社で運用している仮想マシンにアクセスできてしまったり、他の会社のユーザー宛のメールが閲覧できたりしては問題です。

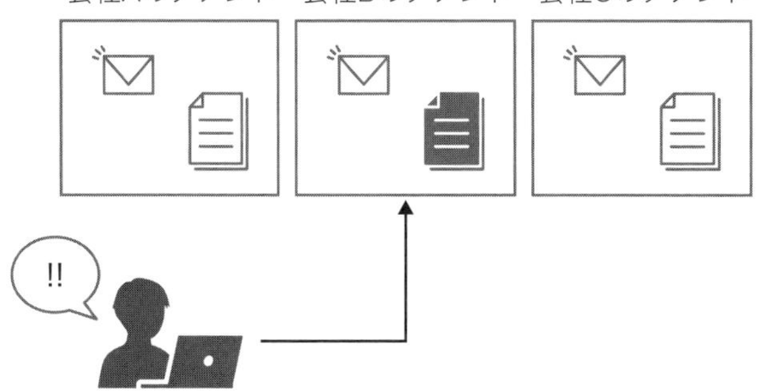

図1.7：自分のテナントではないテナントにアクセスできるのは問題

そのため、Microsoftではこうした不正アクセスや情報漏洩が起きないようにするためにテナントに対する複数の保護を提供しています。
例えば、権限制御を行ったり、テナント内のデータを暗号化したりすることで他のテナントからアクセスできないようにするなどの対策を取っています。

パブリッククラウドには、さらに目的に応じて2種類の形態があります。

・共有パブリッククラウド

　前述したパブリッククラウドのことです。一般的にパブリッククラウドといった場合は、共有パブリッククラウドを指します。

・専用パブリッククラウド

　システムのセキュリティや安全性を確保するために、他のテナントとリソースを共有したくないという要件がある場合、この形態を利用します。クラウドサービス事業者が所有している1台のサーバーを占有して、自社専用の仮想マシンを構築してサービスを実行するといったことができます。

　ただし、共有パブリッククラウドと比べ、利用料金が高額になる場合があります。

専用パブリッククラウドは、コンプライアンス要件の対応や開発したアプリを検証するためのサンドボックス環境を構成する場合など、専用のインフラストラクチャが必要な場合に利用します。

1.3.2 プライベートクラウド(オンプレミス)

プライベートクラウド（オンプレミス）は、自社で所有するデータセンターにサーバーやサービスを構築して、自社のユーザーにネットワーク経由で接続してもらうというものです。

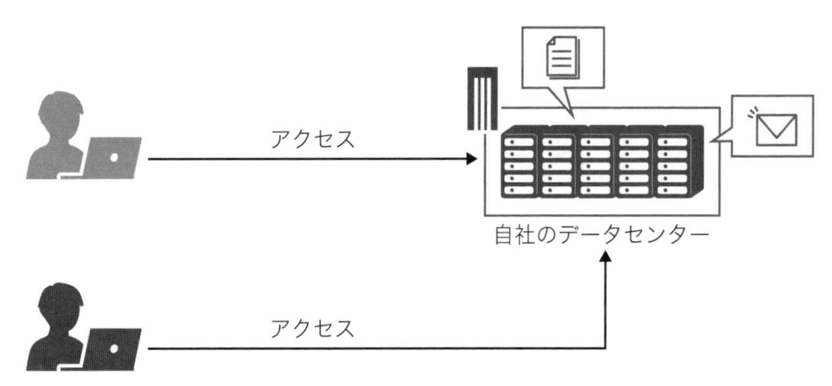

図1.8：プライベートクラウド

プライベートクラウドは、物理サーバーやそこで実行するソフトウェアの導入、運用までをすべて自社で行います。

そのため、導入（サーバーの購入や構築）や運用（メンテナンス、障害対策、セキュリティ対策、パフォーマンスチューニングなど）に関わる全ての責任を自社で負うことになります。

最もコストのかかる運用形態ですが、自社のビジネスの要件に合わせてサーバーやサービスを拡張することができ、構成の自由度が高いところがメリットの一つです。

また、パブリッククラウドと異なり、他社とリソースを共有しないためセキュリティを確保しやすいところもメリットです。プライベートクラウドは、コストよりも信頼性やセキュリティを重視したシステムを運用する場合に適したモデルです。

プライベートクラウドは、3つの形態の中で最もコストのかかる実装モデルです。

自社で管理するデータセンターに配置したサーバーハードウェア上で仮想マシンを稼働させるのは、プライベートクラウドソリューションの一例です。

1.3.3 ハイブリッドクラウド

ハイブリッドクラウドは、自社で運用しているオンプレミス環境を継続して利用しつつ、パブリッククラウドも利用するという形態です。自社のシステムでは足りないものをクラウドサービスで補うといった場合や、情報の機密度に合わせてファイルの保存場所をクラウドとオンプレミスで使い分けるといった用途で使用されます。

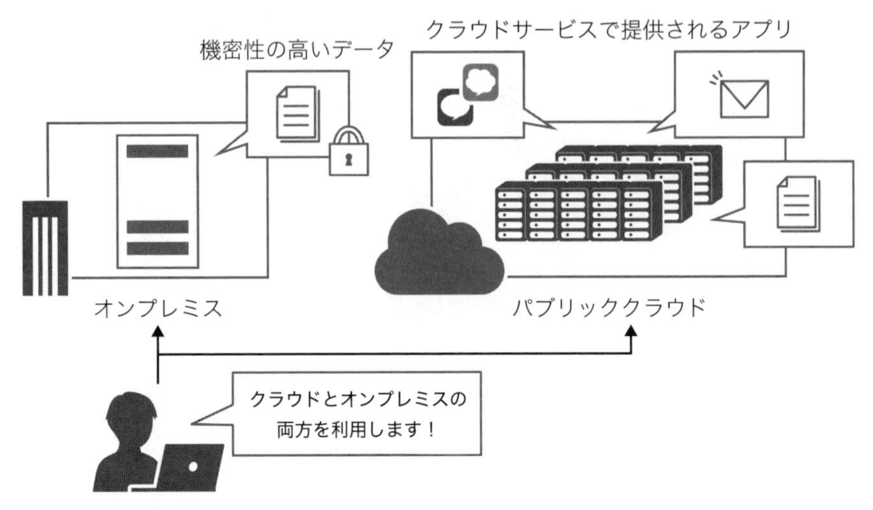

図1.9：ハイブリッドクラウド

プライベートクラウドやハイブリッドクラウドの場合、オンプレミス側にサーバーが存在するため、IT管理者は社内の物理サーバーにアクセスすることができます。

ハイブリッドクラウド環境は、次のような目的で利用されます。

- 最終的にクラウドに完全移行するための、猶予期間としてハイブリッドクラウドを利用したい
- 完全にクラウドに移行する意思はなく、今後もハイブリッド環境を継続したい

完全にクラウドに移行するまでの猶予期間として、ハイブリッド環境を採用している企業では、オンプレミスで実行しているサービスをクラウドに移行できるかどうか、電子メールやファイルサーバーの環境をどのタイミングでクラウドに移行するかといったことを検討している場合があります。

Microsoft 365では、電子メールの配送を行うサービスであるExchange Onlineや、情報共有やファイルストレージサービスを提供するSharePoint OnlineやOneDrive for Businessがあり、移行のための専用ツールも提供されて

いるため、これらの移行は比較的容易に行うことができます。

それ以外のサービス、例えば会社で開発したWebアプリやレガシーアプリケーションなど、多くのアプリもIaaSやPaaSのサービスを利用することで、ほとんどのサービスをクラウドに移行することができます。

ここがポイント

オンプレミスで実行するほとんどのアプリやサービスは、クラウドに移行することができます。
移行できない場合の理由として最も多いのは、「古い」ことや「互換性」の問題ではなくセキュリティ上の問題です。

ここがポイント

自社のサーバーで管理している仮想マシンを、Azure Backupを使用してバックアップするのは、ハイブリッドクラウドソリューションの一例です。

HINT Azure Backup

Azure Backupは、オンプレミスに保存されているファイルやフォルダー、Azure上の仮想マシン、Azure上の共有フォルダー内のデータなどをバックアップすることができるサービスです。

また、ハイブリッド環境でよく利用されるサービスとしてExchangeがあります。

Microsoftのメールサーバー製品としてオンプレミスで利用するのがExchange Server、クラウドで利用されているのがExchange Onlineです。どちらのサービスも、ユーザーに紐づいたメールボックスを作成し、そのメールボックスを使用してメールを送受信したり予定を登録したりすることができます。

Exchangeではハイブリッド環境を構成することで、同じ会社内のオンプレミスのメールボックスを持つユーザーと、クラウドにメールボックスを持つユーザーがお互いの予定を閲覧したりすることができます。

同様に、オンプレミスのSharePoint ServerとクラウドのSharePoint Online、オンプレミスのSkype for Business ServerとクラウドのMicrosoft Teamsを統

合しハイブリッド環境を構築することができます。

Exchange Online、SharePoint Online、Microsoft Teamsは、オンプレミスのExchange Server、SharePoint Server、Skype for Business Serverと統合し、ハイブリッド環境を構築できます。

練習問題

ここまで学習した内容がきちんと習得できているかを確認しましょう。

問題 1-1

Microsoft 365は、サービスとしてのプラットフォームです。

下線部分が正しい場合には「正しい」を、正しくない場合には下線部分に入るサービスを選択してください。

A. 正しい
B. サービスとしてのインフラストラクチャ（IaaS）
C. サービスとしてのソフトウェア（SaaS）
D. サービスとしてのWindows（WaaS）

問題 1-2

次の各ステートメントが正しい場合は「はい」を、正しくない場合は「いいえ」を選択してください。

①最近、ハードウェアとソフトウェアに投資した企業は、ハイブリッドクラウドモデルを使用できます。
②オンプレミスリソースがほとんどない企業は、ハイブリッドクラウドモデルを使用できます。

問題 1-3

あなたは、会社のMicrosoft Azureの管理者です。

会社では、Platform as a Service（PaaS）を使用しています。次のうち、Microsoftが責任を持つ必要があるコンポーネントと、会社のITスタッフが責任を持つ必要があるコンポーネントを組み合わせてください。

なお、管理責任者の選択肢は、複数回使用可能です。

コンポーネント	
A	アプリケーション
B	ストレージ
C	ネットワーク
D	アプリケーションデータ
E	オペレーティングシステム

管理責任者	
1	Microsoft
2	ITスタッフ

問題 1-4

次の各ステートメントが正しい場合は「はい」を、正しくない場合は「いいえ」を選択してください。

①Microsoftクラウドサービスは、顧客に大幅なエネルギー節約を提供します。
②プライベートクラウドの利点は低コスト、ハードウェアのメンテナンス不要、ほぼ無限のスケーラビリティ、高い信頼性です。
③Microsoftクラウドサービスはセキュリティオプションを提供し、リソースを迅速にプロビジョニングできます。

問題 1-5

あなたは、Microsoftのクラウドサービスを実装しています。
各コンポーネントと適切なサービスを組み合わせてください。

コンポーネント	
A	Azure仮想マシン
B	Azure Logic Apps
C	Dynamics 365

サービス	
1	PaaS
2	IaaS
3	SaaS

問題 1-6

各ステートメントが正しい場合は「はい」を、正しくない場合は「いいえ」を選択してください。

①IaaSは、サーバー、仮想マシン、ストレージ、ネットワーク、およびオペレーティングシステムを顧客に提供します。
②PaaSは、アプリケーションを構築、テスト、およびデプロイするための環境を提供します。
③SaaSは、顧客のために一元的にホストおよび管理される環境を提供します。

問題 1-7

次の各ステートメントが正しい場合は「はい」を、正しくない場合は「いいえ」を選択してください。

①MicrosoftのPaaSサービスには、Microsoft Intune、Office 365、Dynamics 365などがあります。
②IaaSはクラウドベースのサーバーにITワークロードを構築したものです。
③SaaSは顧客の仮想マシンにITワークロードを構築したものです。

問題 1-8

あるアプリケーションを、IaaS環境に展開する必要があります。
IaaSの一部である3つの機能は次のうちどれですか。

A. オペレーティングシステム
B. サーバーとストレージ
C. ファイアウォールおよびネットワークセキュリティ
D. リアルタイム監視
E. ビジネス分析

問題 1-9

次の各ステートメントが正しい場合は「はい」を、正しくない場合は「いいえ」を選択してください。

①必要に応じて追加のストレージ容量を購入できます。
②クラウドサービスは、100%の時間利用可能であることが保証されています。
③クラウドサービスは、企業のオンプレミスデータセンターよりも少ないエネルギーを使用します。

問題 1-10

次の各ステートメントが正しい場合は「はい」を、正しくない場合は「いいえ」を選択してください。

①Microsoft 365を導入するためには、信頼性の高いインターネットが必要です。
②デスクトップPCとモバイルデバイスのユーザーを1つのライセンスで使用したい企業は、Microsoft 365のライセンスを使用する必要があります。

問題 1-11

次の各ステートメントが正しい場合は「はい」を、正しくない場合は「いいえ」を選択してください。

①クラウドアプリケーションを採用すると、管理するオンプレミスサーバーとサービスの数が減ります。
②リモートユーザーの場合、クラウドに保存されているアプリケーションへのアクセスは、企業ネットワークに保存されているアプリケーションへのアクセスよりも簡単です。
③インターネット接続が失われても、クラウド内のアプリケーションやサービスにアクセスするユーザーの機能には大きな影響はありません。

問題 1-12

会社がMicrosoft Azureに移行しています。一部のアプリケーションは移動できません。移行後にハイブリッド環境に残るアプリケーションを識別する必要があります。どのアプリケーションがハイブリッド環境に残りますか。

A. 複数の基幹業務アプリケーションを実行する新しいサーバー
B. オンプレミスの古いSharePoint Server
C. メッセージベースのインターレースを使用するレガシーアプリケーション
D. 機密情報を管理するアプリケーション

問題 1-13

どのタイプのクラウドサービスモデルが、Microsoft 365 Appsへのアクセスを提供しますか。

A. サービスとしてのWindows（WaaS）
B. サービスとしてのソフトウェア（SaaS）
C. サービスとしてのインフラストラクチャ（IaaS）
D. サービスとしてのプラットフォーム（PaaS）

問題 1-14

あなたは、Microsoftのクラウドサービスを実装しています。
各シナリオと適切なサービスを組み合わせてください。

	シナリオ
A	オンプレミスのデータストアに安全に接続されたカスタムWebおよびモバイルアプリケーション
B	オンプレミスのSkype for Business Serverと統合されたExchange Online
C	オンプレミスネットワークに接続されている仮想マシン上のサーバーベースのワークロード

	サービス
1	SaaS
2	PaaS
3	IaaS

問題 1-15

次の各ステートメントが正しい場合は「はい」を、正しくない場合は「いいえ」を選択してください。

①パブリッククラウドは、ホスティング会社がサーバーの運用や管理を行います。
②パブリッククラウドは、ホスティング会社がストレージの運用や管理を行います。
③Microsoft Azureは、パブリッククラウドです。

問題 1-16

次の各ステートメントが正しい場合は「はい」を、正しくない場合は「いいえ」を選択してください。

①自社で管理するデータセンターに配置したサーバーハードウェア上で仮想マシンを稼働させるのは、プライベートクラウドソリューションの一例です。
②Azure Backupを使用して、自社が維持するサーバーハードウェア上の仮想マシンをバックアップすることは、プライベートクラウドソリューションの一例です。
③Azure Virtual Desktopを実行することは、パブリッククラウドソリューションの一例です。

問題 1-17

ある会社がオンプレミスインフラストラクチャをクラウドに移行することを計画しています。クラウドに移行することの3つの利点は何ですか。それぞれの正解は完全な解決策を提示します。

A. デスクトップコンピューターの構成要件を減らします。
B. オンサイトネットワークの遅延を減らします。
C. データのバックアップと障害復旧を自動化します。
D. アプリケーションを拡張します。
E. サーバーハードウェアの購入コストを削減します。

問題 1-18

オンプレミス展開から移行するためのハイブリッド機能を提供するMicrosoftプラットフォームを識別する必要があります。移行のためのハイブリッド機能を提供するオンプレミスプラットフォームはどれですか。2つ選択してください。

A. Skype for Business Server
B. Microsoft Yammer
C. Exchange Server
D. Microsoft Teams

問題 1-19

会社にはオンプレミスのアプリケーションサーバーがあります。同社は、オンプレミスのアプリケーションサーバーで、Microsoft 365の一部のサービスを使用したいと考えています。要件を満たすクラウド展開モデルを選択する必要があります。あなたは何を選ぶべきですか。

A. ハイブリッドクラウド
B. プライベートクラウド
C. パブリッククラウド

問題 1-20

組織は、リソースをクラウドに移行することを検討しています。会社は、Azure ExpressRouteまたはサイト対サイトVPNを展開していません。クラウドに移行できるワークロードを特定する必要があります。

クラウドに移行できるワークロードはどれですか。ワークロードとアクションを組み合わせてください。なお、アクションの選択肢は、複数回使用可能です。

	ワークロード
A	オンプレミスデータストアとの接続を必要とするレガシーアプリケーションがあります。
B	外部向けWebサイトを展開する必要があります。
C	パートナー用にSharePointコラボレーションサイトを展開する必要があります。

	アクション
1	クラウドへの移行
2	オンプレミスのまま

問題 1-21

次の各ステートメントが正しい場合は「はい」を、正しくない場合は「いいえ」を選択してください。

①クラウドサービスをオンプレミスのサーバーリソースに接続することが可能です。
②クラウドでホストされるインフラストラクチャコンポーネントのスケーリングには、サーバーリソースやネットワークコンポーネントの拡大が含まれます。

練習問題の解答と解説

問題 1-1 正解 C　　復習 1.2.3 「SaaS（Software as a Service）」

Microsoft 365は、Microsoft社が提供するSaaSサービスです。

問題 1-2 正解 以下を参照

復習 1.3.3 「ハイブリッドクラウド」

①はい

自社のハードウェアやソフトウェアに投資した場合、必要に応じていつでもハイブリッド環境を利用することができます。

②いいえ

ハイブリッドクラウドモデルは、オンプレミスの資産を生かしつつ、クラウドも利用するというモデルです。

そのため、オンプレミスの資産がほとんどない場合は、ハイブリッドクラウドモデルを利用できません。

問題 1-3 正解 以下を参照

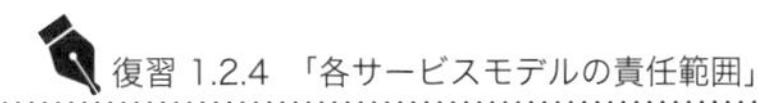
復習 1.2.4 「各サービスモデルの責任範囲」

PaaSにおいては、アプリケーションおよびアプリケーションのデータは、契約したユーザー企業のITスタッフが責任を持ちます。

それに対して、ハードウェアやネットワーク、OSやミドルウェアはクラウドサービス事業者であるMicrosoftが責任を持ちます。

コンポーネント		管理責任者	
A	アプリケーション	2	ITスタッフ
B	ストレージ	1	Microsoft
C	ネットワーク	1	Microsoft
D	アプリケーションデータ	2	ITスタッフ
E	オペレーティングシステム	1	Microsoft

問題 1-4 正解 以下を参照　復習 1.1.1「クラウドコンピューティングのメリット」、1.3.2「プライベートクラウド（オンプレミス）」

①はい

クラウドサービスに移行することによって、自社でサーバーを運用するためのコスト（人件費や電力など）を削減することができます。

②いいえ

プライベートクラウドは自社でサーバーを運用管理するため、最もコストがかかり、かつメンテナンスも必要です。しかし、ビジネスの要件に応じてサーバーやサービスを自由に拡張することができます。

③はい

Microsoftのクラウドサービスでは、多くのセキュリティ機能を提供しています。

また、リソースが必要になった場合に短時間で簡単に展開して、すぐに利用することができます。

問題 1-5 正解 以下を参照　復習 1.2.1「IaaS（Infrastructure as a Service）」、1.2.2「PaaS（Platform as a Service）」、1.2.3「SaaS（Software as a Service）」

Azure仮想マシンはIaaSです。Azure Logic Appsはタスクを自動化するためのワークフローサービスで、PaaSです。Dynamics 365は顧客管理や基幹業務（購買、財務、在庫管理）などのサービスを提供するビジネスアプリケーションで、SaaSに該当します。

コンポーネント		サービス	
A	Azure仮想マシン	2	IaaS
B	Azure Logic Apps	1	PaaS
C	Dynamics 365	3	SaaS

問題 1-6 正解 以下を参照  復習 1.2 「クラウドコンピューティングのサービスモデル」

①はい

IaaSは、サーバーや仮想マシン、ストレージやネットワーク、OSなどを顧客に提供します。

OSがインストールされた仮想マシンを利用することで、簡単に仮想マシンが構築でき、任意のサービスやアプリを実行することができます。

この問題は、提供されているものを問う問題であり責任範囲を問う問題ではありません。

②はい

PaaSでは、アプリケーションの実行環境を提供します。

そのため、開発したアプリをPaaS環境に展開し、すぐにアプリを利用できる状態にすることができます。

③はい

SaaSは、サーバー上にアプリケーションまでインストールされた環境を顧客に提供します。

これにより、顧客はユーザー登録し、ライセンスを割り当てるといった簡単な設定を行うだけでアプリケーションを利用することができます。

問題 1-7 正解 以下を参照  復習 1.2 「クラウドコンピューティングのサービスモデル」

①いいえ

Microsoft Intune、Office 365、Dynamics 365は、すべてSaaSサービスです。

②はい

IaaSはクラウドサービス事業者が用意したサーバー上に仮想マシンを構築し、任意のサービスやアプリ（ITワークロード）を実行することができるサービスです。

③いいえ

SaaSは、クラウドサービス事業者が構築したサーバーにインストールされているさまざまなサービスやアプリをインターネット経由で利用するサービスのことです。

問題 1-8 正解 A、B、C

復習 1.2.1 「IaaS（Infrastructure as a Service）」

IaaSの機能に含まれるのは、オペレーティングシステムおよびサーバーやストレージ、ファイアウォールやネットワークセキュリティです。

Microsoft Azureでは、仮想マシンや仮想ネットワークに対してセキュリティ対策を行うためのファイアウォールのサービスなどが用意されています。

この問題は、IaaSに含まれるもの（提供されるもの）を問う問題であり、責任範囲を問う問題ではありません。Microsoft Azureでは、仮想マシンを作成すると、OSがインストールされた状態で提供されます。そのため、IaaSの一部となります。ただし、責任を持つのは顧客側です。

問題 1-9 正解 以下を参照

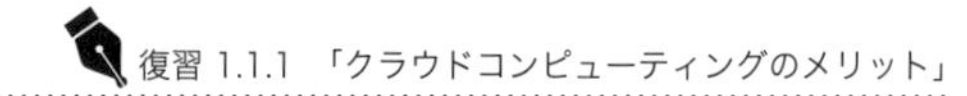
復習 1.1.1 「クラウドコンピューティングのメリット」

①はい

OneDrive for BusinessやSharePoint Onlineでストレージ容量が足りなくなった場合は追加で購入することができます。

②いいえ

100%の稼働が保証されることはありません。99.9%や99.99%のものがほとんどです。

③はい

クラウドサービスなどを利用することで、オンプレミスのサーバーを削減し、利用する電力消費量などを減らすことができます。

問題 1-10 正解 以下を参照

復習 1.2.3 「SaaS（Software as a Service）」

①はい

Microsoft 365の各種サービスはインターネットに接続して利用することが前提です。

信頼性の高いインターネットを利用することで、安定したレスポンス（応答）を得ることができます。

②はい

Microsoft 365はユーザーベースのライセンスを採用しています。

例えば、WordやExcelなどのアプリが含まれるMicrosoft 365 Apps for enterpriseのライセンスを割り当てると、ユーザーは全部で15台のデバイス（PCやmacに5台、タブレットに5台、スマートフォンに5台）にインストールすることができますので、1つのライセンスでデスクトップPCにもモバイルデバイスにもアプリをインストールできます。

問題 1-11 正解 以下を参照

復習 1.1.1 「クラウドコンピューティングのメリット」

①はい

オンプレミスで利用していたサービスの多くをクラウドに移行することができるため、管理するサーバーの台数やサービスの数を減らすことができます。

②はい

企業内ネットワークにインストールされているアプリに外部からアクセスする場合、VPN接続を利用する必要があります。VPN接続を行う場合、クライアントに証明書のインストールが必要だったり、接続時に認証が必要になったりします。

一方、クラウドサービスへのアクセスの場合、VPN経由で社内サーバーに接続するよりも少ない手順で簡単にアクセスできます。

③いいえ

クラウドサービスはインターネット接続ができることが大前提のサービスです。インターネット接続が失われると、ファイルの保存ができなくなったり、設定の変更ができなくなったり、サービスへのアクセスができなくなるなどの影響が生じます。

問題 1-12 正解 D

復習 1.3 「クラウドコンピューティングの実装モデル」

SharePoint Serverや基幹業務アプリ、レガシーアプリなどはすべて移行できると考えられます。

機密情報を管理するアプリについては、会社のセキュリティポリシーで移行できない場合があります。

問題 1-13 正解 B

復習 1.2.3 「SaaS（Software as a Service）」

Microsoft 365 AppsはWordやExcelなどのアプリが含まれるサブスクリプションタイプのOfficeアプリケーションで、SaaSサービスです。

問題 1-14 正解 以下を参照

復習 1.2 「クラウドコンピューティングのサービスモデル」

カスタムWebおよびモバイルアプリはPaaS、Exchange OnlineはSaaS、仮想マシンはIaaSです。

	シナリオ		サービス
A	オンプレミスのデータストアに安全に接続されたカスタムWebおよびモバイルアプリケーション	2	PaaS
B	オンプレミスのSkype for Business Serverと統合されたExchange Online	1	SaaS
C	オンプレミスネットワークに接続されている仮想マシン上のサーバーベースのワークロード	3	IaaS

問題 1-15 正解 以下を参照

復習 1.3.1 「パブリッククラウド」

①はい

パブリッククラウドは、そのサービスを提供している会社がサーバーの運用および管理を行っています。

②はい

パブリッククラウドは、そのサービスを提供している会社がストレージの運用および管理を行います。

③はい

Microsoft Azureは、パブリッククラウドサービスです。

問題 1-16 正解 以下を参照

復習 1.3 「クラウドコンピューティングの実装モデル」

①はい

プライベートクラウドは、自社が所有するデータセンターにサーバーを構築し、仮想マシンサービスなどを構成してユーザーに提供します。

②いいえ

自社のサーバーで所有しているファイルやデータをパブリッククラウドであるAzure上にバックアップするのは、ハイブリッドクラウドソリューションです。

③はい

Azure Virtual Desktopは、クラウドベースでデスクトップ環境を提供します。パブリッククラウドであるMicrosoft Azureのサービスの1つです。

問題 1-17 正解 C、D、E 復習 1.1.1「クラウドコンピューティングのメリット」

クラウドに移行することで、オンプレミス環境にあるハードウェアを廃止したり、新たにサーバーを導入するためのコストを削減したりすることができます。

また、オンプレミス環境においては、データのバックアップや復旧は自社で行わなくてはいけませんが、クラウドに移行すれば、バックアップは自動的に取られるためデータの復元も簡単に行うことができます。

クラウドにおいては、アプリケーションへの負荷が増加した場合にサーバーをスケールアップ、スケールアウトするなどの拡張を簡単に行うことができます。

問題 1-18 正解 A、C 復習 1.3.3「ハイブリッドクラウド」

ハイブリッドソリューションを提供しているのは、Skype for Business Serverと、Exchange Serverです。

問題 1-19 正解 A 復習 1.3.3「ハイブリッドクラウド」

オンプレミスのアプリケーションサーバーで、Microsoft 365の一部のサービスを使用したいとのことなので、オンプレミスもクラウドも両方利用するハイブリッドソリューションであると考えられます。

問題 1-20 正解 以下を参照 復習 1.3「クラウドコンピューティングの実装モデル」

問題文にあるAzure ExpressRouteは、Microsoft Azureのデータセンターとオンプレミス環境を専用線で接続するサービスです。また、サイト対サイトVPN（サイト間VPN）は、Azureの仮想ネットワークとオンプレミスをVPN接続するサービスです。つまり、問題文ではMicrosoft Azureに専用線やVPNを使用して接続をしていないということです。この環境において、オンプレミスに残したほうがよいサービスとクラウドに移行したほうがよいサービスを選択します。

Aは、オンプレミス内のデータストレージを利用するサービスです。現状は、Azure仮想ネットワークとオンプレミスが接続されていないため、クラウドに移行することはできません。

Bは、外部向けWebサイトを展開するということなので、インターネット経由でサービスを提供することができます。そのため、クラウドに移行できます。

CはSharePointコラボレーションサイトを展開するということなので、クラウドに移行できます。

ワークロード		アクション	
A	オンプレミスデータストアとの接続を必要とするレガシーアプリケーションがあります。	2	オンプレミスのまま
B	外部向けWebサイトを展開する必要があります。	1	クラウドへの移行
C	パートナー用にSharePointコラボレーションサイトを展開する必要があります。	1	クラウドへの移行

問題 1-21 正解 以下を参照

復習 1.1.1 「クラウドコンピューティングのメリット」

①はい

例えば、クラウド上で収集したセキュリティログを、オンプレミスのサーバーにインポートして分析するといったことができます。

②はい

クラウドサービスでは、仮想マシンのスケールアップ/スケールダウン、スケールアウト/スケールインが可能です。

第2章

Microsoft 365とは

本章では、Microsoft 365の製品概要やライセンスの種類、購入したライセンスを割り当てるために使用するツールなどを学習します。これ以降の章のベースとなる内容であるため、しっかり覚えるようにしましょう。

理解度チェック

- □ Office 365
- □ Windows 10/11
- □ Enterprise Mobility + Security
- □ Microsoft 365 Business Premium
- □ Microsoft 365 Enterprise
- □ インフォメーションワーカー
- □ Microsoft 365 E3
- □ Microsoft 365 E5
- □ フロントラインワーカー(現場担当者)
- □ Microsoft 365 F1
- □ Microsoft 365 F3
- □ クライアントアクセスライセンス
- □ Azure Active Directory(Microsoft Entra ID)
- □ Azure Active Directory Premium P1/P2 (Microsoft Entra ID P1/P2)
- □ Microsoft 365管理センター
- □ Azure Active Directory管理センター
- □ 役割グループ
- □ グローバル管理者
- □ 課金管理者

アクセスキー y
(小文字のワイ)

2.1 Microsoft 365のサービス構成

Microsoft 365は、次の3つのサービスで構成されています。

・Office 365
　WordやExcel、Exchange OnlineやSharePoint Onlineといった業務で利用する便利なビジネスアプリが含まれるサービスです。

・Windows 10/11
　Microsoft史上、最もセキュアなOSです。多くのセキュリティ機能がサポートされています。

・EMS（Enterprise Mobility + Security）
　ユーザーやデバイスを認証したり、登録したデバイスに対する管理を行ったりするためのさまざまなサービスが含まれています。

ここが
ポイント

EMS（Enterprise Mobility + Security）には、認証を行うサービスであるAzure Active Directory（Microsoft Entra ID）やデバイス管理を行うサービスであるMicrosoft Intuneが含まれます。

注意

Azure Active Directoryの名称変更について
2023年7月にMicrosoftは、Azure Active Directoryの名称変更を発表しました。新しい名称は「Microsoft Entra ID」です。
試験においては、以前に作成された問題が出題されることも多く、クラウドの変更がすぐに試験に反映されるわけではありません。また、正式な機能名が発表されていないものもあるため、本書では、古い名称である「Azure Active Directory」で記載します。

ただし、いずれは試験も新しい名称で出題されるため、補足として新名称も併記します。

本書籍およびMCP試験におけるMicrosoft 365について
Microsoftがリリースしている、Microsoft 365と名前がつく製品の中には、EMSの多くの機能やWindows 10/11が含まれていないものもあります。
例えば、家庭向けのMicrosoft 365 FamilyやMicrosoft 365 Personal、一般法人向けのMicrosoft 365 Business Basic、Microsoft 365 Business Standardなどです。これらの製品にも、限定的な機能のAzure Active Directory（Microsoft Entra ID）や基本的なモビリティやセキュリティ（デバイス管理機能）が含まれますが、完全なEMSの機能を提供しているわけではありません。これらの製品に関する知識をMS-900試験で問われることは非常に少ないです。主に出題の対象となるのは以下の製品で、MCP試験では、これらの製品のことをMicrosoft 365として扱います。

・Microsoft 365 Business Premium
・Microsoft 365 E3/E5/F3

出題頻度は高くありませんが、以下の製品の特長は覚えておきましょう。

・Microsoft 365 Business Basic
ユーザー数300名以下の中小企業をターゲットとした製品です。
Web版のOfficeを利用することができ、1ユーザーあたり50GBのメールボックス領域が利用可能です。また、SharePoint Online、OneDrive for Business、Microsoft Teams、Exchange Onlineなどのサービスが利用できます。
・Microsoft Business Standard
デスクトップ版のOfficeアプリが利用できます。
1ユーザーあたり50GBのメールボックス領域が利用可能です。SharePoint Online、OneDrive for Business、Microsoft Teams、Exchange Onlineなどのサービスが利用できます。

2.1.1 Office 365

Office 365には、ビジネスを効率的に行うための、次のようなサービスが含まれます（一例）。

サービス名	説明
Microsoft 365 Apps	サブスクリプションタイプのOfficeスイートです。WordやExcel、PowerPoint、Outlook、OneNoteなどさまざまなアプリが含まれます。
Microsoft 365 for the Web (Office for the Web)	ブラウザーベースのOfficeアプリです。Word、Excel、PowerPoint、Outlook、OneNoteをブラウザーベースで利用できます。
Exchange Online	メールの送受信やスケジュールの共有などを行うサービスです。
SharePoint Online	会社のポータルサイト（イントラネット）やプロジェクトチーム用のチームサイトなどを作成して、メンバー間で情報の共有が行えます。また、ファイルを共有することもできます。
OneDrive for Business	個人用のクラウドストレージです。従業員が業務で作成したファイルなどを保存するために使用します。
Microsoft Teams	チャットベースのワークスペースを提供します。 社内のメンバーや社外のメンバーとチャットをしたり、ファイル共有、Web会議などを行うことができます。

表2.1：Office 365に含まれるサービスの一例

Microsoft 365 for the Webは、以前、Office for the Webという名称でした。
試験では、新旧両方の名称が出題される可能性があります。

Office 365のサービスを利用することで、いつでも、どこでも、どんなデバイスでも効率的に業務を行うことができます。

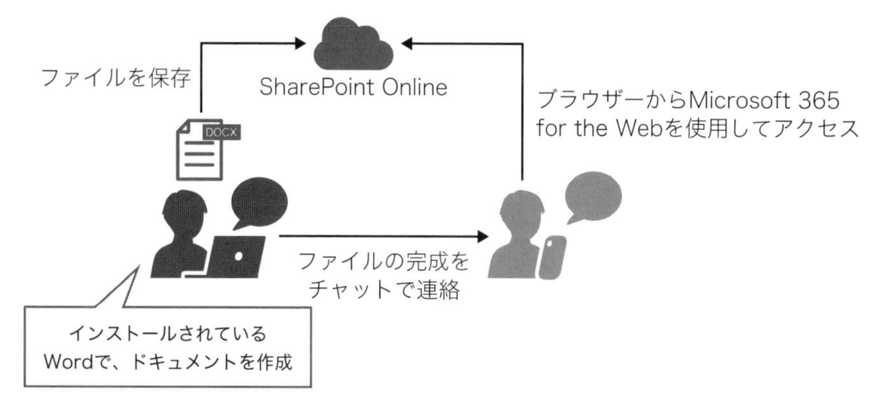

図2.1：Office 365で共同作業を快適に

2.1.2 Windows 10/11

Windows 10/11は多くのセキュリティ機能をサポートした安全なOSであり、直感的に操作がしやすいという特徴があります。Windows 10およびWindows 11には次のような機能があります。

機能	説明
Windows Hello	生体認証の機能です。Windows 10/11では、指紋、顔、虹彩の3つの方法をサポートしています。
BitLockerドライブ暗号化	OSがインストールされているドライブやデータドライブを暗号化して保護することができます。Proエディション以上で利用可能です。
Microsoft Defender ウイルス対策	Windows 10/11に既定で組み込まれているマルウェア対策ソフトです。 機械学習やクラウドとの連携など高度な機能を持ちます。 またWindowsが起動していない状態でもスキャンができるなど多くの脅威を検出することができます。

表2.2：Windows 10/11の機能

2.1.3 Enterprise Mobility + Security(EMS)

Enterprise Mobility + Securityは、管理者が組織やユーザーのデバイスを適切に管理するための機能が豊富に含まれています。例えば、表2.3のようなサービスが含まれます。

サービス	説明
Azure Active Directory (Microsoft Entra ID)	組織のユーザーやデバイスを登録し、適切なユーザーやデバイスであるかを認証するサービスです。Microsoft 365およびMicrosoft Azureで利用されている認証サービスです。
Microsoft Intune	モバイルデバイス管理を行うためのツールです。Windowsだけでなく、iOS/iPadOS、macOS、Androidなどさまざまなデバイスを登録し、管理することができます。
Azure Information Protection	メールやドキュメント、SharePointサイトなどを保護するためのサービスです。
Microsoft Defender for Identity	オンプレミスのドメインコントローラーのログをクラウドに送信し、脅威を検出するサービスです。
Microsoft Defender for Cloud Apps	企業で利用するクラウドアプリを監視し、問題のあるアクティビティがあればユーザーを停止するなどのガバナンスアクションを取ることができます。

表2.3：EMSの機能

2.2 Microsoft 365のライセンス

Microsoft 365は、ユーザー数や企業規模に応じて次のような2種類のプランがあります。

- Microsoft 365 Business Premium
- Microsoft 365 Enterprise

2.2.1 Microsoft 365 Business Premium

一般法人向けライセンスとして提供されているのが、Microsoft 365 Business Premiumです。

目安として、ユーザー数が300以内の場合、このライセンスを選択します。

ライセンスの購入について

ユーザー数が300名近い場合は、Enterpriseを検討したほうがよい場合もあります。
また、ユーザー数が少なくても、使用したい機能が含まれていない場合はEnterpriseのライセンスを検討します。

Microsoft 365 Business Premiumは、一般企業向けライセンスで、ユーザー数の目安は300です。

Microsoft 365 Business Premiumには、次の製品が含まれています。

製品	内容
Microsoft 365 Business Standard	Word、Excel、PowerPoint、Outlook、OneNoteが含まれたデスクトップアプリや、Webとモバイル版のOfficeアプリ、コラボレーションを効果的に行うためのMicrosoft Teamsや、情報やファイルの共有を行うSharePoint Online、OneDrive for Businessが含まれます。 送受信する電子メールや添付ファイルは、Exchange Online Protectionによって保護されます。
Windows 10/11 Business	操作性が高くセキュアなOSです。 Microsoft Defenderウイルス対策やMicrosoft Defender for Businessなどデバイスの脅威をいち早く検出し保護するための機能が含まれています。
デバイス管理機能	Azure AD Premium P1（Microsoft Entra ID P1）が含まれ、条件付きアクセスなどの高度な管理を行うことができます。 また、デバイス管理ツールとしてMicrosoft Intuneが含まれ、アプリの自動展開やデバイスの制御などを行うことができます。

表2.4：Microsoft 365 Business Premiumの製品構成

Microsoft 365 Business Premiumは、このように便利なビジネスツールを利用することができ、デバイスを守るためのさまざまなサービスがサポートされていますが、1ユーザーあたり月額で2,750円（税抜）と、導入しやすい価格に設定されています（2023年8月現在）。

2.2.2 Microsoft 365 Enterprise

Microsoft 365 Enterpriseは、大規模企業向けのライセンスで働き方などに応じて、次のようなライセンスが用意されています。

- インフォメーションワーカー向け
  Microsoft 365 E3、Microsoft 365 E5

- フロントラインワーカー向け
  Microsoft 365 F1、Microsoft 365 F3

さて、ここで登場した「インフォメーションワーカー」や「フロントラインワーカー」とは何のことでしょうか。

どちらも企業で働いている人を指す名称ですが、従事している業務によって異なります。

インフォメーションワーカーは、主に事務系の業務に携わっている人が該当します。会社に出社し、パソコンの前に座って、WordやExcelなどでドキュメントを作成したり、業務システムに数値を入力したり、請求書を発行したりといった業務を行うような方々を指します。

図2.2：インフォメーションワーカー

一方、フロントラインワーカーは現場の第一線で働く人を指します。たとえば、医療従事者や店舗の販売員、工場で検品を行ったり、倉庫で在庫管理をしたりする人など、患者、顧客、お客様、商品などに最初に接する人のことです。

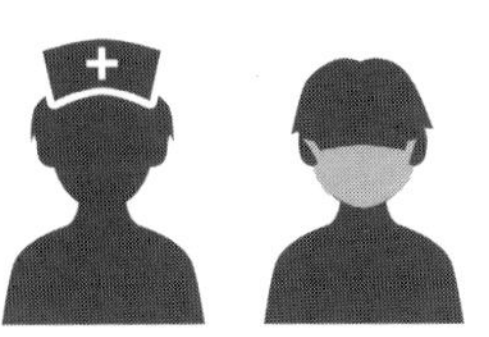

図2.3：フロントラインワーカー

Microsoftは、顧客や患者など一般大衆と接する作業者のことを「現場担当者（フロントラインワーカー）」と呼んでいます。

2.2.3 インフォメーションワーカー向けライセンス

Microsoft 365 Enterpriseの中で、インフォメーションワーカー向けのライセンスが次の2つです。

- Microsoft 365 E3
- Microsoft 365 E5

Microsoft 365 E3には、次のサービスが含まれています。

Office 365 E3
Windows 10/11 Enterprise E3
Enterprise Mobility + Security E3

図2.4：Microsoft 365 E3の構成

HINT Microsoft 365 E3の構成

Microsoft 365 E3は、Office 365、Windows 10/11 Enterprise、Enterprise Mobility + SecurityのE3を集めた製品です。

Microsoft 365 E3には、インフォメーションワーカーが必要とするデスクトップ版のOfficeアプリや、従業員同士のコラボレーションを促進するためのツール、コンテンツ管理をするためのツール、高度なIDおよびデバイス管理ツール、ベーシックなセキュリティ機能などが含まれます。

一方、Microsoft 365 E5には、次のサービスが含まれています。

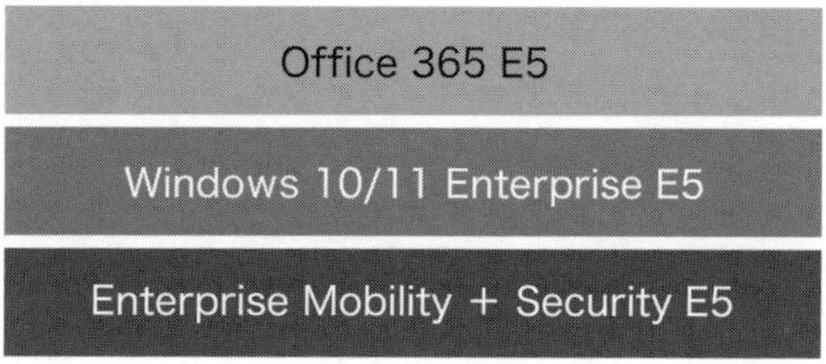

Office 365 E5

Windows 10/11 Enterprise E5

Enterprise Mobility + Security E5

図2.5：Microsoft 365 E5の構成

HINT Microsoft 365 E5の構成

Microsoft 365 E5は、Office 365、Windows 10/11 Enterprise、Enterprise Mobility + SecurityのE5を集めた製品です。

表2.5は、Microsoft 365 E3およびE5に含まれるサービスの違いを比較したものです。

製品分類	機能		Microsoft 365 E3	Microsoft 365 E5
Office 365	デスクトップクライアントアプリ	Microsoft 365 Apps for enterprise	●	●
	メールと予定表	Outlook、Exchange、Bookings	●	●
	Web会議と音声通話	Microsoft Teams	●	●
		電話会議、電話システム		●
	ソーシャルとイントラネット	SharePoint、Yammer、Vivaコネクション、Vivaエンゲージ	●	●
	ファイルとコンテンツ	OneDrive、Stream、Sway、Lists、Forms、Visio	●	●
	作業管理	Planner、Power Apps、Power Automate、Power Virtual Agents、To Do	●	●
	高度な分析	Vivaインサイト（パーソナルインサイト）	●	●
		Power BI Pro		●
	脅威対策	Microsoft Defender for Office 365		●
	情報の保護	Microsoft Purviewデータ損失防止	●	●
	コンプライアンス管理	手動保持ラベル、コンテンツ検索、基本的監査	●	●
		組織全体または特定の場所に適用される基本的なデータ保持ポリシー、Teamsデータ保持ポリシー、電子情報開示（標準）、訴訟ホールド	●	●
		ルールベースの自動保持ポリシー、機械学習ベースのデータ保持、レコード管理		●
		電子情報開示（Premium）、高度な監査		●
		インサイダーリスク管理、コミュニケーションコンプライアンス、Information Barriers、カスタマーロックボックス、特権アクセス管理		●
		組み込みのサードパーティ接続		●
EMS	IDとアクセスの管理	Azure Active Directory Premium P1（Microsoft Entra ID P1）	●	●
		Azure Active Directory Premium P2（Microsoft Entra ID P2）		●
	脅威対策	Microsoft 365 Defender		●
		Microsoft Defender for Identity		●

製品分類	機能		Microsoft 365 E3	Microsoft 365 E5
EMS	情報保護	Azure Information Protection P1	●	●
		Azure Information Protection P2		●
		Microsoft Defender for Cloud Apps		●
	セキュリティ管理	Microsoftセキュアスコア、Microsoft 365 Defender/Microsoft Purviewコンプライアンスポータル	●	●
	デバイスとアプリの管理	Microsoft 365管理センター	●	●
		Microsoft Intune	●	●
		Microsoft Endpoint Manager Configuration Manager	●	●
		Windows Autopatch	●	●
Windows 10/11	デバイスとアプリの管理	Windows 10/11 Enterprise E3	●	●
		Windows Autopilot、詳細に調整されたユーザーエクスペリエンス、ユニバーサルプリント	●	●
	IDとアクセスの管理	Windows Hello、Credential Guard、Direct Access	●	●
	情報の保護	BitLocker Windows Information Protection（非推奨）	●	●
	脅威対策	Microsoft Defenderウイルス対策とWindows Defenderアプリケーション制御	●	●
		Microsoft Defender for Endpoint P1	●	
		Microsoft Defender for Endpoint P2		●

表2.5：Microsoft 365 E3とE5の機能比較

Microsoft 365 E5は、Microsoft 365 E3が持つ機能をすべて含み、それに加えて脅威対策機能や高度な情報保護機能、コンプライアンス機能などをサポートします。

また、Microsoft 365 E5は、Microsoft Teams電話システムの機能を利用することができます。

これは、Microsoft 365のクラウド環境で通話や電話会議、PBX（構内電話交換機）機能を利用することができるというものです。

PBX

PBXは、企業などが持つ複数の外線を集約して制御するための機能です。
例えば、従業員同士が内線で通話できるようにしたり、外線と内線を接続して担当者がお客様と通話できるようにしたりすることができます。

ここがポイント

Microsoft 365 E5は、会議の開催や会議への参加を電話機から行うことができる電話会議を利用することができます。

ここがポイント

Microsoft 365 E3/E5は、いずれもインフォメーションワーカーを対象とした製品であるため、デスクトップ版のOfficeアプリ（Microsoft 365 Apps for enterprise）が含まれています。

ここがポイント

オンプレミス環境からMicrosoft 365に移行することで、オンプレミスで利用していた多くのライセンスが不要になります。例えば、ユーザーのデバイスにインストールしていたOffice製品（Office Professional Plusなど）や、ドメインコントローラーやメールサーバー、ファイルサーバーで利用していたWindows Serverライセンス、Exchange Serverのライセンスやそれらのサーバーにアクセスするためのクライアントアクセスライセンス（CAL）なども、すべて不要になります。

2.2.4 フロントラインワーカー向けライセンス

Microsoft 365 Enterpriseの中で、フロントラインワーカー向けのライセンスが次の2つです。

- Microsoft 365 F1
- Microsoft 365 F3

Microsoft 365 F1には、次のサービスが含まれています。

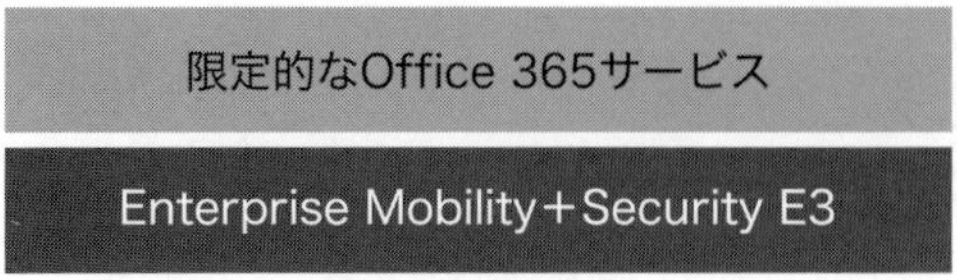

限定的なOffice 365サービス

Enterprise Mobility＋Security E3

図2.6：Microsoft 365 F1の構成

フロントラインワーカー向けのプランは、現場担当者を対象としたものであるため、業務のために必要な最小限のツール（ブラウザー版のOfficeやMicrosoft Teams、Exchange Onlineなど）とセキュリティ、デバイス管理機能を提供します。特に、F1はF3に比べるとライトな内容になっていて、Windows 10/11 Enterprise E3を含みません。その分、導入しやすい価格設定になっています（月額280円）。

それに対して、Microsoft 365 F3は、次のようなサービスが含まれています。

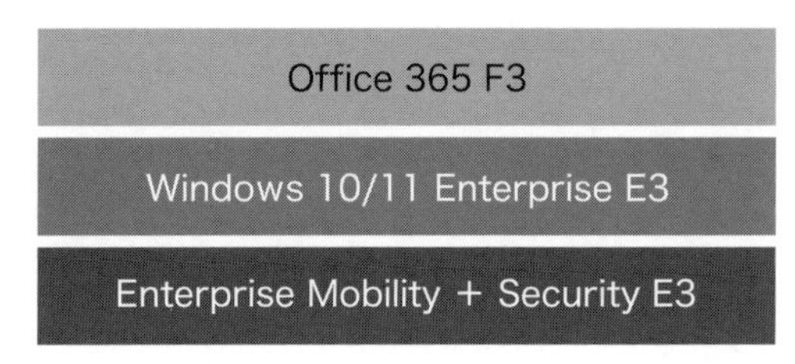

図2.7：Microsoft 365 F3の構成

Microsoft 365 F3では、デスクトップアプリ版のMicrosoft 365 Appsは含まれませんが、Web版およびモバイル版のOfficeアプリを使用することができます。また、メールボックスのサイズは、2GBに制限され、OneDrive for Businessの保存容量も1人あたり2GBまでに制限されています。

このように業務の内容や性質を考慮したライセンス構成であるため、制限も多いですが、Microsoft TeamsやMicrosoft Yammer（Vivaエンゲージ）、SharePoint Onlineなどのコミュニケーションツールや業務を効率化するためのPower Automate、Microsoft Forms、Microsoft Plannerなど、現場で活躍する便利なツールを利用することができます。

表2.6は、Microsoft 365 F1およびF3に含まれるサービスの違いを比較したものです。

製品分類	機能		Microsoft 365 F1	Microsoft 365 F3
Office 365	Officeアプリ	Web版とモバイル版Office★	★	●
	メールと予定表	Outlook		●
		Exchange	★	★
		Bookings	●	●
	Web会議と音声通話	Microsoft Teams★	●	●
	ソーシャルとイントラネット	SharePoint、Yammer、Vivaコネクション、Vivaエンゲージ	●	●
	ファイルとコンテンツ	OneDrive★、Stream★	●	●
		Sway for Microsoft 365		●
		Visio in Microsoft 365		●
	作業管理	Power Apps for Microsoft 365★、Power Virtual Agent for Microsoft Teams、Dataverse for Teams、Microsoft Forms★	●	●
		Microsoft Planner	●	●
		Microsoft To Do		●
EMS	IDとアクセスの管理	Azure Active Directory Premium P1 (Microsoft Entra ID P1)	●	●
	情報保護	Azure Information Protection P1	●	●
	セキュリティ管理	Microsoftセキュアスコア、Microsoft 365 Defender/Microsoft Purviewコンプライアンスポータル	●	●
	デバイスとアプリの管理	Microsoft 365管理センター	●	●
		Microsoft Intune	●	●
		Microsoft Endpoint Manager Configuration Manager	●	●
Windows 10/11	デバイスとアプリの管理	Windows 10/11 Enterprise E3★		●
	IDとアクセスの管理	Windows Hello、Credential Guard、Windows Defenderアプリケーション制御		●
	情報の保護	BitLocker Windows Information Protection（非推奨）		●
	脅威対策	Microsoft Defenderウイルス対策とWindows Defenderアプリケーション制御		●

表2.6：Microsoft 365 F1とF3の機能比較

HINT 表2.6の★について

表2.6で★が記載されている項目やサービスについては使用する際に制限や条件があります。以下のサイトをご参照ください。
https://www.microsoft.com/ja-jp/microsoft-365/enterprise/frontline#office-SKUChooser-0dbn8nt

フロントラインワーカー向けのライセンスは、デバイス管理やセキュリティ機能を提供していますが、さらにセキュリティやコンプライアンス対策を強化するために、次の追加のライセンスも用意されています。

- Microsoft 365 F5 Security
- Microsoft 365 F5 Compliance
- Microsoft 365 F5 Security & Compliance

これらのライセンスは、Microsoft 365 F1およびMicrosoft 365 F3をお持ちのお客様が、アドオンライセンスとして購入することができます。

2.2.5 Microsoft 365以外に必要なライセンス

ここまで、一般企業向けのライセンスであるMicrosoft 365 Business Premiumと大規模企業向けのライセンスであるMicrosoft 365 Enterpriseについて紹介しました。

大規模企業向けのMicrosoft 365 Enterpriseは、インフォメーションワーカー向けのライセンスとフロントラインワーカー向けのライセンスが次のように用意されています。

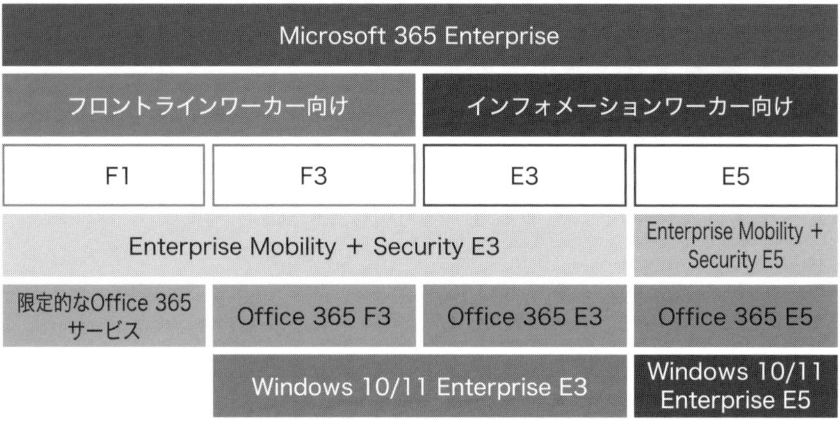

Microsoft 365 Enterprise
フロントラインワーカー向け
インフォメーションワーカー向け
F1
F3
E3
E5
Enterprise Mobility + Security E3
Enterprise Mobility + Security E5
限定的なOffice 365サービス
Office 365 F3
Office 365 E3
Office 365 E5
Windows 10/11 Enterprise E3
Windows 10/11 Enterprise E5

図2.8：Microsoft 365 Enterprise

このように、Microsoft 365には、多くの組織で必要とするビジネスツールや、セキュリティ、コンプライアンス、デバイス管理、ID管理などのサービスが含まれていますが、Microsoft 365のライセンス以外に、追加でWindows 10/11 Proのライセンスを購入しなければならない場合があります。

最初にWindows 10/11 Proのライセンスが不要な場合から紹介します。

・Windows 10/11 Proライセンスが不要になる条件

Microsoft 365 Business Premiumを利用する場合、Windows 7/8/8.1のProエディションを実行するデバイスをお持ちであれば、これらのデバイスを無償でWindows 10 Proにアップグレードすることができます。そのため追加で、Windows 10 Proのライセンスを購入する必要はありません。

ユーザーに、Microsoft 365 Business Premiumのライセンスを割り当て、Windows 7/8.1 Proを実行しているデバイスでWindows Updateを実行し、Windows 10 Proにアップグレードします。アップグレードしたデバイスをMicrosoft 365テナントに参加させると、Windows 10/11 Proは、Windows 10/11 Businessになります。

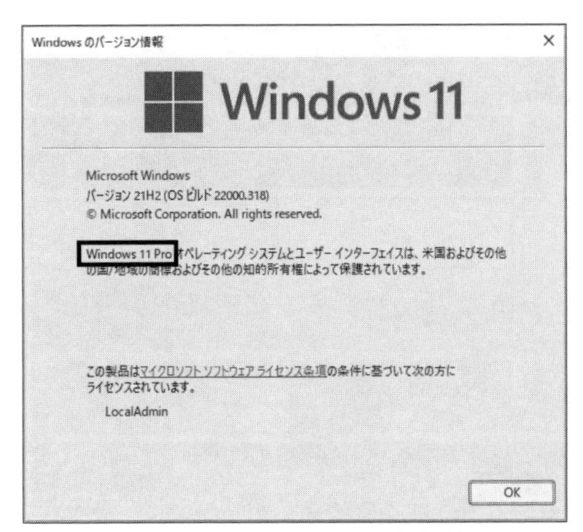

図2.9：Microsoft 365テナント参加前のWindows 11 Proデバイス

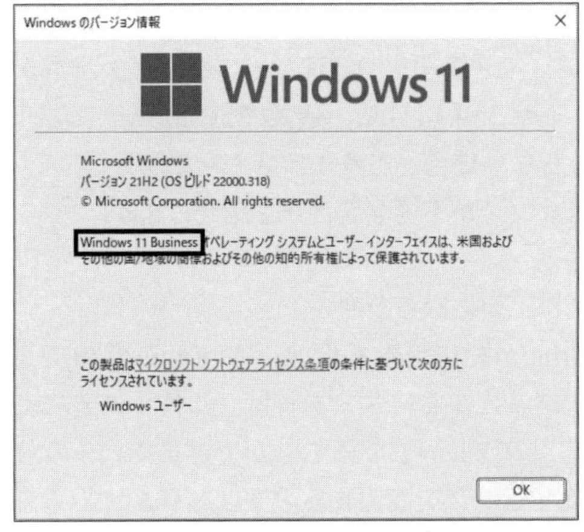

図2.10：Microsoft 365テナント参加後のWindows 11 Proデバイス

・Windows 10/11 Proライセンスが必要になる場合

　Microsoft 365 Enterpriseの場合、Windows 10/11 Proのライセンスをあらかじめ用意しておく必要があります。Microsoft 365のプランの中には、Windows 10/11 Proのライセンスは含まれません。

　Microsoft 365 Enterpriseの場合、Windows 10/11 Proデバイスをテナントに参加させると、自動的にWindows 10/11 Enterpriseエディションにアップグレードされます。このようにアップグレードの権利を有していますが、OSのライセンスそのものは含まれていません。

Microsoft 365 Business Premiumの場合、Windows 7/8.1 Proのライセンスを所有していれば、無償でWindows 10 Proにアップグレードすることができます。

2.3 Azure Active Directory(Microsoft Entra ID)のライセンス

Azure Active Directoryの名称変更について
Microsoftは、2023年7月にAzure Active Directoryの名称をMicrosoft Entra IDに変更することを発表しました。
本書では、既存の名称であるAzure Active Directoryという表記で記載します。

Azure Active Directory（Microsoft Entra ID）は、Microsoftのクラウドサービスの重要な認証基盤です。

Azure Active Directoryは、その機能に合わせて4つのプランが用意されています。

- **Free（Microsoft Entra ID）**
  Microsoft Azureのサブスクリプションを契約したときに付属する、無料のAzure Active Directoryです。
- **Microsoft 365アプリ**
  Office 365を契約したときに付属するAzure Active Directoryです。

Office 365アプリについて

Azure Active Directoryの名称が、Microsoft Entra IDに変更されたことに伴い、ライセンス体系も変更されます。
Office 365アプリは廃止されます。
Office 365アプリで利用できた機能については、今後は、Microsoft Entra ID Freeで利用できるようになります。
この変更は、2023年10月1日からです。

また、Microsoft Entra ID Governanceなど新しいライセンスも提供されます。
このライセンスは、2023年8月現在で購入可能です。

- **Premium P1（Microsoft Entra ID P1）**

  条件付きアクセスや動的グループ、Azure AD MFA（Microsoft Entra MFA）、セルフサービスパスワードリセットなど、ビジネスで要求される機能を兼ね備えた有償プランです。

- **Premium P2（Microsoft Entra ID P2）**

  Premium P1のすべての機能に加え、Azure AD Identity Protection（Microsoft Entra ID Protection）　やAzure AD Privileged Identity Management（Entra Privileged Identity Management）などのIDや特権の監視の機能をサポートする有償プランです。

HINT　Azure Active Directory（Microsoft Entra ID）の各種機能

上記に記載されているAzure Active Directory（Microsoft Entra ID）の各種機能については後述します。

HINT　Azure Active Directoryの入手方法

Microsoftのクラウドサービスを初めて利用する場合、Azure Active Directory（Microsoft Entra ID）を単体で購入することはできません。Microsoft AzureもしくはOffice 365やMicrosoft 365などを契約し、それらに付属するAzure Active Directoryを利用します。既に、Microsoft AzureやMicrosoft 365などのライセンスをお持ちの場合は、追加でAzure Active Directory Premium P1/P2（Microsoft Entra ID P1/P2）のライセンスを購入することができます。

2.3.1 Microsoft 365に含まれるAzure Active Directory

Microsoft 365には、Azure Active Directory（Microsoft Entra ID）のライセンスが含まれます。

どのライセンスが含まれるかは次の通りです。

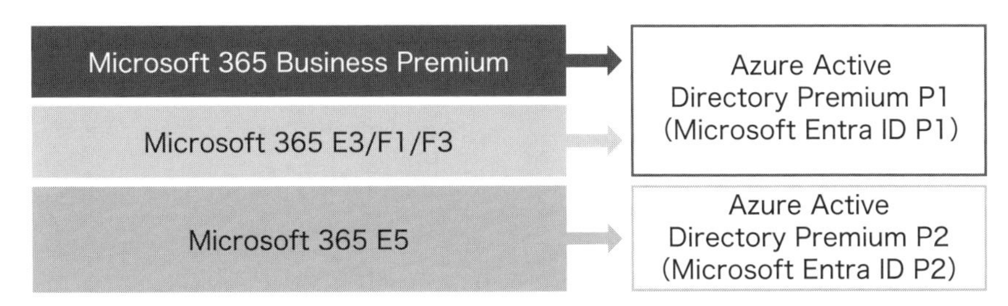

図2.11：Microsoft 365ライセンスに含まれるAzure Active Directory

Microsoft 365 Business PremiumおよびMicrosoft 365 Enterpriseに含まれているAzure Active Directory（Microsoft Entra ID）のライセンスの種類を覚えておきましょう。

2.4 ライセンスの割り当て

Microsoft 365およびMicrosoft 365に含まれるライセンスは、ユーザーベースのライセンスです。

そのため、購入したライセンスはユーザーに割り当てて使用します。

図2.12：Microsoft 365はユーザーベースのライセンス

ユーザーがどのようなライセンスを割り当てられるかによって、利用可能なサービスが異なります。

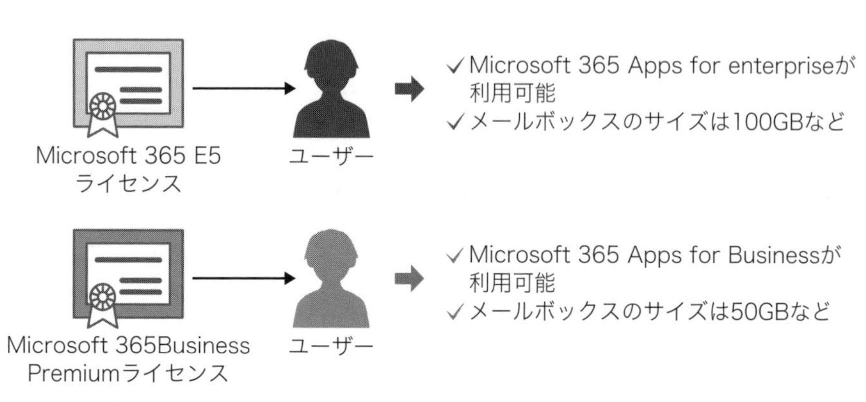

図2.13：割り当てられるライセンスによって利用可能なサービスが異なる

Microsoft 365は、1ユーザーあたりのライセンス料が月額または年額で決められているため、ライセンスコストが算出しやすいという特徴があります。たとえば、Microsoft 365 E5ライセンスの場合、次のようにコストを算出することができます。

図2.14：Microsoft 365 E5のライセンス料の算出

Microsoft 365は、購入したライセンスの種類によって価格は異なりますが、利用料金は固定されています。

Microsoft 365のライセンス料は、月額もしくは年額で支払うことができます。

2.4.1 ライセンスの割り当てに使用するツール

ライセンスを購入したら、ユーザーに割り当てる必要があります。ライセンスの割り当ては、GUIの管理ツールおよびPowerShellを使って行うことができます。GUIの管理ツールには次のようなものがあります。

- Microsoft 365管理センター

  Microsoft 365管理センターは、管理者向けのツールでユーザーやグループ、デバイス、役割グループ、組織設定やサービスの正常性の確認などさまざまなことができるツールです。このツールを使用してユーザーにライセンスの割り当てを行うことができます。

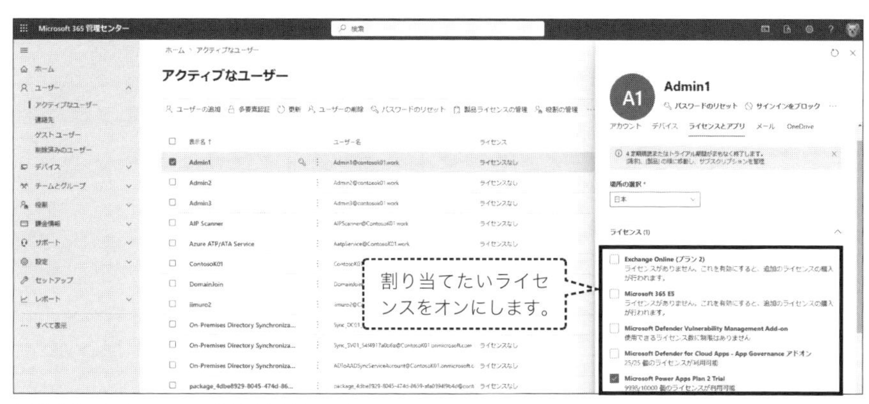

図2.15：Microsoft 365管理センター

- Azure Active Directory管理センター

  Azure Active Directory管理センターは、ユーザー、グループ、デバイス、役割グループなどの管理や、Azure Active Directory（Microsoft Entra ID）のセキュリティ設定を行ったりすることができるツールです。このツールを使用して、ユーザーやグループにライセンスを割り当てることができます。現在は利用することができません。

図2.16：Azure Active Directory管理センター

現在は、Azure Active Directory管理センターを利用することができませんが、試験では出題される可能性がありますので、名称を覚えておきましょう。

・Microsoft Entra管理センター

Microsoftは、マルチクラウド環境を利用する多くの組織のために、新たなIDやアクセス管理のブランドである「Microsoft Entra」をリリースしました。Microsoft Entraの製品群の中に、Azure Active Directory（Microsoft Entra ID）が含まれていて、これらのサービスを管理するためのツールが、Microsoft Entra管理センターです。Microsoft Entra管理センターでも、ユーザーやグループにライセンスの割り当てが可能です。

図2.17：Microsoft Entra管理センター

・Microsoft 365 Admin（スマートフォン向けアプリ）

Microsoft 365 Adminは、iOSやAndroid向けのスマートフォンアプリです。

ユーザーの管理や、サービスの状態の確認などを行うことができます。

このツールを使用して、ユーザーにライセンスを割り当てることができます。

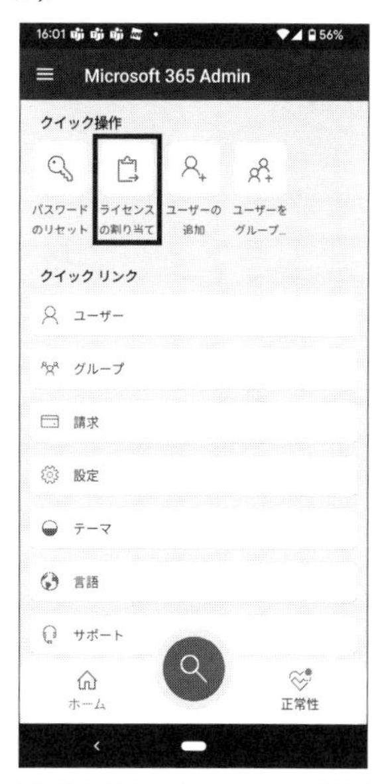

図2.18：Microsoft 365 Admin

ライセンスの割り当てができる管理ツールを覚えておきましょう。

2.4.2 ライセンスの購入ができる役割グループ

Microsoft 365では、「役割グループ」が定義されています。

役割グループは、Microsoft 365の管理をするために使用されるグループです。これらのグループにはそれぞれ権限が付与されています。そのため、管理者にしたいユーザーアカウントに対して、役割グループ（ロール）を割り当てます。

図2.19：役割グループ

Microsoft 365には、数多くの役割グループが定義されています。例えば、次のような役割グループがあります。

- **グローバル管理者**
  テナントの管理者で強大な権限を持ちます。この役割グループのメンバーはテナント内でほとんどの作業を行うことができます。
- **セキュリティ管理者**
  テナント内でセキュリティ設定を行うことができます。

図2.20は、Azure Active Directory管理センターで表示した役割グループの一部です。

このように数多くの役割グループが定義され、それぞれに異なる権限が割り当てられています。

これらの役割グループを活用して、適切な権限を付与します。

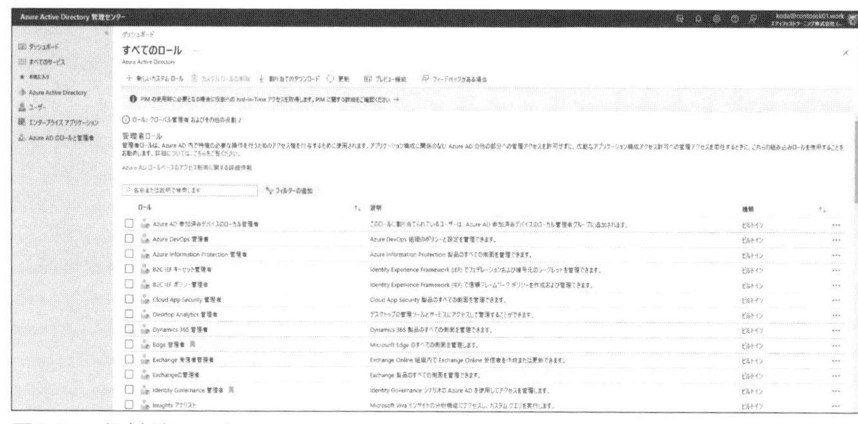

図2.20：役割グループ

MCP試験においては、「最小特権の原則」という観点で問題に答えるようにしてください。最小特権の原則は、特定の作業を行うために必要最小限の権限を付与するという考え方です。つまり、同じことができる複数の役割グループがあれば、権限が小さい方の役割グループが正解になるということです。

HINT 役割グループの別の名称

役割グループは、「ロール」と呼ぶ場合もあります。

ライセンスを購入できるのは、次の役割グループです。

・グローバル管理者

　テナントの管理者です。ライセンスの購入を行うことができます。

・課金管理者

　ライセンスの購入や、請求書の受信やサービスの支払いなどを行うことができる役割グループです。

ライセンスの購入ができる役割グループを覚えておきましょう。

練習問題

ここまで学習した内容がきちんと習得できているかを確認しましょう。

問題 2-1

Microsoftは、顧客や一般大衆と接する作業者のことを、[①] 担当者と位置付けています。

①に入る言葉を選択してください。

A. バックオフィス
B. 現場
C. Microsoft Teams
D. インフォメーション

問題 2-2

あなたは会社のMicrosoft 365管理者です。ユーザーにライセンスを割り当てるために、どのツールを使用すればいいですか。正しいものを2つ選択してください。

A. Microsoft 365管理センター
B. セキュリティとコンプライアンスの管理センター
C. コンプライアンスマネージャー
D. Azure Active Directory管理センター

問題 2-3

あなたの会社の組織では次のような機能やサービスを必要としています。それぞれの部門で、どのようなMicrosoft 365ライセンスが必要ですか。

営業部	デスクトップのOfficeと音声会議呼び出しとスケジュールが必要
総務部	デスクトップのOfficeが必要、音声会議呼び出しは不要
生産部	共同作業を行い、スケジュールを表示
経理部	ドキュメントに対する脅威を検出し、自動応答を行う

A. Microsoft 365 F3
B. Microsoft 365 E3
C. Microsoft 365 E5

問題 2-4

会社は、Microsoft 365に移行する予定です。フロントラインの従業員は、Microsoft Yammer（Vivaエンゲージ）、SharePoint Online、およびTeamsを使用してコラボレーションできる必要があります。コストを最小限に抑える必要があります。どのサブスクリプションタイプを使用する必要がありますか。

A. E3
B. ProPlus
C. E1
D. 個人
E. F3

問題 2-5

あなたは会社のMicrosoft 365管理者です。

次の管理者ロールのうち、ライセンスを購入できるのはどれですか。2つ選択してください。

A. サービス管理者
B. ユーザー管理者
C. グローバル管理者
D. 課金管理者

問題 2-6

あなたの会社は、Microsoft 365サブスクリプションを購入することを計画しています。会社にはイントラネットとチームサイトが必要です。必要な機能を提供するMicrosoft 365サブスクリプションを選択する必要があります。どの2つのサブスクリプションを使用できますか。それぞれの正解は完全な解決策を提示します。

A. Microsoft 365 Family（Office 365 Home）
B. Microsoft 365 Business Standard（Office 365 Business Premium）
C. Microsoft 365 Apps for Business（Office 365 Business）
D. Microsoft 365 Business Basic（Office 365 Business Essentials）

問題 2-7

ある会社が、Microsoft 365で利用可能なライセンスを評価しています。会社はライセンス費用を最小限に抑える必要があります。各ライセンスをそのシナリオに一致させてください。

	シナリオ
1	ユーザーはメールボックスを必要とし、メールボックスにアクセスするためにOfficeのウェブアプリとモバイルアプリを使用します。
2	メールはボックスを必要とし、Outlookとモバイルアプリを使用してメールボックスにアクセスします。
3	ユーザーは、Windows 10 Enterpriseライセンスとメールボックスが必要で、メールボックスにアクセスするためにOutlookを使用します。
4	ユーザーは、Windows 10 Enterpriseライセンス、電話システムライセンス、メールボックスが必要です。メールボックスへのアクセスにはOutlookを使用します。

	ライセンス
A	Microsoft 365 Business Premium
B	Microsoft 365 E3
C	Microsoft 365 E5
D	Microsoft 365 F3

問題 2-8

会社には250人の従業員がいます。すべてのユーザーをMicrosoft 365に移行し、次の要件を満たす必要があります。

・すべてのユーザーにユーザー中心のライセンスソリューションを提供する
・単一の場所からデバイスを管理する
・ライセンス費用を最小化する

どのライセンスモデルを使用する必要がありますか。

A. Microsoft 365 Business Premium
B. Microsoft 365 Education
C. Microsoft 365 E3
D. Microsoft 365 E5

練習問題の解答と解説

問題 2-1 正解 B　　参照 2.2.4 「フロントラインワーカー向けライセンス」

Microsoftでは、顧客や商品、一般大衆と最初に接する作業者のことを現場担当者（フロントラインワーカー）として位置付けています。正解はBです。

問題 2-2 正解 A、D　　参照 2.4.1 「ライセンスの割り当てに使用するツール」

ライセンスの割り当てに使用できるツールは、Microsoft 365管理センターと、Azure Active Directory管理センターです。

問題 2-3 正解 以下を参照　　参照 2.2.3 「インフォメーションワーカー向けライセンス」、2.2.4 「フロントラインワーカー向けライセンス」

音声会議呼び出しとは、電話会議のことを指します。これは、Microsoft 365 E5でのみ利用が可能です。

また、デスクトップのOfficeが利用可能なのは、Microsoft 365 E3/E5ライセンスです。総務部の場合は、音声会議呼び出しは不要であるため、Microsoft 365 E3を利用するのが適切です。

ドキュメントに対する脅威を検出し、自動応答を行う機能は、Microsoft Defender for EndpointおよびMicrosoft Defender for Office 365でサポートします。これらのサービスで自動応答を利用するには、Microsoft 365 E5が必要です。以上のことから、正解は次の通りです。

営業部	デスクトップのOfficeと音声会議呼び出しとスケジュールが必要	C
総務部	デスクトップのOfficeが必要、音声会議呼び出しは不要	B
生産部	共同作業を行い、スケジュールを表示	A
経理部	ドキュメントに対する脅威を検出し、自動応答を行う	C

問題 2-4 正解 E　　参照 2.2.4 「フロントラインワーカー向けライセンス」

フロントラインの従業員が、YammerやSharePoint、Teamsが利用できるようにしたいということなので、フロントラインワーカー向けのライセンスであるF3が適切です。

問題 2-5 正解 C、D　　参照 2.4.2 「ライセンスの購入ができる役割グループ」

ライセンスの購入が行える管理者ロール（役割グループ）は、グローバル管理者と課金管理者です。

正解はCとDです。

問題 2-6 正解 B、D

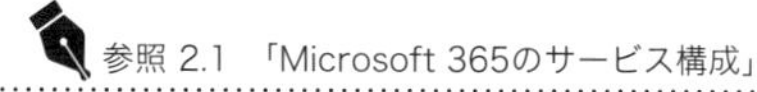

Microsoft 365 Business StandardおよびMicrosoft 365 Business Basicには、両方ともイントラネットとチームサイトが提供できるSharePoint Onlineが含まれます。

問題 2-7 正解 以下を参照　　参照 2.2.3 「インフォメーションワーカー向けライセンス」、2.2.4 「フロントラインワーカー向けライセンス」

シナリオを順番に確認します。

1つ目のシナリオは、メールボックスを必要とし、メールボックスにアクセスするのにWebアプリやモバイルアプリを使用します。この場合、Microsoft 365 F3のライセンスがあれば実現できます。

2つ目のシナリオでは、メールボックスにデスクトップのOutlookおよびモバイルアプリを使用してメールボックスにアクセスします。この場合、デスクトップのOfficeアプリが含まれているMicrosoft 365 Business PremiumおよびMicrosoft 365 E3、E5が必要ですが、この問題ではライセンス費用を最小限に抑えるとありますので、Microsoft 365 Business Premiumを選択します。

3つ目のシナリオでは、Windows 10 EnterpriseおよびデスクトップのOutlookが必要です。この場合、Microsoft 365 E3を選択します。

最後のシナリオは、Windows 10 Enterpriseと電話システムなどが必要ということです。電話システムが含まれるのは、Microsoft 365 E5のみです。

正解は、次の通りです。

	シナリオ	
1	ユーザーはメールボックスを必要とし、メールボックスにアクセスするためにOfficeのウェブアプリとモバイルアプリを使用します。	D
2	メールはボックスを必要とし、Outlookとモバイルアプリを使用してメールボックスにアクセスします。	A
3	ユーザーは、Windows 10 Enterpriseライセンスとメールボックスが必要で、メールボックスにアクセスするためにOutlookを使用します。	B
4	ユーザーは、Windows 10 Enterpriseライセンス、電話システムライセンス、メールボックスが必要です。メールボックスへのアクセスにはOutlookを使用します	C

問題 2-8 正解 A　　2.2.1 「Microsoft 365 Business Premium」

問題では、250人の従業員がいると記載があります。

またライセンスのコストを最小化したいということなので、300ユーザー以下の企業に適したMicrosoft 365 Business Premiumを選択するのが適切です。

第3章

Office 365のサービス

本章では、Office 365に含まれる各種サービスの機能について学習します。この章の内容は試験でも出題頻度が高いと想定されるため、しっかり各サービスの役割や機能を覚えるようにしましょう。

理解度チェック

- □ Exchange Online
- □ Exchange Server
- □ 配布リスト
- □ Microsoft 365グループ
- □ メールが有効なセキュリティグループ
- □ SharePoint Online
- □ チームサイトとMicrosoft 365グループ
- □ ファイルの共同編集
- □ バージョン管理
- □ メンション
- □ ファイルのアクセスログの取得
- □ 外部共有ポリシー
- □ 招待状
- □ OneDrive for Business
- □ ファイルのバージョン履歴
- □ Microsoft Teams
- □ 通話とビデオ通話
- □ チームとMicrosoft 365グループ
- □ チャネル
- □ メンション（@記号）
- □ メッセージの重要度
- □ ホワイトボード
- □ ライブイベント
- □ タブの追加
- □ アプリの追加
- □ 承認アプリ
- □ チャットの翻訳
- □ Microsoft Stream
- □ Stream（クラシック）
- □ Stream（on SharePoint）
- □ 動画のアップロード先
- □ 字幕の自動生成
- □ YammerおよびTeamsでの共有
- □ Yammer
- □ Vivaエンゲージ
- □ ハッシュタグ
- □ コミュニティ
- □ Microsoft Forms
- □ Microsoft Planner
- □ Microsoft Bookings
- □ Teamsとの仮想予定
- □ SMS通知
- □ Power Platform
- □ Power Apps
- □ Power Virtual Agents
- □ チャットボット
- □ Power Automate
- □ ワークフロー
- □ Microsoft Viva
- □ Vivaインサイト
- □ パーソナルインサイト
- □ My Analytics
- □ マネージャーとリーダーのインサイト
- □ Workplace Analytics
- □ フォーカス時間
- □ インライン提案
- □ ブリーフィングメール
- □ ダイジェストメール
- □ Vivaコネクション
- □ Vivaラーニング
- □ Vivaトピック
- □ Microsoft 365 Apps for enterprise
- □ 15台のデバイス
- □ サインアウト
- □ クイック実行形式
- □ Windowsインストーラー形式
- □ Configuration Manager
- □ Office Deployment Tool
- □ Microsoft Intune
- □ 更新チャネル
- □ Office 365の更新チャネル

アクセスキー **g**
（小文字のジー）

3.1 メールおよびコラボレーション

Office 365の主要なサービスの1つとしてメールやコラボレーションのサービスがあります。

これらのサービスを活用することによって、従業員同士や外部とのコミュニケーションおよび情報共有がスムーズに行えるようになります。ここで紹介するのは、次のサービスです。

・Exchange Online
・SharePoint Online
・Microsoft Teams
・Microsoft Stream
・Microsoft Yammer
・Microsoft Forms

3.1.1 Exchange Online

Microsoftが提供する「Exchange」という名称の製品やサービスには、次のようなものがあります。

■Exchange Server

オンプレミス環境で使用する電子メールサービスを提供する製品で、小規模から大規模な環境まで幅広くサポートします。Exchange Serverでは、ユーザーごとにメールボックスを作成します。メールボックスに送受信したメールや登録した個人の予定や会議の予定が保存されます。メールボックスにアクセスするには、Microsoft Outlookやブラウザーを使用します。Outlookを使用して受信した電子メールを確認したり、上司やチームメンバーの予定を確認したりすることができます。

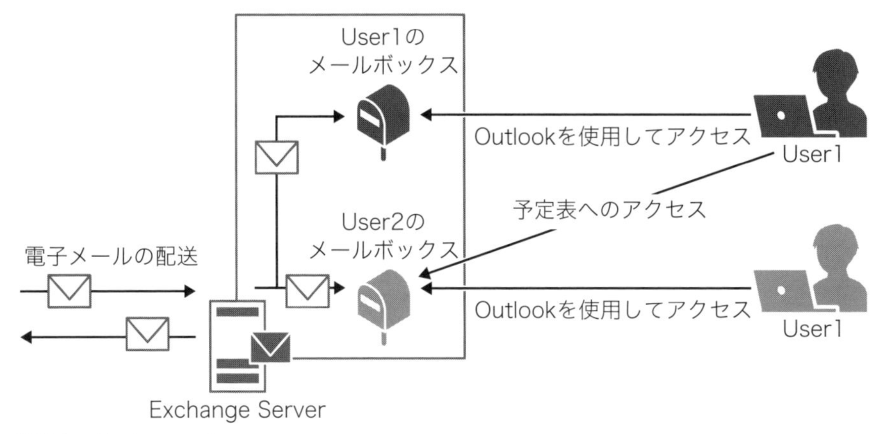

図3.1：Exchange Server

Exchange Serverには、Exchange Server 2019/2016/2013などのバージョンがあります。

Exchange Serverは、オンプレミスのサービスです。
そのため、Exchange Serverにセキュリティ更新プログラムの適用をするといった作業は、サーバーを所有している企業で行う必要があります。

■ Exchange Online

Exchange Onlineは、Microsoftが提供するクラウドベースの電子メールサービスです。

Exchange Onlineをユーザーが利用できるようにするには、ユーザーに対してExchange Onlineのライセンスを割り当てます。これにより、クラウド上にユーザーのメールボックスが作成され、電子メールの送受信や予定表（カレンダー）が利用できるようになります。

メールボックスにアクセスするには、Microsoft Outlookやブラウザーを利用します。

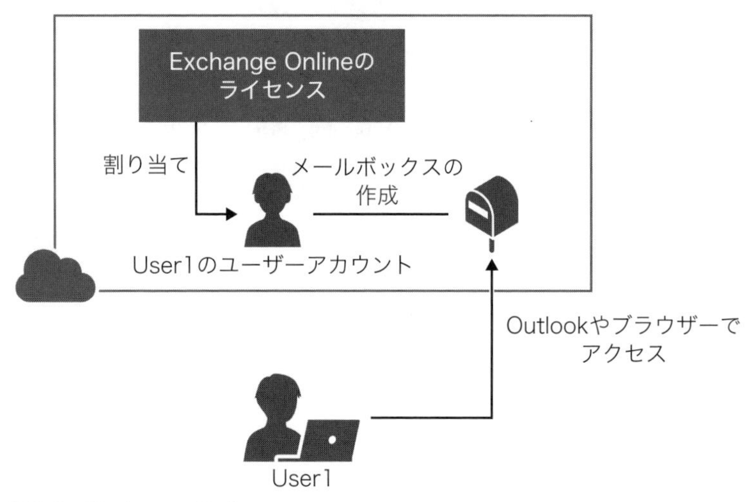

図3.2：Exchange Online

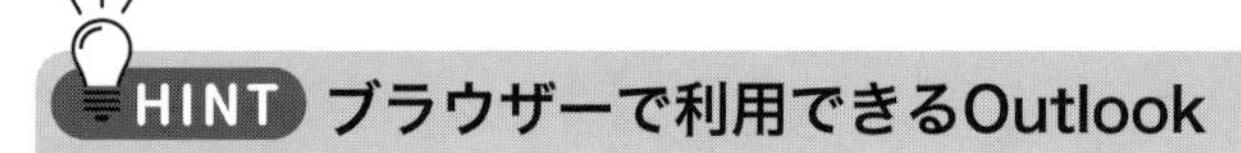

ブラウザーで利用できるOutlook

ブラウザーで利用できるOutlookのことを、Outlook on the Webといいます。

ここがポイント

Exchange Onlineでは、メールボックスを作成することでユーザーが個人の予定表（カレンダー）に予定を登録したり、他の人の予定表にアクセスして予定を見たりすることができます。

このように、Exchange ServerおよびExchange Onlineは、オンプレミスユーザーやクラウドユーザーに対して、電子メールサービスを提供します。どちらのサービスもマルウェア、迷惑メール、なりすましなどを検出するためのセキュリティ対策や、条件に該当するメールを一定期間保持するなどのコンプライアンス対策機能が含まれています。

Exchange OnlineおよびExchange Serverのいずれも、電子メールの免責事項の設定が可能です。例えば、「本メールおよびメールに添付されているファイルには、機密情報を含む場合があります。これらは適切な受取人が使用することを意図していますが、誤送信などにより誤って受け取ってしまった場合、速やかに削除し送信元に通知してください。」といった文面を自動的に電子メールに挿入することができます。

ここでは、もう少しExchange Onlineの機能について確認します。

Exchange Onlineでは、特定のユーザーを宛先として電子メールを送信することができますが、次のようなグループに対しても電子メールを送信することができます。

■配布リスト

メーリングリストのような目的で使用されます。同じ内容の電子メールを複数のユーザーに配送したい場合、これらのユーザーを配布リストとして1つのグループにまとめます。作成した配布リストを宛先として電子メールを送信すると、メンバーとなっているユーザー全員にメールが配送されます。

プロジェクトチームのメンバーや、同じ部署のメンバー、同じクラスの生徒や父兄など同じメンバーに頻繁にメールを送信する場合などに利用すると便利です。

■Microsoft 365グループ

Microsoft 365環境において共同作業を円滑に進めるために使用するグループです。同じMicrosoft 365グループのメンバーは、共有の受信トレイ、共有の予定表、共同作業が可能なチームサイトやMicrosoft Teamsのチームを利用してコミュニケーションを取ることができます。

電子メールだけではなく、ドキュメントを共有する場所やチャットスペースなどをメンバー間で利用したい場合に使用します。

■メールが有効なセキュリティグループ

メールが有効なセキュリティグループは、電子メールの宛先として利用できるだけでなく、SharePointやOneDriveなど、リソースに対するアクセスを許可するために使用します。

Exchange Onlineでは、配布リストを宛先にして電子メールを送信することができます。

Microsoft 365グループは、クラウドで利用されるグループです。

3.1.2 SharePoint Online

SharePoint Onlineは、組織内外で情報を共有するためのサービスです。

例えば、社内で利用するポータルサイトを作成して、人事異動や社内イベントなどを知らせたりすることができます。また、プロジェクトチームのメンバーで利用するチームサイトを作成してスケジュールを共有したり、プロジェクト内で作成したファイルを共有したりすることができます。ここでは、SharePoint Onlineでサポートするさまざまな機能を確認します。

■サイトの作成

SharePoint Onlineでは、組織内で必要なサイトを簡単に作成することができます。

顧客や組織全体で情報を共有するためのコミュニケーションサイトやプロジェクトや部署のメンバーで情報を共有するためのチームサイトを作成することができます。

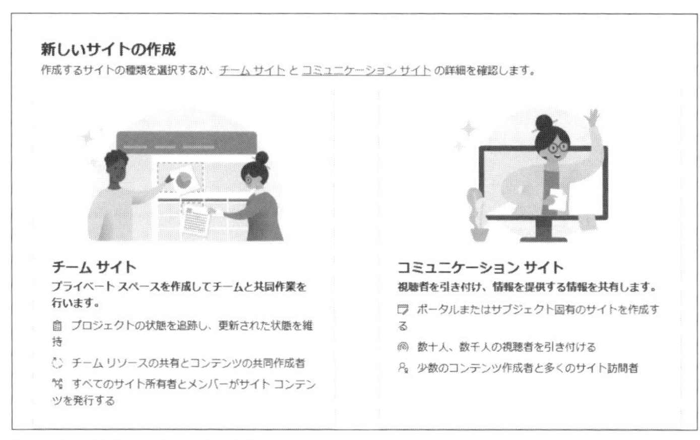

図3.3：新しいサイトの作成

サイトの作成後は豊富なテンプレートを使用して、いつでも簡単にレイアウトやデザインを変えることができます。

図3.4：SharePoint Onlineの［テンプレートを選択］ページ

チームサイトを作成すると、チームサイトに紐づくMicrosoft 365グループが自動的に作成されます。また、Microsoft 365グループを作成すると、グループに紐づくチームサイトが自動的に作成されます。

SharePointサイトは、Webパーツと呼ばれるさまざまな部品で構成されています。

テンプレートに組み込まれている部品で不要なものがあればいつでも簡単に削除ができ、必要なものがあれば追加することができます。

図3.5：SharePointサイトにWebパーツを追加

追加できるWebパーツの1つに、［グループ予定表］があります。グループ予定表を追加することで、Microsoft 365グループのメンバーの予定を表示することができます。

SharePointサイトには、サードパーティのアプリを追加することもできます。

■ファイルの共同編集

SharePointサイトでは必要に応じて、「ドキュメントライブラリ」を作成することができます。

ドキュメントライブラリは、ファイルを保存するための入れ物です。ドキュメントライブラリ内にフォルダーを作成して、分類や整理をしながら保存することができます。

図3.6：ドキュメントライブラリ

HINT ドキュメントライブラリとフォルダー

ドキュメントライブラリとフォルダーは、「ファイルの入れ物」という用途としては同じように見えますが、ドキュメントライブラリのほうが高機能です。例えば、ドキュメントライブラリでは、バージョン管理機能が有効にでき、ファイルが変更された場合に過去のバージョンを必ず保存するように設定できます。これにより誤ってファイルを上書きしてしまったり削除してしまったりした場合に、元の状態に戻すことができます。

図3.7：ドキュメントライブラリの設定

SharePoint Onlineに保存したファイルはバージョン管理を有効にして、複数バージョンが保持されるようにすることができます。
ドキュメントのバージョン管理が有効になっていると、誤って上書きしてしまったファイルを元の状態に復元できます。

ドキュメントライブラリに保存されているWordやExcel、PowerPointのドキュメントを複数の人が同時に開いて共同編集することも可能です。この時、誰と共同編集しているかはWordやExcelなどのアプリケーション上に表示されます。

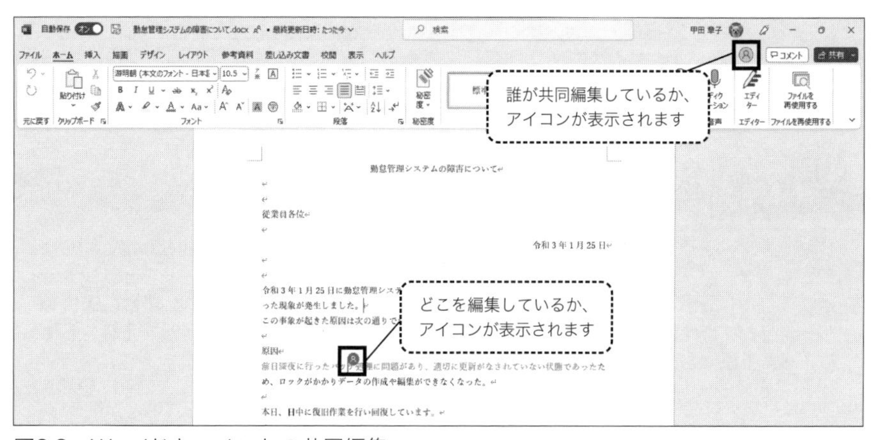

図3.8：Wordドキュメントの共同編集

SharePoint Onlineでは、他のユーザーとOfficeドキュメントの共同編集が可能です。

共同編集を行っている相手に対して、メンションをしてメッセージを送ることができます。これにより、コミュニケーションを取りながらドキュメントを編集することができます。

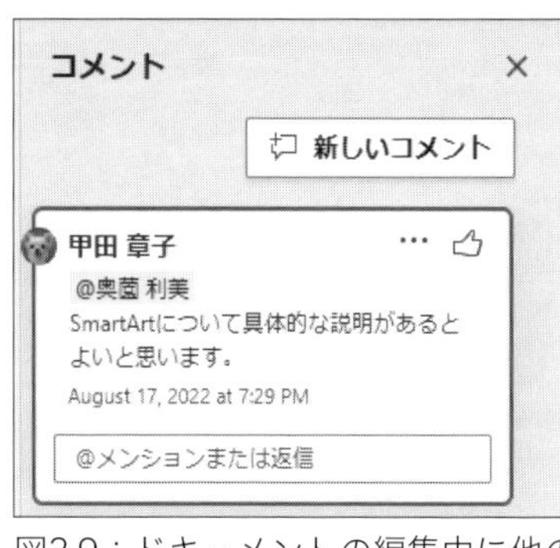

図3.9：ドキュメントの編集中に他のユーザーに対してメンションすることができる

コメントはスレッド表示されます。

メンションを行うには、コメントボックスに@記号を入力し、ユーザーを選択します。

メンションを行うと、メンションした相手に対して電子メールで通知が行われます。

この電子メールメッセージでは、次の内容を確認できます。

- ・コメントの内容が確認できます。
- ・ドキュメントのどの部分にコメントが付いたのか、コメントが付いた部分の前後の文章も表示されます。

図3.10：メンションした相手に対して電子メールでメッセージが送信される

　また、この電子メールメッセージからコメントの返信も行うことができます。[コメントへ移動] ボタンをクリックすることで、ドキュメントに移動してコメントを確認することもできます。

Word、Excel、PowerPointなどのOfficeドキュメントでは、編集中に特定のユーザーに対してメンションを行うことができます。メンションすると、コメントの内容は電子メールメッセージとして送信され、メンションされたユーザーは、電子メールメッセージからコメントの返信ができます。

■ファイルのアクセスログの取得

　SharePointでは、サイト内に保存されているどのファイルに誰がアクセスしたのか、編集したのかなどを確認するための監査ログレポートを出力することができます。

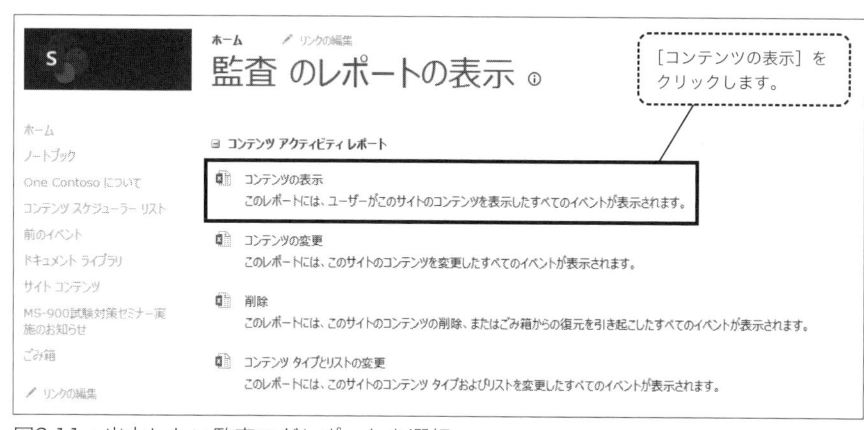

図3.11：出力したい監査ログレポートを選択

出力した監査ログレポートは、Excelで開くことができるファイル形式（*.xlsx）で出力されます。ピボットテーブルが作成された状態で表示されるため、必要なフィールドを追加したり、レイアウトを変えたりしながら分析を行うこともできます。

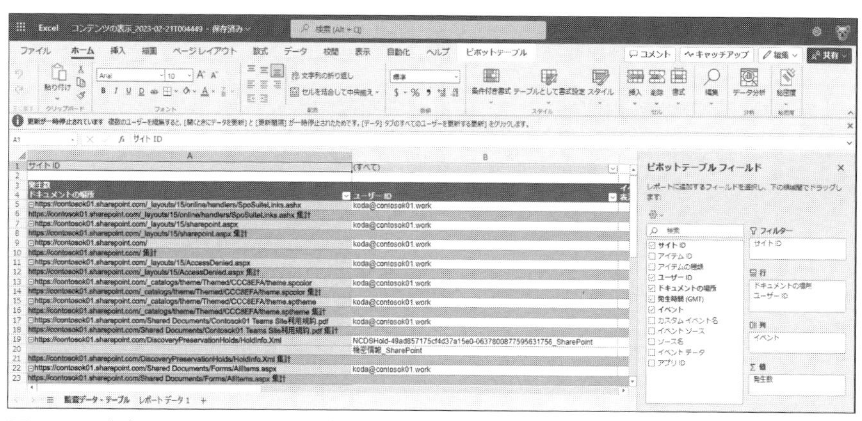

図3.12：出力された監査ログレポート

SharePointサイト内で、どのファイルに誰がアクセスしたかなどのアクティビティを監査ログレポートで追跡することができます。

■SharePointの外部共有ポリシー

SharePointの外部共有ポリシーを設定すると、SharePointのサイトおよびサイト内のコンテンツを組織内のユーザーだけで共有するか、外部のユーザーとも共有するかを設定することができます。

この設定は、SharePoint管理センターで行います。

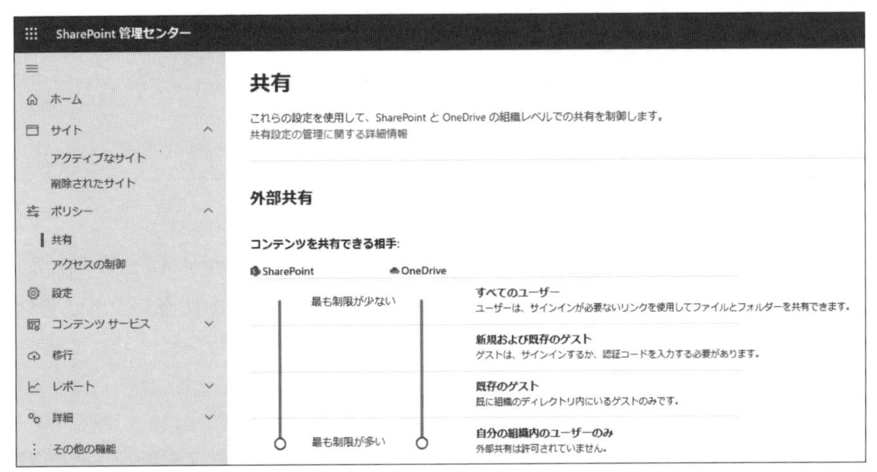

図3.13：SharePointの外部共有ポリシー設定

［外部共有］の設定（図3.13）で、［自分の組織内のユーザーのみ］が選択されていると、外部ユーザーとの共有はできません。共有しようとすると、次のようなメッセージが表示され共有ができません。

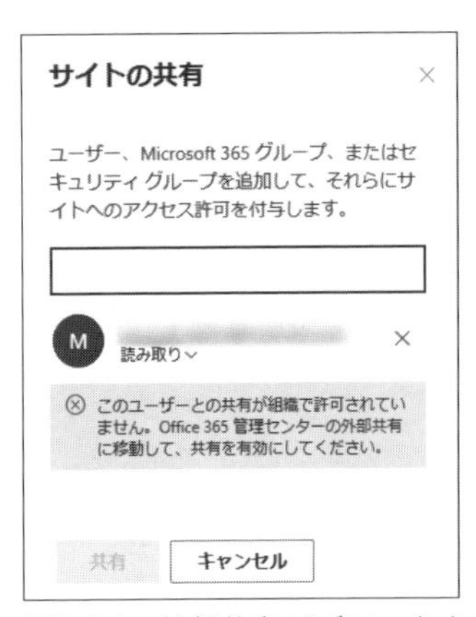

図3.14：外部共有がブロックされている状態

■SharePointサイトの共有

SharePointサイトおよびサイト内のコンテンツ（ファイルやフォルダーなど）は、社外のユーザーにサイトを公開して情報共有することができます。サイトを共有するには、外部共有ポリシーで外部のユーザーと共有ができるように設定をしておく必要があります。次に、共有したいSharePointサイトで、共有したい相手のメールアドレスを指定します。この設定を行うことで、共有する相手に電子メールで招待状が送られます。

図3.15：共有する相手に招待状を送信する

招待状を受け取ったら、メール内のリンクをクリックすることで共有されたサイトにアクセスすることができます。

図3.16：届いた招待状

SharePoint管理センターで外部共有が許可されている場合、サイトを共有するには共有したい相手のメールアドレスを指定して、招待状を送信します。

■SharePointサイト内のファイルの外部共有

SharePointサイト内のファイルやフォルダーを外部ユーザーと共有するには、目的のファイルを選択して、［共有］をクリックします。［共有の設定］ページで、共有したい対象を選択することができますので、［選択したユーザー］を選択します。この設定を行うことで、外部のユーザーとファイルやフォルダーを共有できます。

図3.17：共有の対象を指定

図3.18：共有する相手のメールアドレスを指定

共有相手のメールアドレスを指定し、[送信] ボタンをクリックすると共有リンクが電子メールで送信されます。

ここがポイント

外部ユーザーと特定のファイルを共有するには、SharePointサイトのドキュメントライブラリにファイルをアップロードします。次に共有設定を行い、共有リンクを電子メールで送信します。

3.1.3 OneDrive for Business

OneDrive for Businessは、個人がデータを保存するための領域として使用されます。

既定では、本人しかアクセスができませんが、共有設定をすることで組織内の他のユーザーや外部のユーザーとファイルやフォルダーを共有することができます。

OneDrive for BusinessでOfficeドキュメントを共有した場合、SharePoint Onlineと同様、共同編集ができます。

OneDrive for Businessでは、保存しているファイルのバージョン履歴が保存されているため、ファイルを誤って上書きしてしまった場合に、復元することができます。

図3.19：バージョン履歴からファイルを復元できる

OneDrive for Businessに保存されているファイルは、バージョン履歴から過去のバージョンを復元することができます。

3.1.4 Microsoft Teams

Microsoft Teamsは、組織内外のユーザーとチャットを使用してコミュニケーションを取るためのクラウドベースのツールです。

Microsoft Teamsは、クラウドサービスです。

Microsoft Teamsでは、特定のユーザーとのチャットや指定した複数名の人とグループチャットを行うことができます。また、チャットでは話が通じにくい場合は、特定の人と通話をして直接話をすることもできます。

図3.20：特定のユーザーとのチャット

Microsoft Teamsでは、音声のみの通話や音声と映像を使用したビデオ通話を行うことができます。

Microsoft Teamsでは、「チーム」を作成することができます。

チームは、プロジェクトチームや同じ部署や部門のメンバーなど頻繁にコミュニケーションを取る必要のある人達を追加して作成します。チームは、Microsoft Teamsアプリから、誰でも自由に作成することができます。

HINT チームとMicrosoft 365グループ

チームを作成すると、自動的にMicrosoft 365グループが作成され、チームのメンバーはMicrosoft 365グループのメンバーになります。それと同時に、SharePointサイトも作成されます。

チームを作成すると、既定で［一般］チャネルが作成されます。チャネルの中でチームメンバーは自由にチャットを行ったり、ファイルを共有したりすることができます。

チャネルは、複数作成することができますので、テーマごとにチャネルを作成して、適切な場所で会話をすることで、後から会話の検索もしやすくなります。

図3.21：チームとチャネル

チーム内では、複数のメンバーとチャットを行うことができますが、その中で特定の人に対してのみ伝えたいことがある場合、メンションを利用することができます。@記号を入力することで、誰に対してのメッセージなのかをチャネル内で指定することができます。メッセージ自体はチームメンバー全員が読むことができますが、その中で誰に対するメッセージなのかを明確に伝えることができます。

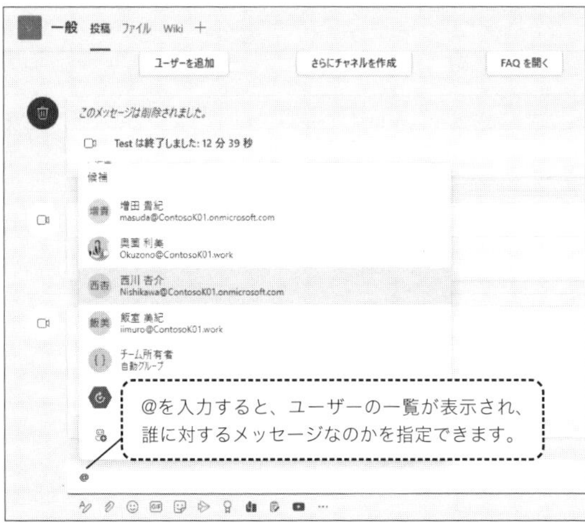

図3.22：@記号を入力するとメンションができる

チーム内でメンションをするには、@記号を使用します。

チャネル内のメッセージでは、タイトルや書式の設定が可能です。これにより投稿を見やすくすることができます。

また、重要な投稿については、［重要としてマーク］を選択することで他の投稿よりも目立たせることができます。

図3.23：チャネル内のメッセージはタイトルや書式の設定が可能

重要としてマークされた投稿は、次のように表示されます。

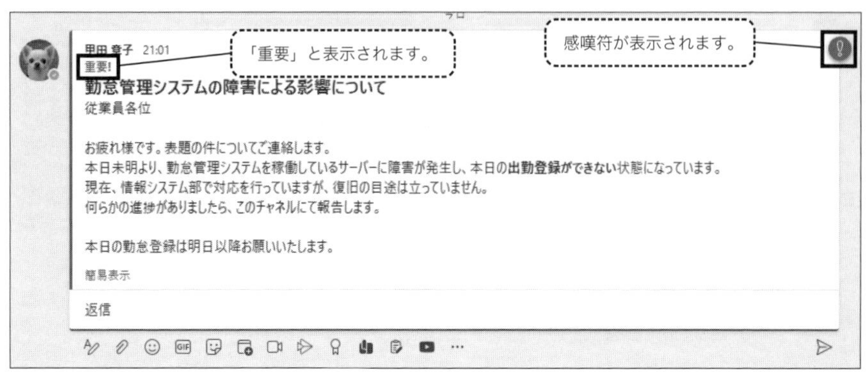

図3.24：重要としてマークされた投稿

チャットでは、[配信オプションを設定する] ボタンを使用することで、メッセージの重要度を選択することができます。選択可能な重要度は、次の3種類です。

- **標準**
  既定の設定です。通常のメッセージに設定します。
- **重要**
  この設定を行うと、チャットに感嘆符が表示され重要なメッセージであることがすぐに分かります。
- **緊急**
  この設定を行うと、2分間隔で20分間、ユーザーがメッセージを読むまで、ユーザーやグループに対して繰り返し通知を行います。

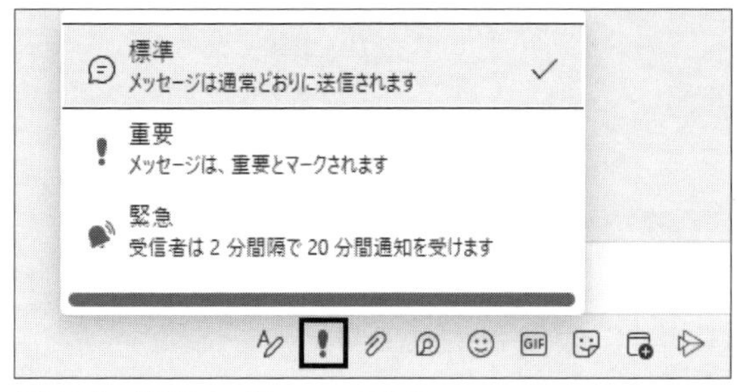

図3.25：配信オプションの設定

Microsoft Teamsのチャットでは、メッセージに対して重要や緊急などの設定を行うことができます。

Microsoft Teamsでは、チャットでもチャネルでもファイルの共有を行うことができます。共有したファイルが保存される場所は次の通りです。

・チャットで共有したファイル
　ファイルを共有した人のOneDrive for Business内に保存されます。
・チームで共有したファイル
　チームに紐づくSharePointサイトのドキュメントライブラリ内に保存されます。

ここまで、Microsoft Teamsの基礎知識を確認しましたが、以降は、試験のポイントとなるMicrosoft Teamsの機能について紹介します。

■Web会議

Microsoft Teamsでは、Web会議を行うことができ、最大1,000人まで参加することができます。Web会議では、デスクトップ画面や特定のウィンドウを共有して会議の資料を参加者全員で閲覧できるようにしたり、ホワイトボード機能を利用して、言葉では伝わりにくい事柄を図に示して説明したりすることができます。

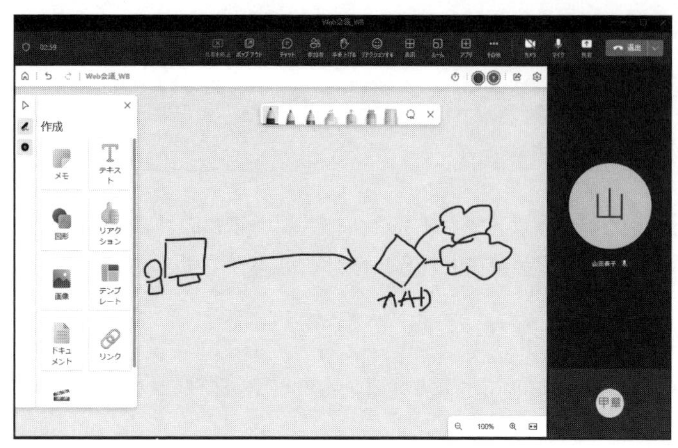

図3.26：Microsoft Teamsのホワイトボード機能

Microsoft Teamsでは、Web会議でホワイトボードを使用することができます。

Web会議は記録（録画）することもできます。記録をすることで、当日参加できなかった人が後から閲覧することができます。会議の記録は次の場所に保存されます。

- チャネル会議
  SharePointサイト内のドキュメントライブラリ内に保存されます。
- チャネル以外の会議
  会議の記録を開始した人のOneDrive for Businessに保存されます。

Web会議は、記録（録画）することができます。

■ライブイベントの開催

Microsoft TeamsでWeb会議を開催した場合、参加人数は1,000人に制限されます。

ライブイベントでは、最大10,000人のユーザーに対して会議やイベントを開催することができます。

ここがポイント

Microsoft Teamsでは、ライブイベントを開催できます。

■タブの追加

Microsoft Teamsでは、チームを追加すると、チャネル内に既定でタブが作成されます。

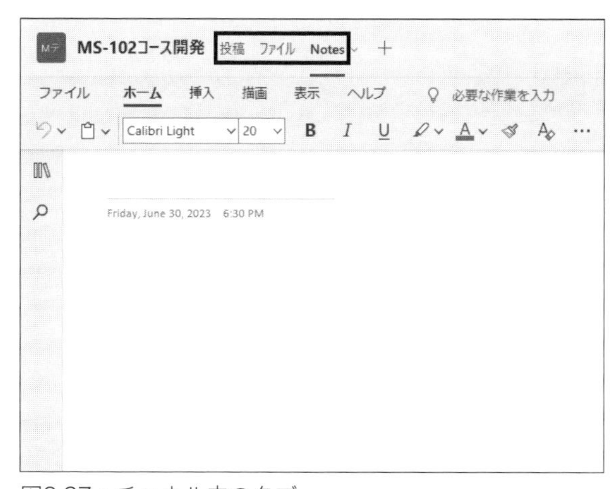

図3.27：チャネル内のタブ

既定で表示されるタブは、[投稿]、[ファイル]、[Notes] です。チームメンバーのチャットによる会話は、[投稿] タブに表示され、チーム内で共有したファイルは、[ファイル] タブに表示されます。

[Notes] タブはOneNoteを使用してチームのメンバーが自由に編集できるページです。例えば、チームを使用する際の社内ルールやFAQなどを記述しておき、運用ルールなどが変更された場合は、新たなルールを追加したり、不要なものを削除したりします。

HINT [Notes] タブについて

チャネルを作成したときに表示される［Notes］タブは、2023年5月に展開された機能です。以前は、［Wiki］タブが表示されていました。Wikiタブは2024年1月に廃止される予定です。

このように既定でいくつかタブが用意されますが、必要に応じてタブは追加することができます。図3.27で、［Notes］タブの右側の［+］をクリックすると、タブを追加するためのページが表示されます。

図3.28：[タブを追加］ページ

ここで、どのアプリのデータを表示したいかを選択します。

たとえば、操作方法を説明する動画を表示したい場合は、動画を管理するサービスである［Stream］を選択し、目的の動画を選択します。タブが追加され、選択した動画が直接表示されるため、すぐに再生することができます。

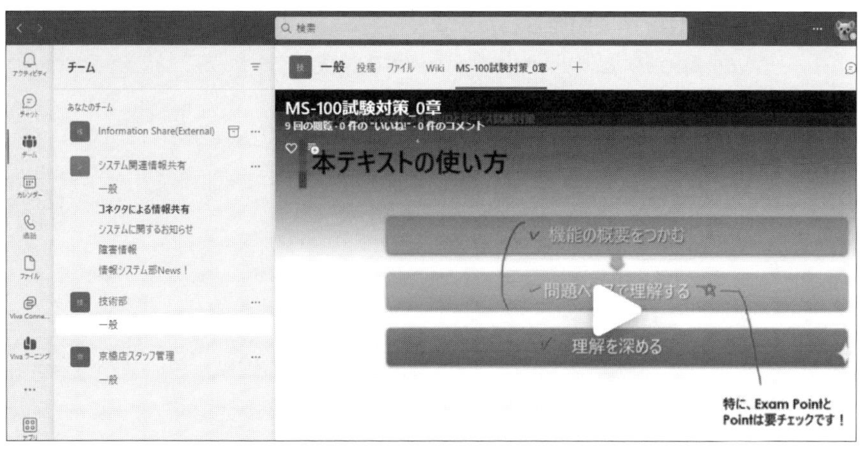

図3.29：タブを追加し、Streamのビデオを表示

Microsoft Teamsでは、Streamの動画、PowerPoint、PDF、Excelのファイルなどをタブ内に直接表示することができます。

アプリの追加

Microsoft Teamsでは、Teamsアプリ内でさまざまなアプリを追加して使用することができます。

使用可能なアプリには、次のようなものがあります。

- **Microsoftアプリ**

  FormsやOneNote、Dynamics 365などのMicrosoftが提供するアプリをMicrosoft Teams内で利用できます。

Teams内にDynamics 365アプリを追加し、顧客の情報を表示したり編集したりできます。

- **組織で開発したカスタムアプリ**

  組織内で開発されたアプリを利用できます。

- **Power Platformで開発されたアプリ**
  Power AppsなどのPower Platformで開発されたアプリをMicrosoft Teams内で利用できます。
- **サードパーティ製のアプリ**
  さまざまなベンダーが開発したアプリを利用できます。

Microsoftストアアプリは、Microsoft Teams内に追加することはできません。
組織で開発したカスタムアプリやサードパーティアプリは、Microsoft Teamsに追加することができます。

これらのアプリを、Microsoft Teams内で利用できるようにするには、Microsoft Teamsの左側のメニューで、[アプリ] をクリックします。

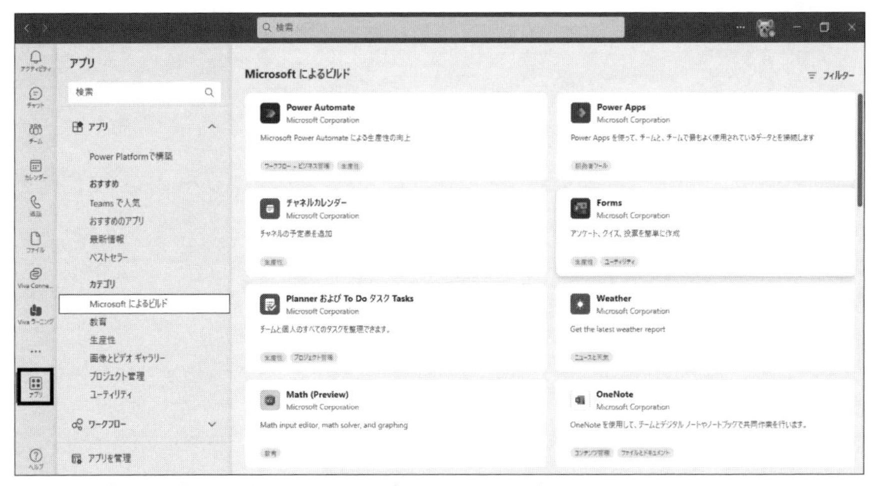

図3.30：[アプリ] を選択するとさまざまなアプリが表示される

Microsoft Teams内で利用したいアプリを追加すると、Teams内に表示されるようになります。

ここでは、MicrosoftのPower Automateを追加しています。

図3.31：Power Automateが追加された

このように、Microsoft Teamsから、他のアプリやウィンドウに移動することなく、Microsoft Teams内でさまざまなアプリを使うことができます。

■承認アプリの利用

Microsoft Teamsでは、承認アプリを使用して休暇申請や出張申請などのテンプレートを作成し、Teamsのチームやチャットで、これらの申請を行うことができます。

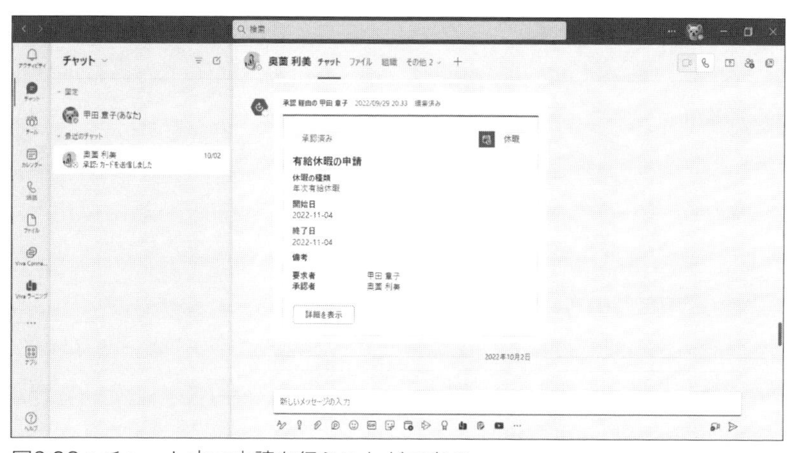

図3.32：チャット内で申請を行うことができる

Microsoft Teamsで承認アプリを利用することでチームやチャット内で簡単に申請ワークフローを利用することができます。これらの承認はPower Automateの機能を利用していますが、Power Automateで作業を行う必要はありません。

■翻訳機能

チャットやチャネルに送信された他言語のメッセージを翻訳することができます。

図3.33：英語で表示されているメッセージ　　図3.34：日本語に翻訳された

Microsoft Teamsではチャットやチャネル内の他言語で送信されたメッセージを翻訳することができます。

3.1.5 Microsoft Stream

Microsoft Streamは、動画を保存し、共有するためのクラウドサービスです。新しいサービスと古いサービスを区別するために次のような名称がついています。本書では、Stream（on SharePoint）の画面を使用して解説します。

● Stream（クラシック）

Stream（クラシック）では、作成したビデオは、microsoftstream.comサービス（廃止）に保存されます。

2024年2月15日に廃止され、Stream（on SharePoint）に置き換えられます。

Stream（クラシック）では、Streamを表示したときに、トレンドビデオや人気のあるチャネルなどが表示されます。

● Stream（on SharePoint）

2022年10月に一般提供されました。

作成したビデオは、SharePointやOneDrive、Teamsに保存されます。

アップロードされた動画は、SharePoint、OneDrive、Teamsに保存されます。

Microsoft Streamでは、アップロードされている動画に対してさまざまな設定を行うことができます。

例えば、[トランスクリプトとキャプション] で、字幕を自動生成したり、字幕用のファイルをアップロードして字幕を設定したりすることができます。

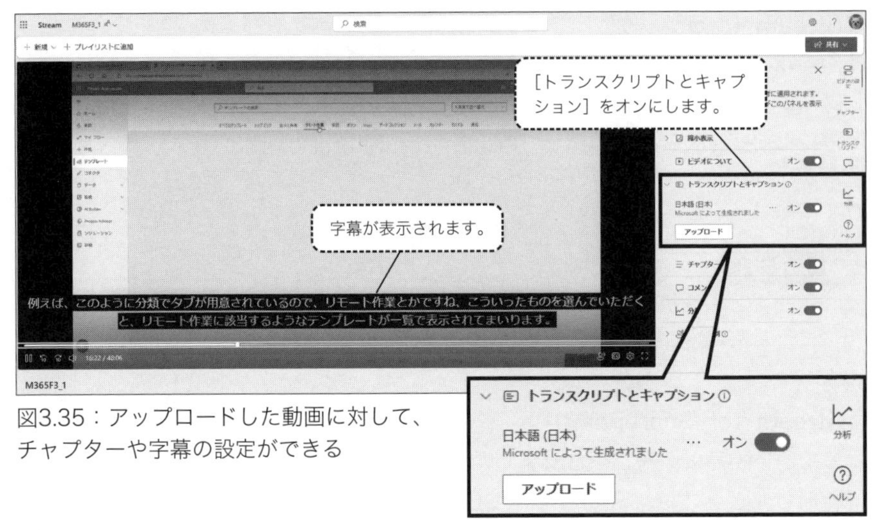

図3.35：アップロードした動画に対して、チャプターや字幕の設定ができる

Microsoft Streamでは、アップロードした動画に対して字幕の設定を行うことができます。

Streamにアップロードした動画は、次のような方法で他のユーザーと共有できます。

■メール

メールアドレスを指定して、電子メールで動画のリンクを案内することができます。

■リンク

生成された動画のリンクを、Vivaエンゲージ（Microsoft Yammer）に投稿して共有することができます。

図3.36：動画をVivaエンゲージに投稿

HINT Vivaエンゲージと Microsoft Yammer

2023年2月に、MicrosoftはYammerブランドを廃止し、Vivaエンゲージに変更することを発表しました。試験においては、どちらの名前でも出題される可能性があるため、両方覚えてください。

■ Teams

Microsoft Streamにアップロードされている動画で、[共有する] - [Teams] を選択すると、共有したいユーザーやチャネルを指定することができます。

図3.37：共有先として、[Teams]を指定

図3.38：共有対象を指定

Microsoft Streamでアップロードした動画は、VivaエンゲージやTeamsで共有できます。

3.1.6 Vivaエンゲージ(Microsoft Yammer)

Vivaエンゲージは、企業向けのソーシャルネットワークツールです。FacebookやX（Twitter）のように、自身の現在の状況などを投稿することで、「いいね！」やコメントが付き、社内でのコミュニケーションが活発化して、従業員のエンゲージメントが向上します。

HINT エンゲージメント

エンゲージメントとは、会社と従業員の双方がお互いに貢献しあえる良好な関係性のことを指します。例えば、「この会社での仕事が楽しい！」と従業員が思うことで、業務に対して前向きに取り組むことができます。
その結果、離職率が低下し、業績も向上することで会社にいい影響を及ぼします。そして、会社も業績が向上することで従業員に対して福利厚生や待遇の改善を行うことができます。

従業員のエンゲージメントが低下する原因には、さまざまなものがありますが、原因の1つにコミュニケーション不足があります。例えば、1か月のほとんどを会社に出社することなくテレワークをしている従業員は、業務内容によっては同僚や上司とほとんどコミュニケーションを取ることなく1日を終えることもあります。このような状況が続くと、会社に対して距離感や孤独感を感じ、エンゲージメントが低下します。従業員同士のコミュニケーションを活発化するためにVivaエンゲージを活用し、エンゲージメントを向上させることができます。

Vivaエンゲージは次の方法で利用することができます。

・Microsoft 365ポータルからアクセス（ブラウザー）

図3.39：ブラウザーからアクセス

・Microsoft Teamsから、[Vivaエンゲージ] を追加して利用

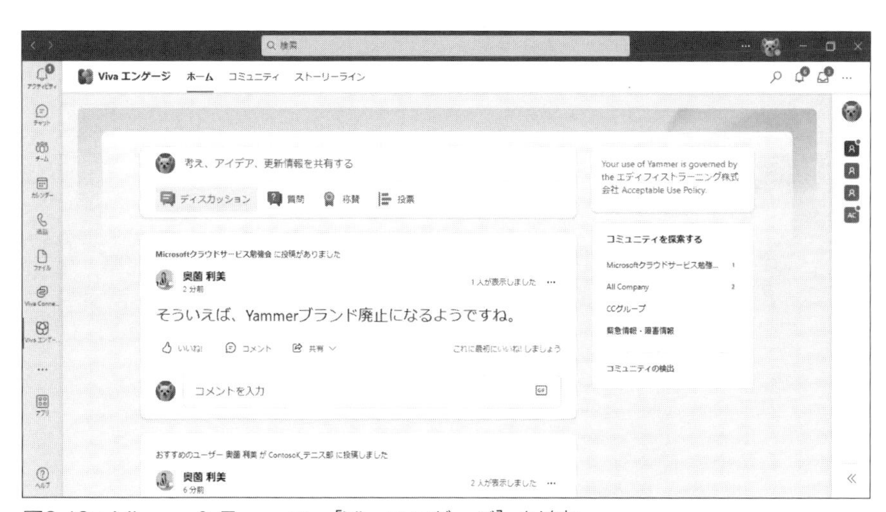

図3.40：Microsoft Teamsで、[Vivaエンゲージ] を追加

Vivaエンゲージでは、次のようなことを行うことができます。

■投稿の作成

自身が知らせたい内容を入力して、投稿することができます。ファイルも添付することができます。投稿にはハッシュタグを付けて、後から関連情報を検索す

ることができます。また、投稿は会社全体に行うこともできますが、自身が参加するコミュニティに対して投稿をすることもできます。

図3.41：Vivaエンゲージで投稿を作成する

Vivaエンゲージの投稿では、ハッシュタグを追加することができます。
ハッシュタグは、「#キーワード」の形式で挿入します。投稿にハッシュタグを挿入しておくと、ハッシュタグをクリックしたときに、同じハッシュタグが付いた投稿をすべて表示でき、関連する情報を簡単に確認することができます。

投稿先として、コミュニティを選択することができます。
コミュニティは、自由に作成することができ、業務に関係するものや、そうでないものなど幅広く作成することで、コミュニケーションを活性化することができます。

図3.42：従業員は自由にコミュニティに参加できる

■ 投稿に対するリアクション

誰かが投稿した内容に対して、「いいね！」をしたり、返信をしたりすることができます。

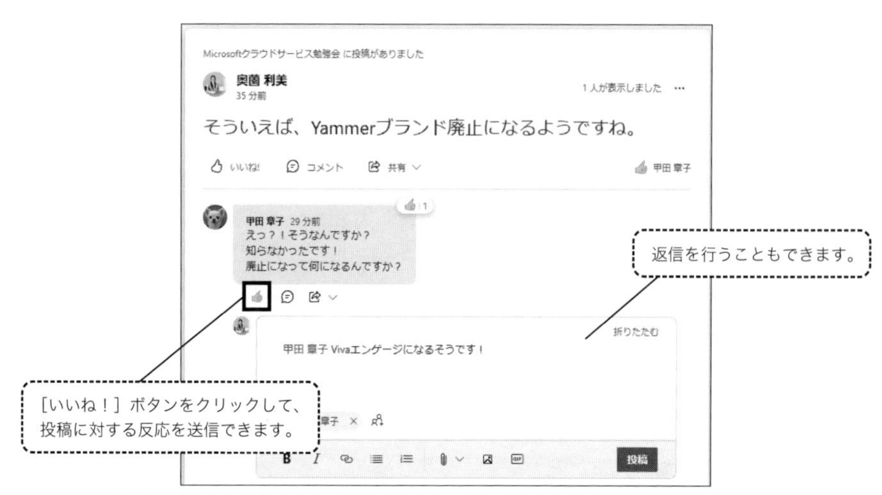

図3.43：投稿に対する返信

■自分宛の返信

投稿に対して返信が付いた場合、Vivaエンゲージの画面で確認することはもちろんできますが、電子メールでも通知されます。通知のメールから直接返信することも可能です。

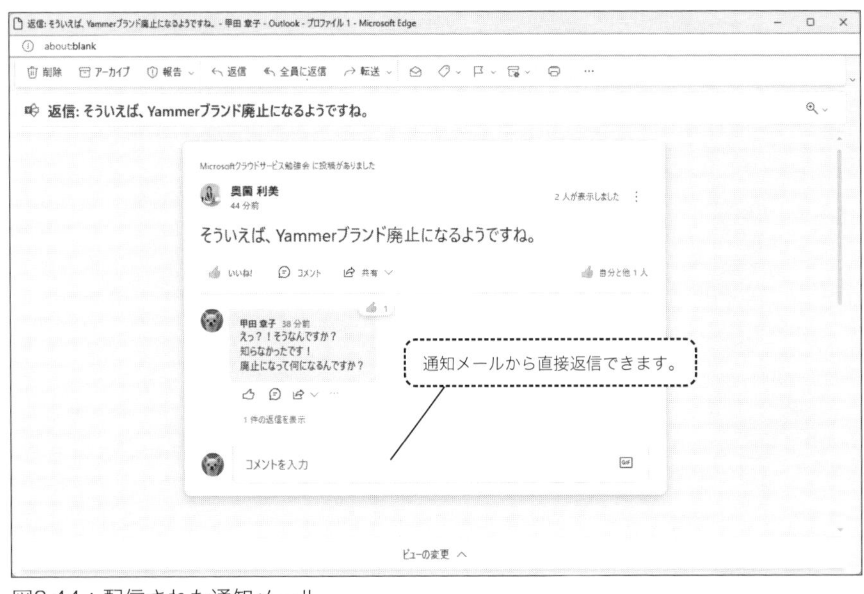

図3.44：配信された通知メール

Vivaエンゲージでの会話は電子メールで通知され、メールから直接コメントの返信を行うことができます。

ここがポイント

Vivaエンゲージは、社内システムに障害が起きた時に、従業員に通知をしたり障害復旧の進捗を知らせたりするなどのサポートツールとして活用することもできます。また、プロジェクトやドキュメントに関するフィードバックを収集するといった目的でも使用できます。

3.1.7 Microsoft Forms

Microsoft Formsは、アンケートや投票を行うためのツールです。アンケートフォームは簡単に作成することができ、URLで共有することができるため、従業員や顧客に対して必要な情報をすぐに調査することができます。

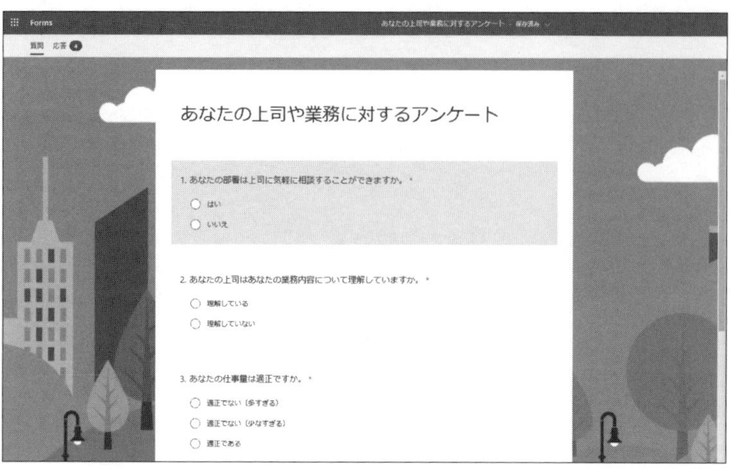

図3.45：Microsoft Formsのアンケートフォーム

顧客や従業員に対して調査を行い、フィードバックを収集するには、Microsoft Formsを使用します。

3.2 タスク管理サービス

Microsoft 365では、業務を効率的に行うためのさまざまなサービスが提供されています。ここでは、次のサービスについて紹介します。

- ・Microsoft Planner
- ・Microsoft Bookings
- ・Microsoft To Do

3.2.1 Microsoft Planner

日々の業務の中では、「今日中に●●を作成して提出」、「明日までに取引先にデータを送信」など期限が決められた多くのタスクが発生します。また、これらのタスクは自分だけが関わるものだけでなく、チームメンバーと協力して行うものもあります。チームのタスク、プロジェクトのタスクなどを適切に管理することができるツールが、Microsoft Plannerです。

Microsoft Plannerは、プロジェクトのタスクを適切に管理することができるツールです。

Microsoft Plannerでは、最初に「プラン」を作成します。プランはPlannerにおけるもっとも大きな単位で、プロジェクトの名称などを付けておくのが適切です。ここでは、「社内システムマニュアル作成プロジェクト」というプランを作成しています。

図3.46：Microsoft Plannerの画面

プランを作成した後は、バケットを作成します。

バケットは、複数のタスクを分類してまとめるためのものです。図3.47の例では、「勤怠管理システムマニュアル作成」「経費精算システムマニュアル作成」といったバケットが作成され、それらのバケットの中に「マニュアル作成」や「レビュー」といったタスクがあります。

図3.47：バケットとタスク

タスクは、「誰がいつまでに何をやるか」を設定します。例えば、マニュアルの作成は、3/7までに山田さんが行い、山田さんが作成したマニュアルを3/16までに田口さんがレビューするといった形で登録します。

タスクの登録は、担当者や期限だけでなく、優先度や参考の資料、成果物など添付ファイルを追加することもできます。

社内システムマニュアル作成プロジェクト
レビュー
最終変更日 数分前 (変更者: 自分)
田島 静
ラベルを追加
バケット
勤怠管理システムマニュア...
進行状況
開始前
優先度
中
開始日
2023/03/08
期限
2023/03/16
繰り返し
繰り返しなし
メモ
ここに説明を入力するか、メモを追加します
チェックリスト
アイテムを追加
添付ファイル
添付ファイルを追加
コメント
ここにメッセージを入力

図3.48：タスクの登録

タスクが割り当てられると、電子メールで通知が送信され、メール内のリンク

からタスクに移動して、自身に割り当てられたタスクを確認できます。

図3.49：タスクの通知

タスクは、プランのメンバーであれば自由に追加したり、進捗状況を変更したりすることができるため、メンバー全員で柔軟にタスク管理を行うことができます。

また、タスクはカレンダー表示に切り替えて表示することもでき、全体スケジュールが把握しやすくなります。

社内システムマニュアル...
社内システムマニュアル作成プロジェクト
グリッド　ボード　グラフ　スケジュール　…　メンバー
2023年3月
今後の定期的なタスクを非表示にする　週　月

日曜日	月曜日	火曜日	水曜日	木曜日	金曜日	土曜日
26	27	28	1	2	3	4
5	6	7	8	9	10	11
12	13	14	15	16	17	18
19	20	21	22	23	24	25
26	27	28	29	30	31	1

勤怠管理システムマニュアル作成
全体概要作成
勤怠管理システムマニュアル作成
レビュー
レビュー
経費精算システムマ...
レビュー

図3.50：タスクのスケジュール表示

Microsoft Plannerでは、プロジェクトのタスク計画や管理、有効期限や優先順位の設定などを行うことができます。プロジェクトタスクは、複数のユーザー間で共有および更新することができます。

3.2.2 Microsoft Bookings

Microsoft Bookingsは、組織内のユーザーもしくは外部の顧客に対して予約サイトを提供することができるクラウドサービスです。例えば外部の顧客に対して、美容室やネイルサロンの予約、病院の診療予約などをインターネット経由でできるようにします。

Microsoft Bookingsは、クラウドサービスとして実行されます。

Microsoft Bookingsを利用するには、最初に予定表を作成します。予定表（カレンダー）を作成すると、Azure ADにアカウント（Entraアカウント）が作成され、Exchange Onlineにメールボックスが作成されます。このメールボックスを利用して、顧客やスタッフに確認のメールが送信され、予定が管理されます。

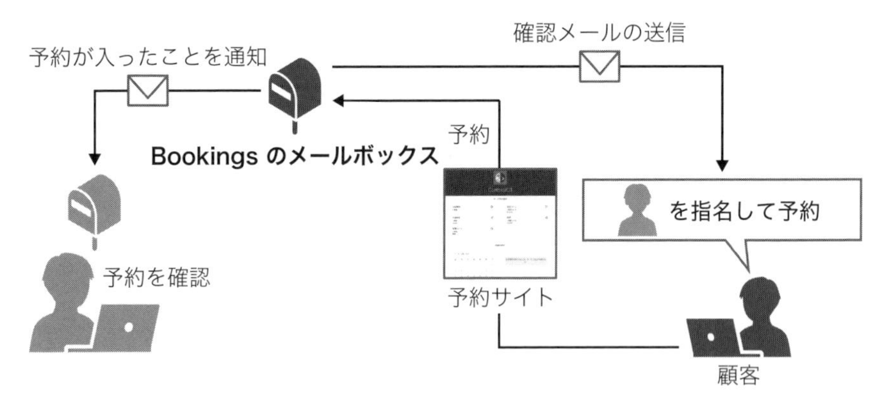

図3.51：予定表を作成すると、自動的にメールボックスが作成される

その後、顧客に提供する予約ページを作成します。予約ページは簡単に作成することができ、すぐに顧客に公開することができます。

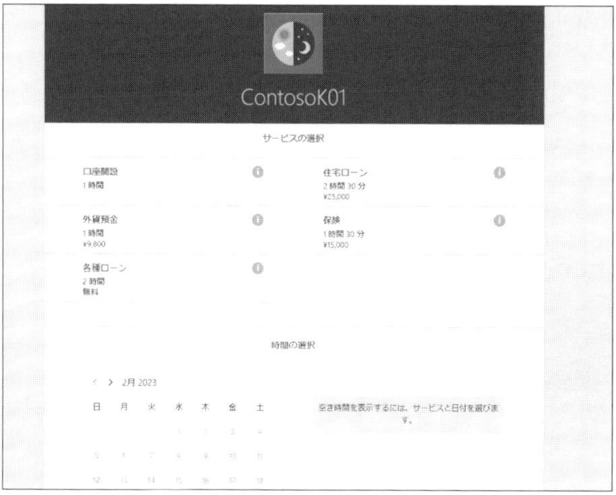

図3.52：予約ページ

顧客は、公開された予約ページから予約を行うことができます。

あらかじめスタッフを登録して、勤務時間を設定しておくことで対応可能な時間のみ予約を受け付けることができます。

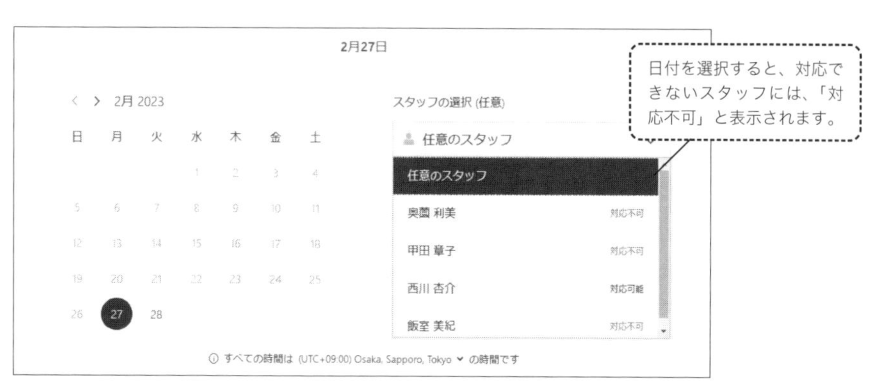

図3.53：対応ができないスタッフは「対応不可」と表示される

あらかじめスタッフのスケジュールを登録しておくことで、スタッフのスケジュールに合わせて予約可能な時間帯を構成することができます。

予約ページから予約を行うと、顧客には確認メールが送信されます。確認メールのリンクから再び予約ページにアクセスして、キャンセルや変更も行うことができます。

図3.54：顧客の予約ページから変更やキャンセルもできる

顧客の予約ページから変更やキャンセルができます。

予約および変更やキャンセルは、顧客の予約ページだけではなく、スタッフが管理するMicrosoft Bookingsの予定表からも行うことができます。

Microsoft Bookingsでは、新しいスタッフの登録や提供するサービスの登録、スタッフの勤務時間の登録などさまざまな設定を行うことができます。

また、Microsoft Bookingsは、Teamsと統合された仮想予定もサポートしています。

美容室やネイルサロンなどは、実際に店舗に訪問して施術をしてもらう必要がありますが、オンラインで済む場合もあります。例えば、金融商品の説明を受けたい場合や、オンライン診療を受けたい場合、採用面接をオンラインで受けるなどです。Microsoft Bookingsでは、Microsoft Teamsと統合することで仮想予定を実現します。仮想予定を作成するには、Microsoft Teamsの［アプリ］で、Microsoft Bookingsを追加します。

注意

Teamsでの仮想予定の設定

現在、Teamsアプリで仮想予定を設定する場合、Bookingsではなく、仮想予定アプリを使用します。試験においては、Bookingsで出題される可能性が高いため、本書では、Bookingsで紹介します。

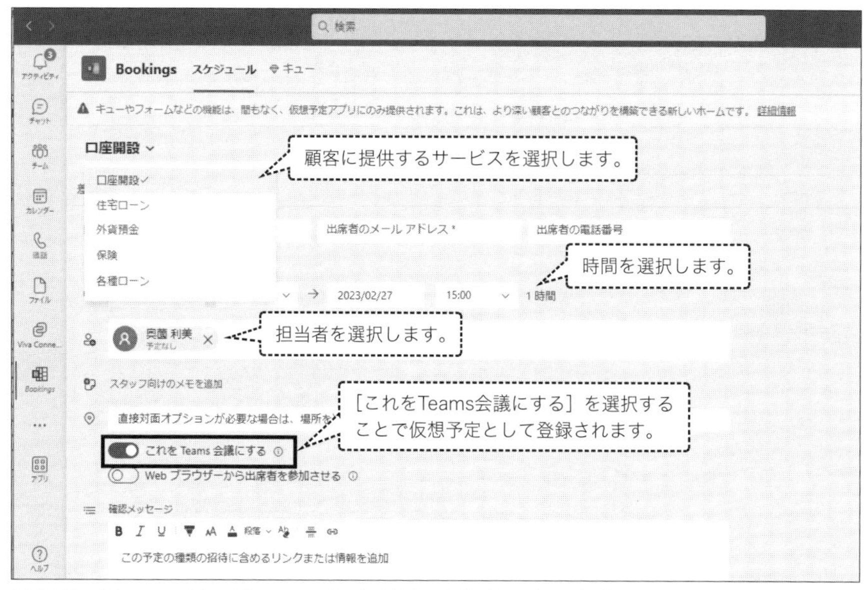

図3.55：TeamsのBookingsアプリを利用した仮想予定の作成

この設定を行うことで、出席者にTeamsの会議リンクが送信され、当日はリンクをクリックすることで会議に参加して商品の説明を受けたり、オンライン診療を受けたりすることができます。

また、出席者に対してSMSで通知を送信することもできます。ただし、通知を送信できるようにするには、Teams Premiumのライセンスが必要です。

仮想予定では、出席者に対して確認のSMS通知を送信することができます。

3.2.3 Microsoft To Do

Microsoft To Doは、自分のタスクを登録したり、登録したタスクを確認したりすることができるツールです。

Microsoft Plannerで自身に割り当てられているタスクは、To Doにも表示されます。

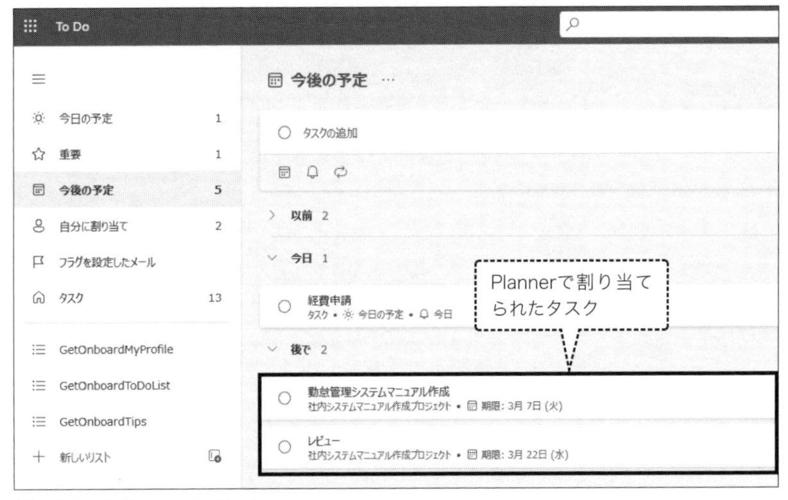

図3.56：Microsoft To Do

Microsoft To Doでは、Microsoft Plannerで自分に割り当てられたタスクが表示され、自身のタスク管理を行うことができます。

3.3 Power Platform

Power Platformは、さまざまな業務を便利にするために用意されたツール群で、次のようなものがあります。

・Power Apps
・Power Virtual Agents
・Power BI
・Power Automate

ここでは、上記の4つのツールについて確認します。

3.3.1 Power Apps

Power Appsは、現在の業務を効率化するために必要な機能を備えたアプリを作成することができるツールです。プログラミングの知識がなくても利用できるため、誰でも手軽にアプリを作成できます。

作成可能なアプリには、次のようなものがあります。

■キャンバスアプリ

用意されているパーツを使用して、作成者が自由に画面をレイアウトし作成することができるアプリです。

プログラミングの知識がなくても、美しいUIのアプリを簡単に作成できます。

作成したキャンバスアプリをMicrosoft Teamsのチーム内のタブに埋め込むことができます。

■モデル駆動型アプリ

Power Platform内のDataverseと呼ばれるデータベースを使用して作成するアプリです。

売り上げや商品の在庫などのデータを管理したい場合などはモデル駆動型アプリがおすすめです。

モデル駆動型アプリは、選択するモデルによってレイアウトなどは自動的に作成されるため、レイアウトの自由度はありません。しかし、UIを自分で構築する必要がないため、アプリを最小限の労力で素早く作成することができます。

Power Appsは、SaaSです。

Power Appsを利用すると、Dynamics 365に格納されているデータソースを接続し、素早くビジネスアプリを作成し、Power Automateと連携してビジネスタスクを自動化することもできます。

3.3.2 Power Virtual Agents

Power Virtual Agentsは、ノーコーディングでチャットボットを作成することができるサービスです。

図3.57：Power Virtual Agents

作成したチャットボットは、Microsoft Teamsで使用することができます。

3.3.3 Power BI

Power BIは、企業で日々収集されている大量のデータを分析し、グラフィカルに表示することができるサービスです。Power BIを活用することで、分析した大量のデータを様々なビジネスで活用することができます。

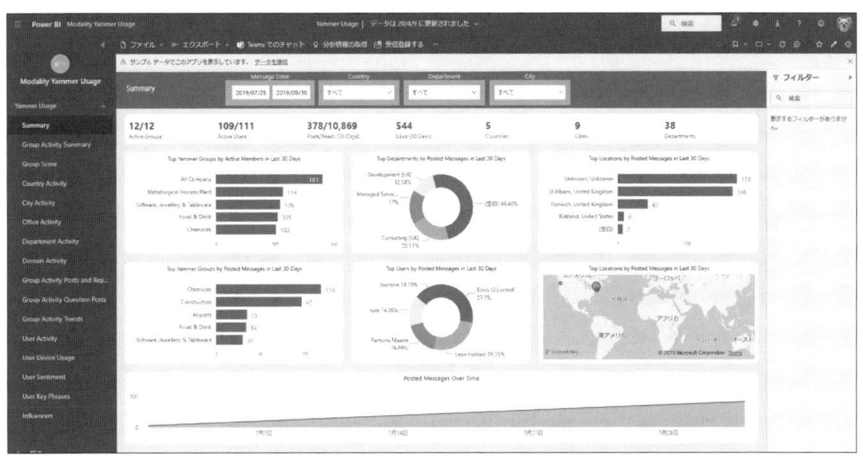

図3.58：Power BIの分析レポート

3.3.4 Power Automate

Power Automateは、日々行っている繰り返しの作業を自動化することができます。Power Automateで作業を効率化したい場合、ワークフローを作成します。ワークフローは、あらかじめ用意されているテンプレートがいくつもあり、自身でコードを記述したり、詳細な設定を行ったりする必要はありません。

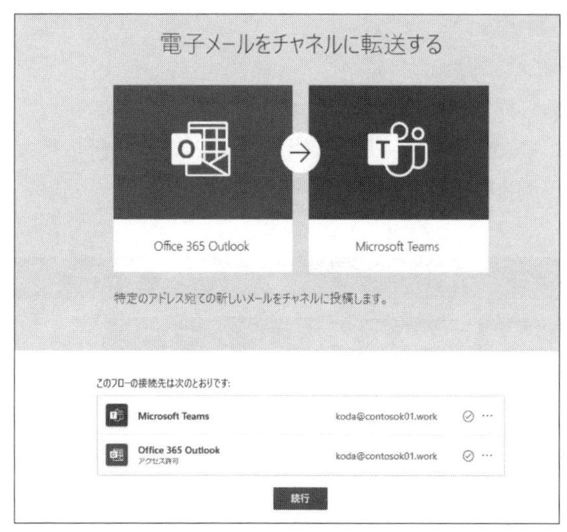

図3.59：Power Automateに用意されているテンプレートの一例

図3.59にあるように、Power Automateでは、異なるアプリ間で連携をしながら作業を自動化することができます。このように、他のサービスと連携をすることができますが、これはPower Automateの「コネクタ」によって実現しています。例えば、特定の差出人からメールが送信されたことがトリガー（引き金）となり、Microsoft Teamsのチャネルにメールの本文を投稿したりといったことができます。

ビジネスタスクを自動化するためにワークフローを作成するには、Power Automateを使用します。

Power Automateでは、多くのサービスが連携できます。
たとえば、Dynamics 365とExcel、Dynamics 365とTeams、FormsとSharePointなどです。

3.4 Microsoft Viva

Microsoft Vivaは、従業員のエンゲージメント向上のために必要な次のようなサービスが含まれています。

- Vivaインサイト
- Vivaコネクション
- Vivaエンゲージ（Yammer）
- Vivaゴール
- Vivaラーニング
- Vivaトピック

これらのツールは、従業員同士のつながりを許可するためのものや、働き方を分析して生産性を向上させたり、従業員の成長や目標達成を手助けするためのものです。

3.4.1 Vivaインサイト

Vivaインサイトは、TeamsやOutlook、Office 365のアクティビティなどから、組織やチーム、個人の働き方を分析し、生産性を向上するための助けになるツールです。Vivaインサイトは、Microsoft 365ポータル（portal.office.com）からアクセスすることも、Microsoft Teamsからアプリを追加して利用することもできます。

図3.60：Vivaインサイト

Vivaインサイトを使用した分析は、次の2種類があります。

■パーソナルインサイト

パーソナルインサイトは、個人の働き方を分析したもので、以前はMy Analyticsと呼ばれていました。

■マネージャーインサイトとリーダーのインサイト

チームや組織全体の従業員の働き方などを分析したもので、以前はWorkplace Analyticsと呼ばれていました。

マネージャーインサイトとリーダーのインサイトでは、チームの分析（マネージャーインサイト）、組織の分析（リーダーインサイト）を行うことができます。例えば、マネージャーインサイトでは、1か月の間、1時間以内の時間でマネージャーと1対1で会った従業員の割合を表示することができます。これにより、マネージャーによるコーチングの頻度を向上させることができます。

マネージャーがチームの残業時間などの働き方を理解し、分析情報を表示できるのは、マネージャーインサイトです。

ここが
ポイント

チームや組織の分析は、以前は、「Workplace Analytics」と呼ばれていましたが、現在は、Vivaインサイトに統合されています。試験では、Workplace Analyticsで出題される可能性もありますので、両方の名前を覚えておいてください。

HINT マネージャーインサイトとリーダーのインサイト

マネージャーインサイトとリーダーのインサイトを使用するには、別途ライセンスが必要です。

Vivaインサイトのパーソナルインサイトでは、次のような機能をサポートしています。

■フォーカス時間の設定

フォーカス時間とは、1日の業務時間の中で誰にも邪魔されず集中して業務ができる時間のことです。

例えば、午前中の1時間を誰にも邪魔されることなく、メールやチャットの確認などに使うといったイメージです。フォーカス時間は、Vivaインサイトのページで、［時間の確保］タブを使用して設定することができます。

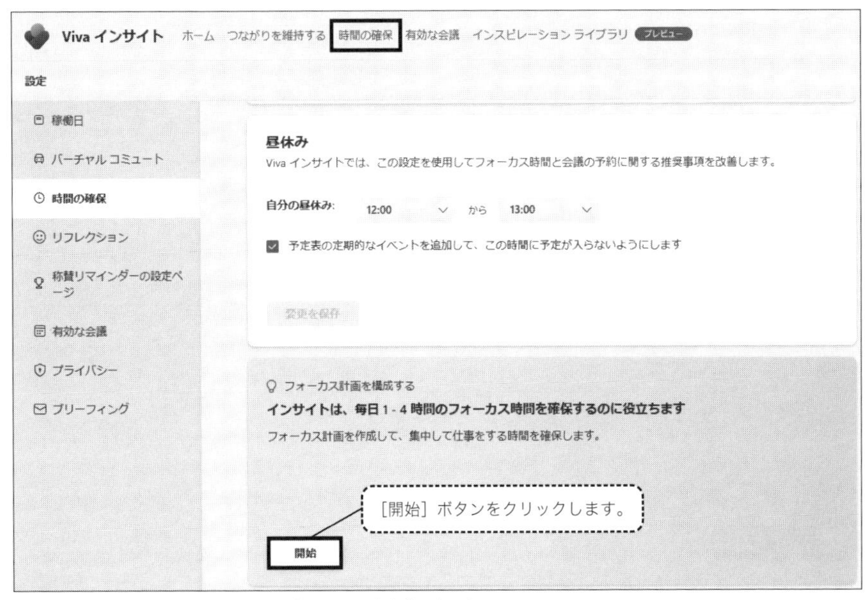

図3.61：Vivaインサイトの［時間の確保］タブ

［フォーカスの定期的なプランを構成する］ページで、フォーカス時間の設定を行います。

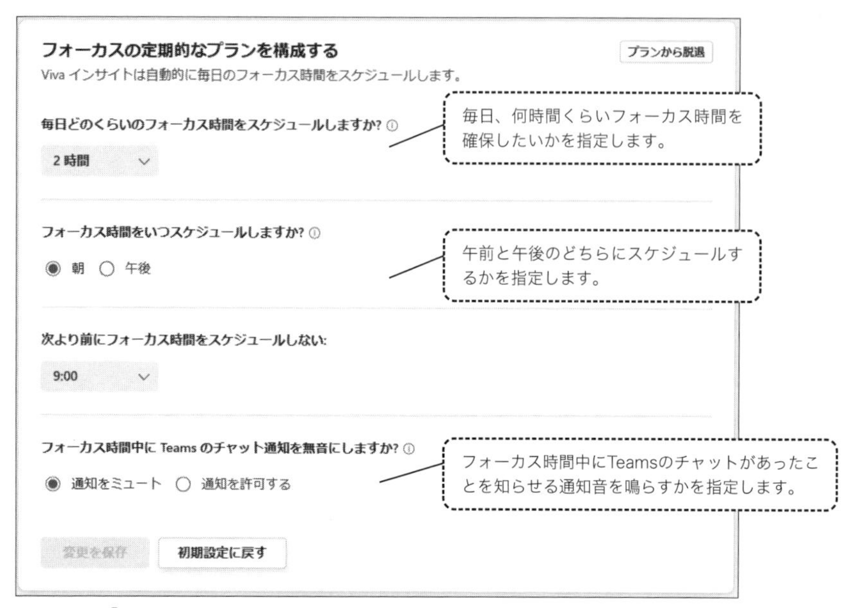

図3.62：[フォーカスの定期的なプランを構成する] ページ

フォーカスプランの設定では、フォーカス時間中のMicrosoft Teamsのチャットの通知音を鳴らさないようにすることができます。

■インライン提案

Vivaインサイトの機能として、Outlookでメールを作成する際に短い提案が表示されます。

これを「インライン提案」と呼びます。例えば、メールの宛先として指定した人が勤務時間外だった場合に、勤務時間内に送信するようにスケジュールすることができます。

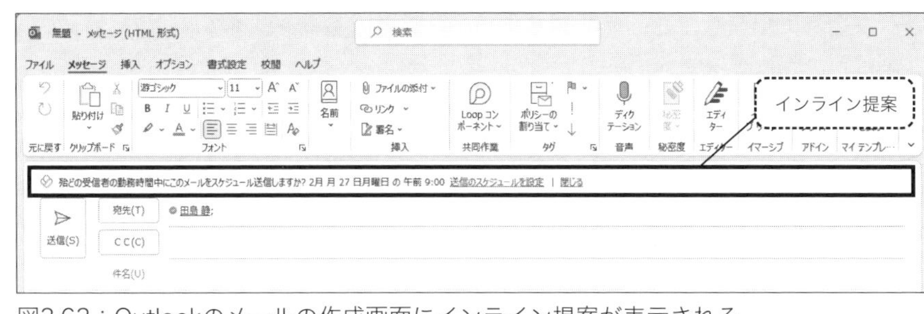

図3.63：Outlookのメールの作成画面にインライン提案が表示される

インライン提案は、Outlook on the webおよびOutlookで表示される短い提案やヒント、ベストプラクティスを表示します。
例えば、メールの配信を延期したり、推奨されるタスクを表示したりします。

ここが
ポイント

Vivaインサイトは、Outlookアドインをサポートしているため、Outlook内で、[Vivaインサイト]ボタンをクリックすると、Vivaインサイトの情報を確認することができます。

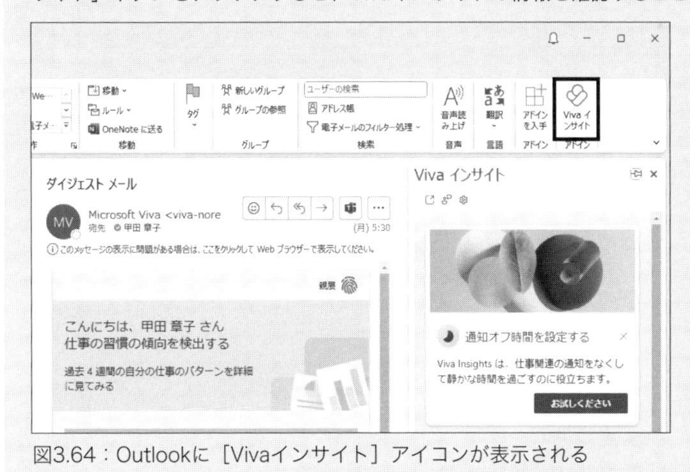

図3.64：Outlookに[Vivaインサイト]アイコンが表示される

■有効な会議

Vivaインサイトの[有効な会議]タブでは、過去4週間の会議を分析し、時間通りに会議に出席したか、時間通りに終了したか、会議中に他のことを行っていなかったのかなどを表示します。

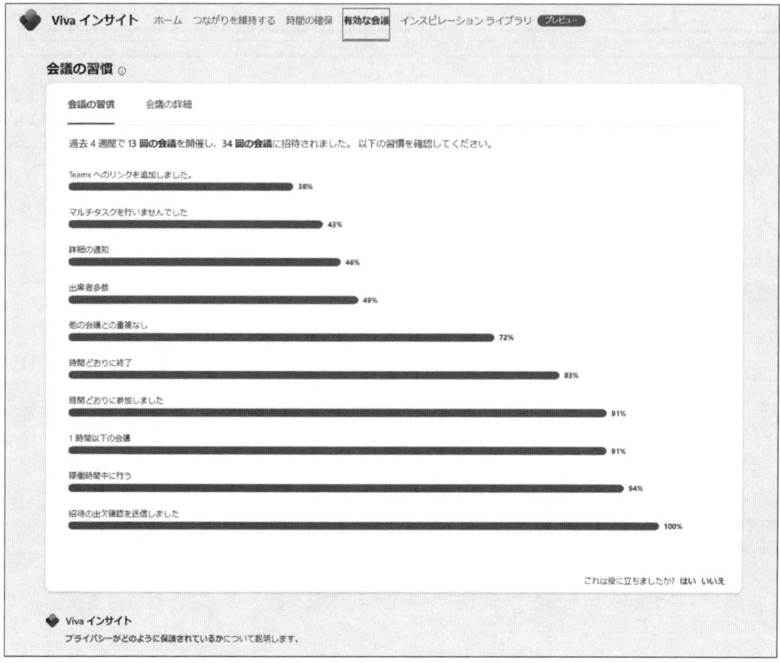

図3.65：有効な会議

インライン提案および有効な会議は、Vivaインサイトの機能ですが、以前はMy Analyticsという Microsoft 365に含まれる分析サービスで提供される機能でした。
現在は、My AnalyticsはVivaインサイトに統合されていますが、試験ではMy Analyticsという名称で出題される可能性もあるため、名称を覚えておくようにしてください。
以前は、myanalytics.microsoft.comというURLでMy Analyticsのページにアクセスできましたが、現在は、Vivaインサイトのページにリダイレクトされます。

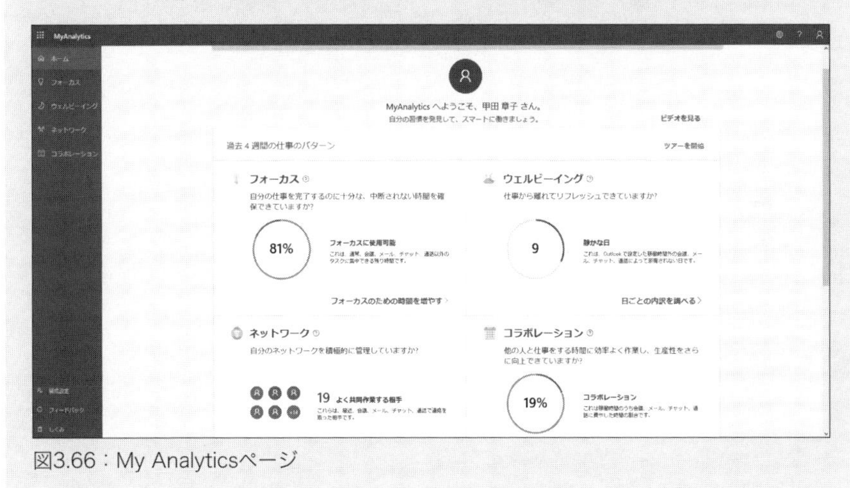

図3.66：My Analyticsページ

■ブリーフィングメール

ブリーフィングメールは、Vivaインサイトから毎日届くメールです。

返信していない電子メールがあったり、その日に会議の予定があると配信されます。

アクション可能な項目が無い場合は、ブリーフィングメールは送信されません。

図3.67：ブリーフィングメール

ブリーフィングメールは、Vivaインサイトの機能で会議の予定などが入っている場合に配信されます。

■ダイジェストメール

ダイジェストメールは、1か月に2回、ユーザーに対して送信されるメールで、過去4週間の自身の働き方を分析したものです。これを見ることで過去4週間の会議やメール対応、チャットや通話に使っている時間が全体の何パーセントだったのかなどを知ることができます。

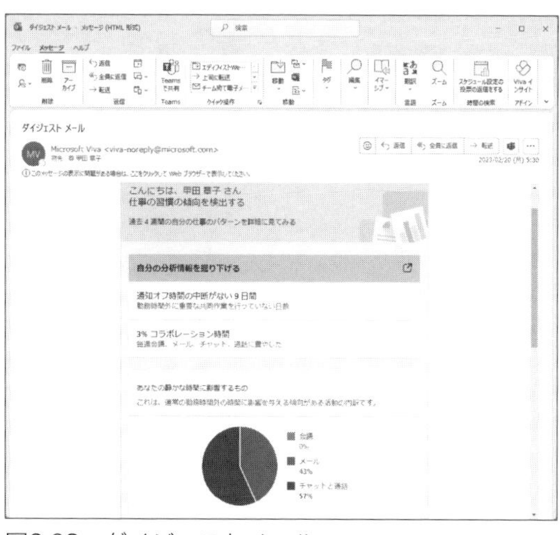

図3.68：ダイジェストメール

ダイジェストメールの配信は月2回です（以前は月1回でした）。
また、マネージャーのインサイトとリーダーのインサイトでもダイジェストメールは送信されます。

以上が、Vivaインサイトの主な機能です。

3.4.2 Vivaコネクション

Vivaコネクションは、Microsoft Teamsに追加できるアプリで、ユーザーが自由にカスタマイズして、自身に関連する情報や会話を表示することができます。

さまざまなコラボレーションツールに移動することなく、1つのツールでコミュニケーションを行うことができます。

図3.69：Vivaコネクション

Vivaコネクションを企業のポータルアプリとして利用することで、ユーザーに一元的なコラボレーションを提供します。

3.4.3 Vivaエンゲージ

Vivaエンゲージは、もともとMicrosoft Yammerで行うコミュニケーションをTeamsで行うために提供されました。

Teamsから離れることなくスレッドを確認したり、投稿や返信を行ったりすることができます。

HINT Vivaエンゲージと Microsoft Yammer

以前は、ブラウザー版はYammerという名称で表示され、TeamsのアプリはVivaエンゲージと表示されていましたが、現在はブラウザー版もアプリ版もどちらもVivaエンゲージに統一されています。

図3.70：Vivaエンゲージ

3.4.4 Vivaゴール

Vivaゴールは、OKRを用いて目標管理をするために使用するツールです。

HINT OKR（Objective and Key Result）

OKR（Objective and Key Result）は、Objective（自分の目標）と業務における自分の成果（Key Result）を結び付けて考える目標管理方法です。
具体的には、実現したい最終的な目標を設定し、それを達成するための主要な成果を3～5個程度目標として設定し、実現に向けて具体的な活動をします。

Vivaゴールを使用することで、個人の目標が組織やチームの目標と一致し、同じ方向を向いて目標に対する努力を行うことができるようになります。

3.4.5 Vivaラーニング

Vivaラーニングは、従業員のスキルアップ行うためのラーニングハブの役割を果たします。Microsoft Teamsから追加することができ、Teamsから離れることなく、業務に必要な学習を行うことができます。

図3.71：Vivaラーニング

3.4.6 Vivaトピック

Vivaトピックは、Microsoft Teamsにカスタムアプリとして追加することができます。

Vivaトピックは、社内で扱う製品や技術に関わる用語についての説明や、それらの情報に詳しい人をトピックとして表示することができるサービスです。一般的な学習は、Vivaラーニングで行い、社内独自の用語やルールなどについては、Vivaトピックで確認します。

企業内のナレッジやエキスパートを特定し、Microsoft Teamsに表示することができるのは、Vivaトピックです。

3.5 Microsoft 365 Apps for enterprise

Microsoft 365 Appsは、Word、Excel、PowerPoint、Outlook、OneNote、Microsoft Teamsなどが含まれるサブスクリプションタイプのOffice製品で、WindowsやmacOSなどが実行されているデバイスにインストールして利用します。

試験では、Microsoft 365 Appsは、「Microsoft 365アプリ」と表記される場合があります。

Microsoft 365 Apps for enterpriseには、Teams、OneNote、Excelなどが含まれます。

ここがポイント

OneNoteは、ノートにページを追加して、メモを取るような感覚で利用できるデジタルノートです。OneNoteでは、セクション（タブ）を追加してテーマを分けてノートを取ることができます。

3.5.1 Microsoft 365 Apps for enterpriseの特徴

Microsoft 365 Apps for enterpriseの特徴には、次のようなものがあります。

■サブスクリプションタイプのOffice

Microsoft 365 Apps for enterpriseはサブスクリプションタイプのOffice製品で、機能更新プログラムを適用することで常に最新のWord、Excel、PowerPoint、Outlookなどを利用することができます。

■1人あたりインストール可能な台数

最大15台のデバイス（5台のWindowsやMac、5台のタブレット、5台のモバイルデバイス）にインストールできます。

Windowsを実行するPC5台にMicrosoft 365 Apps for enterpriseをインストールした場合、6台目のデバイスにインストールするとライセンス違反になります。6台目のデバイスにインストールしたい場合は、［マイアカウントページ］で、最初にインストールした5台のデバイスのうち、1台をサインアウトします。

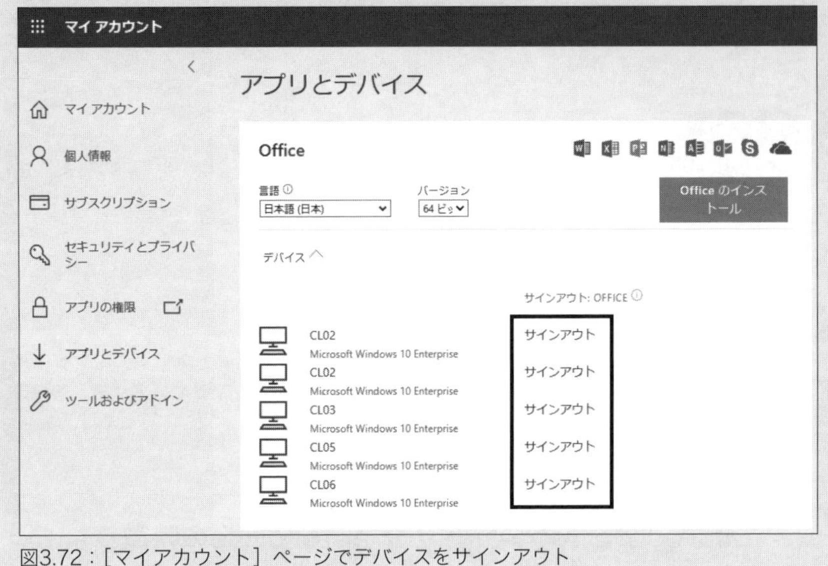

図3.72：［マイアカウント］ページでデバイスをサインアウト

サインアウトしたデバイスでは、WordやExcelなどのOfficeアプリはインストールされたままの状態になりますが、ドキュメントを編集したりすることはできません。可能なのは、ドキュメントの表示と印刷のみです。

■インターネット接続

常時インターネットに接続されている必要はありませんが、定期的にライセンス認証が行われるため、少なくとも30日に1回はインターネットに接続する必要があります。

■インストーラーの形式

Microsoft 365 Appsのインストーラーは、クイック実行形式（C2R）で提供されています。

従来のインストーラーであるWindowsインストーラー形式（*.msi）では提供されていません。

HINT クイック実行形式

従来のインストーラーであるWindowsインストーラー形式（*.msi）では、完全にインストール作業が終わるまでアプリを起動することはできませんが、クイック実行形式ではストリーミングが使用されます。ストリーミングで動画再生をする場合、完全に動画のダウンロードが終わるまで閲覧できないということはありません。再生しながらバックグラウンドでダウンロードをしているという状態です。これと同じことを行っているのがクイック実行形式です。クイック実行形式では製品が完全にダウンロードされる前に製品を使用することができます。アプリを使用している間に残りのファイルはバックグラウンドでダウンロードされます。

ここがポイント

Microsoft 365 Apps for enterpriseのインストーラーは、Windowsインストーラー形式では提供されません。

3.5.2 Microsoft 365 Apps for enterpriseの展開方法

Microsoft 365 Apps for enterpriseの展開（インストール）方法には、次のようなものがあります。

■ユーザーによるセルフインストール

Microsoft 365ポータルやマイアカウントページからユーザー自身がインストールする方法で最も簡単です。

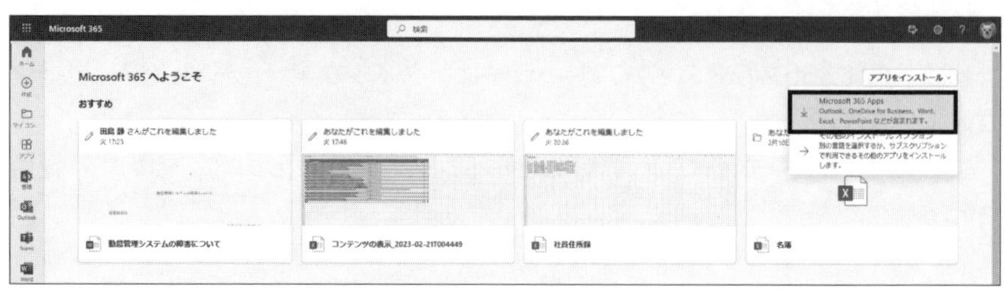

図3.73：Microsoft 365ポータルからのインストール

Microsoft Endpoint Configuration Managerを使用した展開

Configuration Managerは、有償のオンプレミス製品でOSやアプリ、更新プログラムの展開およびデバイスの管理などさまざまなことが行える大規模企業向けの製品です。Configuration Managerを使用すると、目的のデバイスにMicrosoft 365 Apps for enterpriseを展開することができます。

Microsoft Endpoint Configuration Managerを使用すると、Microsoft 365 Apps for enterpriseを展開することができます。しかし、Configuration Managerは、SQL Serverなどの製品が必要であったり、クライアントアクセスライセンスが必要になるなど導入に非常にコストがかかります。

Office Deployment Toolを使用した展開

Office Deployment Toolは、Microsoftダウンロードセンターで提供されている無償の製品で、Microsoft 365 Apps for enterpriseを展開することができます。ODT（Office Deployment Tool）をダウンロードすると、次の2種類のファイルが展開されます。

・Setup.exe

Microsoftのコンテンツデリバリーネットワーク（CDN）から、インストールに必要なソースファイルをダウンロードしたり、ダウンロードしたソースファイルを使用して社内のデバイスにMicrosoft 365 Appsをインストールするために使用されます。

HINT コンテンツデリバリーネットワーク（CDN）

コンテンツデリバリーネットワークは、Microsoftのデータセンター内にある複数のサーバーで構成される高速なネットワークです。地理的に近い場所から必要なファイルを高速にダウンロードすることができます。

・XMLファイル

Setup.exeは、ダウンロードやインストールを行うための「実行係」ですが、指示が無いと動くことができません。XMLファイルはダウンロードやインストールを行う際に必要となる指示書の役割を果たします。たとえば、インストールに必要なファイルをダウンロードする場合、どのサーバーのどの共有フォルダーにダウンロードするのか、32ビットと64ビットのどちらのバージョンをダウンロードするのかといった指示を記述します。

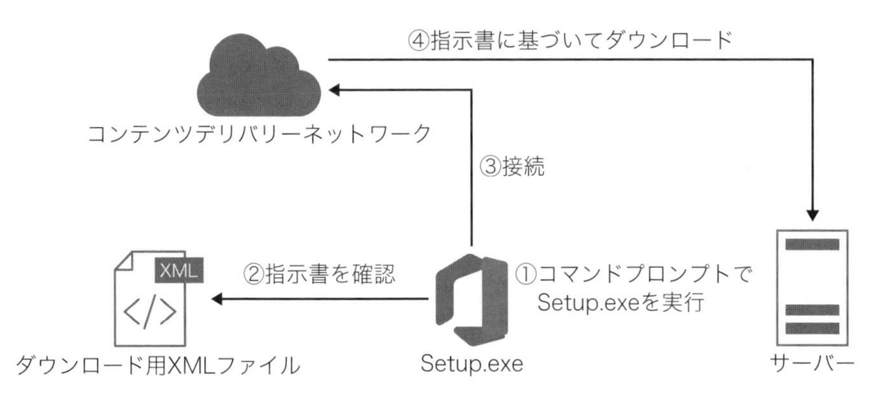

図3.74：Setup.exeとXMLファイルを使用してインストールに必要なファイルをダウンロード

XMLファイルは、ODTをインストールしたときにサンプルのファイルが展開されます。これを組織で利用できるようにカスタマイズすることもできますが、Officeカスタマイズツール（config.office.com）を使用すると、リストから選択したり、オプションを選択するだけで簡単にXMLファイルを作成することができます。

図3.75：Officeカスタマイズツール

ソースファイルのダウンロードが完了したら、同様にSetup.exeとインストール用のXMLファイルを使って、デバイスにMicrosoft 365 Appsをインストールします。

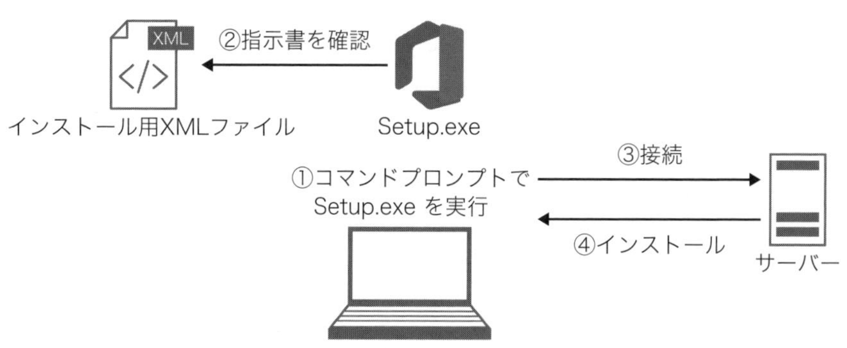

図3.76：Setup.exeとXMLファイルを使用してインストール

Microsoft 365 Appsは、ODTを使用してオンプレミスのネットワーク共有から展開することができます。

Office Deployment Toolを使用すると、社内の共有サーバーからMicrosoft 365 Appsを展開することができますが、クラウド（コンテンツデリバリーネットワーク）から直接展開することもできます。

図3.77：ODTを使用してCDNからMicrosoft 365 Appsを展開できる

ODTを使用すると、コンテンツデリバリーネットワーク（CDN）から直接、Microsoft 365 Appsを展開することができます。

Office Deployment Tool（ODT）は、Office展開ツールと記載されることもあります。

■Microsoft Intuneを使用した展開

Microsoft Intuneを使用すると、簡単な設定でMicrosoft 365 Apps for enterpriseを展開することができます。Microsoft Intuneで、Microsoft 365 Apps for enterpriseを展開するための設定を作成し、ユーザーやデバイスが含まれるグループに割り当てます。グループのメンバーにアプリが展開され、アプリが使用できるようになります。

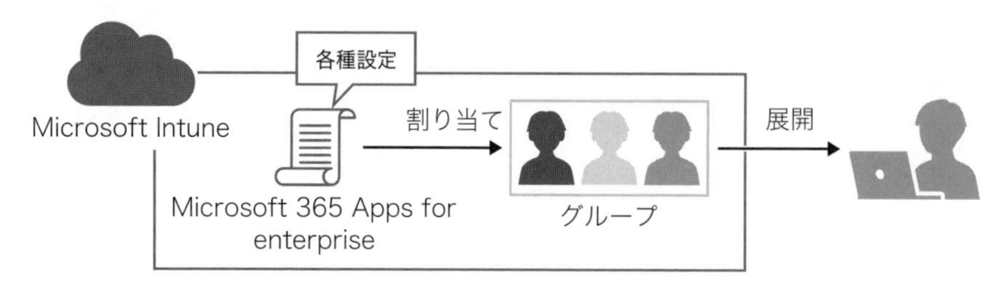

図3.78：Microsoft Intuneを使用したMicrosoft 365 Apps for enterpriseの展開

Microsoft IntuneやODTなどを使用すると、Microsoft 365 Apps for enterpriseを組織内のデバイスに展開することができますが、Microsoft Deployment Toolkit（MDT）を使用すると、OSのインストールイメージにMicrosoft 365 Apps for enterpriseを含めて展開することができます。

Microsoft Intuneで展開を行う場合、次のような設定を行います。

例えば、どのような製品（WordやExcelなど）を展開したいのか、32ビットバージョンと64ビットバージョンのどちらを展開したいのか、更新チャネルはどのような設定にするかなどを指定します。

Microsoft Endpoint Manager admin center

ホーム
ダッシュボード
すべてのサービス
デバイス
アプリ
エンドポイント セキュリティ
レポート
ユーザー
グループ
テナント管理
トラブルシューティング + サポート

ホーム > アプリ | すべてのアプリ >

Microsoft 365 アプリの追加

Microsoft 365 Apps (Windows 10 以降)

アプリ スイートの情報　2 アプリ スイートの構成　3 スコープ タグ　4 割り当て　5 確認と作成

構成設定の形式 *　構成デザイナー

アプリ スイートの構成

Office アプリを選択する　8 項目が選択されました

- [x] Access
- [x] Excel
- [x] OneNote
- [x] Outlook
- [x] PowerPoint
- [x] Publisher
- [ ] Skype for Business
- [x] Teams
- [x] Word

他の Office アプリを選択する (ライセンスが必要)

アプリ スイートの情報

これらの設定は、スイート内で選択したすべてのアプ

アーキテクチャ

既定のファイル形式 *

更新チャネル *

その他のバージョンの削除

インストールするバージョン　最新　特定

特定バージョン　最新バージョン

プロパティ

共有コンピューターのライセンス認証を使用　はい　いいえ

ユーザーの代理で Microsoft ソフトウェアライセンス条項に同意する　はい　いいえ

Microsoft Search in Bing のバックグラウンド サービスをインストールする　はい　いいえ

図3.79：Microsoft Intuneを使用した展開の設定

Microsoft Intuneは、Microsoft Endpoint Configuration Managerと比較して、Microsoft 365 Apps for enterpriseを安価に導入することができます。

Microsoft 365 Apps for enterpriseは、Microsoft Intuneを使用してクラウドから展開することができます。

3.5.3 Microsoft 365 Appsの更新チャネル

Microsoft 365 Appsはサブスクリプションタイプのoffice製品です。機能更

新プログラムを適用することで、機能が強化されたり、新機能を使用できるようになります。Microsoft 365 Appsの更新チャネルには、次の6種類があり、どの更新チャネルを利用するかで機能更新の頻度やタイミングが変わります。

■ベータチャネル

開発中の機能が含まれます。サポートは提供されませんが、いち早くOffice製品の新機能を試すことができます。週単位でアップデートが提供されます。ベータチャネルを利用するには、Microsoft 365 Insiderプログラムに参加します。

以前の名称

Microsoft 365 Insiderプログラムは、以前、Office Insiderと呼ばれていました。

Microsoft 365 Insiderプログラムに参加するには、次の手順を実行します。

1. https://insider.office.com/ja-jp/join/windowsにアクセスし、登録の手順を確認します。
2. WordやExcelなどのアプリから、Microsoft 365 Insiderプログラムへの参加設定を行います。

既に、Microsoft 365 Appsがインストールされている状態で、Microsoft 365 Insiderに変更するには、「3.5.4 更新チャネルの設定方法」を参照し、ベータチャネルに変更します。

■最新チャネル（プレビュー）

新しいバージョンが最新チャネルにリリースされる少なくとも1週間以上前にリリースされるため、最新チャネルに含まれる機能をあらかじめ知っておきたい場合に利用します。最新チャネル（プレビュー）のリリーススケジュールは設定されていません。

■最新チャネル

Microsoft 365 Appsの既定の更新チャネルで、推奨設定です。Office製品を常に最新の状態にしておくことができます。最新チャネルでは少なくとも月に1回は新機能が提供されます。ただし、リリーススケジュールは設定されていません。

月次エンタープライズチャネル

毎月1回第2火曜日に更新がリリースされます。決まったリリーススケジュールで展開を行いたい場合に利用します。

半期エンタープライズチャネル（プレビュー）

年2回、3月と9月の第2火曜日にリリースされます。半期エンタープライズチャネルの4か月前にリリースされるため、組織内に半期エンタープライズチャネルを展開する前に、少数の特定のユーザーに展開して新機能を確認したり、起こりうる問題を検出するといった目的で使用します。

半期エンタープライズチャネル

半期エンタープライズチャネルの機能更新プログラムは、年2回、1月と7月の第2火曜日にリリースされます。

各更新チャネルの特徴を覚えておきましょう。

3.5.4 更新チャネルの設定方法

Microsoft 365 Appsの更新チャネルの既定値は、最新チャネルです。最新チャネル以外の設定に変更したい場合、次のツールを使用して変更することができます。

Office Deployment Tool

Office Deployment Toolで、更新チャネルの設定を行うにはXMLファイルをカスタマイズします。

XMLファイルのカスタマイズは、Officeカスタマイズツール（config.office.com）で行うことができます。

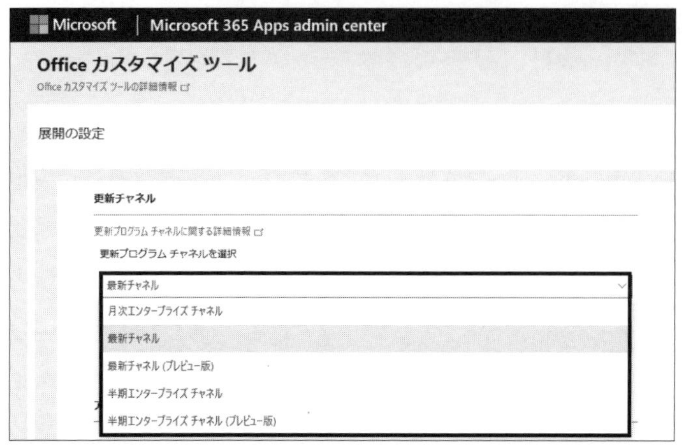

図3.80：ODTで使用するXMLファイルで、更新チャネルの設定を行う

■ グループポリシー

グループポリシーを利用すると、6種類すべての更新チャネルを設定することができます。

既定でOffice製品のグループポリシーは、Windowsに組み込まれていないため、管理用テンプレートをダウンロードして、ドメインコントローラーに配置する必要があります。

図3.81：グループポリシーを使用した更新チャネルの設定

■ Microsoft Intuneの構成プロファイル

Microsoft Intuneに登録されているデバイスであれば、構成プロファイルを使用して更新チャネルの指定を行うことができます。構成プロファイルでは、6種類すべての更新チャネルの設定が可能です。

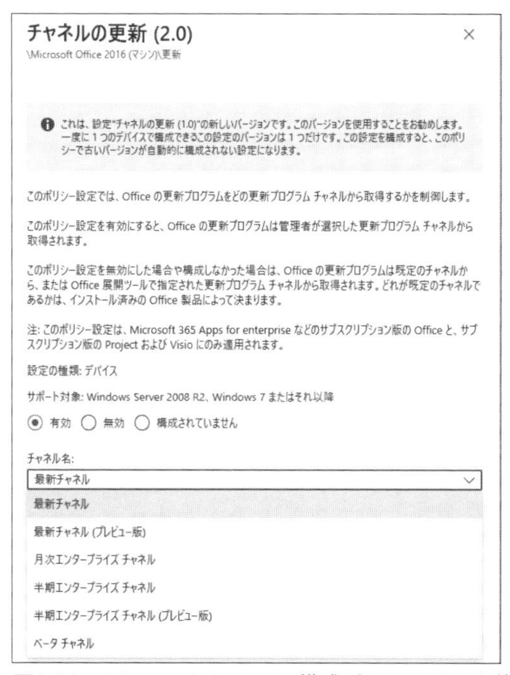

図3.82：Microsoft Intuneの構成プロファイルを使用した更新チャネルの設定

■ Microsoft 365管理センター

Microsoft 365管理センター（admin.microsoft.com）の［設定］-［組織設定］を選択し、［Microsoft 365インストールオプション］を選択すると、図3.83のようなページが表示され、更新チャネルの設定を行うことができます。ここで設定可能なチャネルは、最新チャネル、月次エンタープライズチャネル、半期エンタープライズチャネルの3つです。

Microsoft 365 アプリ インストール オプション

機能更新プログラム　インストール

Windows を実行しているデバイスにインストールされている Microsoft 365 アプリ アプリの機能更新プログラムをユーザーに提供する頻度を選択します。選択した内容は、新規および既存のインストールの両方に適用されます。更新プログラム チャネルの選択に関する詳細情報

- ◉ **準備ができたらすぐに (現在のチャネル、推奨)** ⓘ
  デバイスは、次の更新プログラムまでバージョン 2301 のままです
- ◯ **月に 1 回 (月次エンタープライズ チャネル)** ⓘ
  デバイスは、次の更新プログラムまでバージョン 2212 に戻ります
- ◯ **6 か月ごと (半期エンタープライズ チャネル)** ⓘ
  デバイスは、次の更新プログラムまでバージョン 2208 に戻ります

ⓘ **生産性を高め、組織への潜在的な影響を評価するのに役立つ新機能に独占的にアクセスできます。Office Insider で Office の未来を形作れるようサポートしてください。** Office プレビュー エクスペリエンスを有効にする方法については、こちらをご覧ください。

図3.83：Microsoft 365管理センターの[Microsoft 365アプリインストールオプション]ページ

更新チャネルを変更するのに使用するツールを覚えておきましょう。

3.5.5 Office 365サービスの更新

ここまで、Microsoft 365 Appsの更新チャネルについて紹介しましたが、Office 365（Exchange OnlineやSharePoint Online、OneDrive for Business、Microsoft 365 for the webなど）にも更新チャネルがあります。更新チャネルには次の2種類があります。

■標準リリース

既定の設定です。サービスがプレビューではなくなり、契約するすべてのユーザーに対して正式にリリースされた状態です。

■対象指定リリース

プレビューの状態です。標準リリースよりも早く更新を受け取りたい時に、この設定にします。

Office 365の更新チャネルを設定するには、Microsoft 365管理センターで、[組織のプロファイル] ページの [リリースに関する設定] を表示します。このページで、全員に標準リリースを適用するか、全員に対象指定リリースを適用するか、特定のユーザーのみ対象指定リリースに設定し、それ以外のユーザーは標準リリースにするかといった設定を選択することができます。

リリースに関する設定

組織内で Office 365 から新しい機能とサービスの更新をどのように取得するかを選びます。

Microsoft でのリリースの検証に関する詳細情報

この設定は、Word や Excel などの Microsoft 365 アプリで、新しい機能や更新プログラムを入手する方法には影響しません。Microsoft 365 アプリで新しい機能や更新プログラムを入手するタイミングを選択するには、次のページに移動してください。Microsoft 365 インストール オプション。

○ **全員に標準リリース**
幅広くリリースすると、組織全体が更新プログラムを受けます。

○ **全員に対象指定リリース**
組織全体が更新プログラムを早期入手します。

◉ **特定のユーザーに対象指定リリース**
すべてのユーザーにリリースされる前に更新プログラムを早期入手してプレビューを行うユーザーを選択します。

ユーザーを選択　ユーザーをアップロード

対象指定リリースの現在のユーザー

菅原 幸子　sugawara@ContosoK01.work　削除

図3.84：[リリースに関する設定] ページ

早期にOffice 365の更新を入手するには、対象指定リリースを選択します。

3.5.6 アドインの展開

アドインは、アプリケーションの機能を拡張するためのプログラムです。特定のアドインをインストールすることで、今まで利用できなかった機能がアプリの中で利用できるようになります。Microsoft 365で利用可能なアドインには、次のような種類があります。

■従来のアドイン

特定のサブスクリプションにリンクされていて、サブスクリプションをキャンセル(解除)すると関連するアドインも一緒にキャンセルされます。

■スタンドアロンのアドインサブスクリプション

独立したサブスクリプションとして表示され、そのアドイン自体に有効期限が設定されています。

特定のサブスクリプションにリンクされていないため、他のサブスクリプションを管理するのと同じ方法で管理します。

従来のアドインをキャンセルするには、関連するサブスクリプションをキャンセルします。

Microsoft 365管理センターを使用すると、特定のアプリで利用可能なアドインを組織のユーザーに対して展開することができます。アドインを展開するには、Microsoft 365管理センターの[設定]-[統合アプリ]を選択し、目的のアドインを見つけ、[今すぐ入手]ボタンをクリックします。

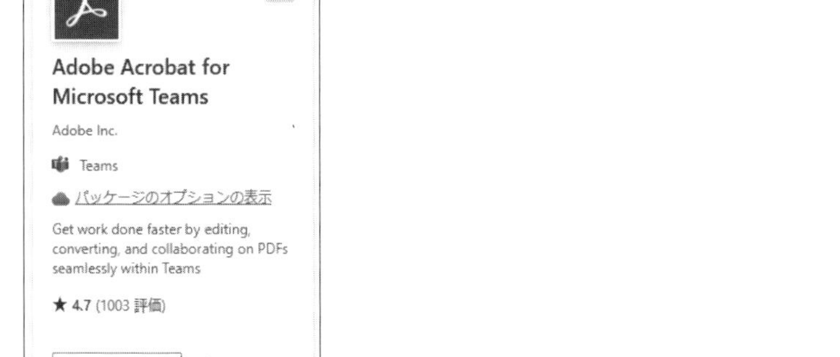

図3.85：目的のアドインを探し、［今すぐ入手］ボタンをクリックする

以前は、Microsoft 365管理センターの［サービスとアドイン］というメニューを使用して展開を行っていました。

アドインの展開ウィザードが表示され、展開するアドインや、展開先のユーザーなどを指定します。

図3.86：アドインの展開ウィザード

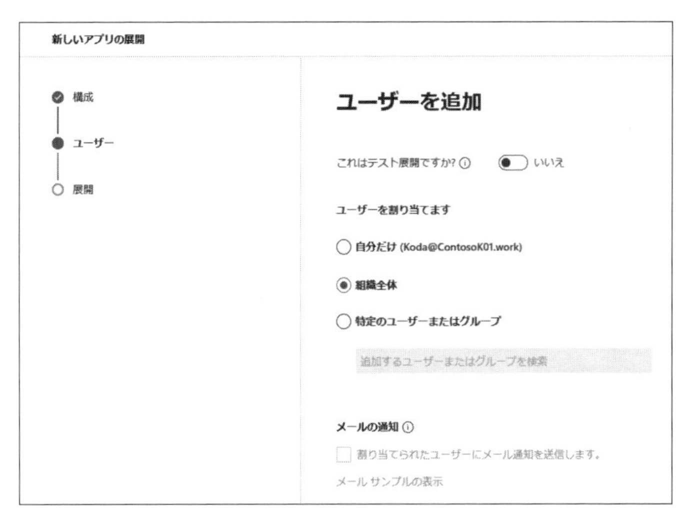

図3.87：展開先のユーザーを指定する

展開が終了すると、ユーザーのデバイスにインストールされているアプリにアドインが表示されます。

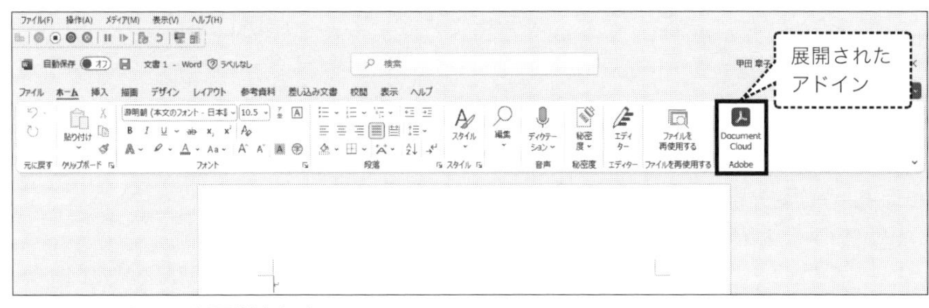

図3.88：アドインが展開された

アドインは、Microsoft 365管理センターで行います。
Microsoft IntuneやConfiguration Managerではアドインの展開を行うことはできません。

練習問題

ここまで学習した内容がきちんと習得できているかを確認しましょう。

問題 3-1

会社には、Office 365サブスクリプションがあります。他のユーザーとファイルを共同編集する必要があります。

どのツールを使用しますか。

A. SharePoint Online
B. Skype for Business
C. Office Delve
D. Exchange Online

問題 3-2

あなたは会社のMicrosoft 365管理者です。マネージャーは、チームメンバーの効率を高めたいと考えています。チームの有効性を向上させるのに役立つツールを特定する必要があります。要件ごとにどのツールを特定する必要がありますか。

	要件
1	チームメンバーが参加する会議の有効性に関する集合的な洞察を分析します。
2	生産性を向上させる可能性のあるアクションをMicrosoft Outlook内の個人に自動的に推奨します。

	ツール
A	My Analytics
B	Workplace Analytics
C	Microsoft Teams
D	Power Platform

問題 3-3

あなたは会社のOffice 365管理者です。会社全体に対して年に2回、Office 365の新しい更新プログラムを配布する前に、セキュリティとコンプライアンスのレビューを実行したいと考えています。何を実装すべきですか。

A. 標準リリース
B. Microsoft 365エンタープライズテストラボ
C. 対象指定リリース
D. FastTrack

問題 3-4

Microsoft 365管理ポータルを使用してSharePoint Onlineの外部アクセスを有効にすると、匿名ユーザーがデータを利用できます。
下線を正しく修正してください。

A. 変更不要
B. Everyoneグループはフルコントロールですべての共有に適用されます。
C. Active Directoryフェデレーションサービス（AD FS）を構成する必要があります。
D. ユーザーは特定のコンテンツの共有招待を送信できます。

問題 3-5

ある会社が Microsoft 365を評価しています。OneDriveのコラボレーション機能を特定する必要があります。OneDriveの2つのコラボレーション機能は何ですか。それぞれの正解は、解決策の一部を示しています。

A. 外部ユーザーをオンライン会議に招待します。
B. 複数のユーザーとのチャットができます。
C. サポートされているドキュメントの共同編集ができます。
D. 外部ユーザーとファイルを共有します。

問題 3-6

あなたは組織のMicrosoft 365管理者です。社外の従業員とユーザーのグループは、ホワイトボードを使用してリアルタイムでプロジェクトに協力できる必要があります。Microsoft 365管理ポータルで、どのOffice 365製品を構成する必要がありますか。

A. Microsoft Yammer
B. Office Delve
C. SharePoint Online
D. Microsoft Teams

問題 3-7

会社が、Microsoft 365の展開を計画しています。各コラボレーションソリューションに一致する説明を選択してください。

	説明
1	オンライン調査やアンケートを作成し、リアルタイムでその回答を追跡することができます。
2	タスクやワークアイテムの作成、割り当て、追跡ができます。

	コラボレーションソリューション
A	Microsoft Forms
B	Microsoft Planner
C	Azure AD Premium P2
D	Microsoft Delve

問題 3-8

あなたの会社では、Microsoft Teamsを利用しています。次の各ステートメントが正しい場合は「はい」を、正しくない場合は「いいえ」を選択してください。

①サードパーティアプリは、Microsoft Teamsにインストールすることができます。
②企業が作成したカスタムアプリは、Microsoft Teamsにインストールできます。
③Microsoft Storeのアプリは、Microsoft Teamsにインストールできます。

問題 3-9

会社に、Office 365サブスクリプションがあります。このサブスクリプションの管理者は、同僚とのオーディオおよびビジュアル通信に使用するコンポーネントについて新しいユーザーを教育しています。次のうち、使用する必要があるコンポーネントはどれですか。

A. Exchange Online
B. Enterprise Mobility + Security
C. Microsoft Teams
D. SharePoint Online

問題 3-10

ビデオをMicrosoft 365テナントに移動し、コンテンツが自動的に転記されるようにする必要があります。どのMicrosoft 365サービスを使用する必要がありますか。

A. Microsoft Stream
B. Microsoft Yammer
C. Power Automate

問題 3-11

次の各ステートメントが正しい場合は「はい」を、正しくない場合は「いいえ」を選択してください。

①SharePointのチームサイト内でアクセスされたファイルのアクティビティを追跡することができます。
②Microsoft 365グループを作成すると、SharePointチームサイトが作成されます。
③Microsoft 365グループは、新しいSharePointチームサイトを作成するときに作成されます。

問題 3-12

会社は、マネージャーが承認するための自動化されたワークフローを展開することを計画しています。どのMicrosoft 365製品が個人のワークフローへのアクセスを許可するかを決定する必要があります。

管理者はどの2つの製品を使用する必要がありますか。それぞれの正解は部分的な解決策を示しています。

A. Microsoft Excel
B. Microsoft Yammer
C. Microsoft Teams
D. Power Automate

問題 3-13

会社は、Microsoftクラウドサービスを使用しています。Microsoftがサポートする方法を使用して、Microsoft 365 Apps for enterpriseの更新チャネルを変更する必要があります。使用できる2つの方法はどれですか。それぞれの正解は完全な解決策を提示します。

A. Windows 10 Update Assistant
B. グループポリシー
C. クライアントアプリ
D. Office展開ツール
E. レディネスツールキット

問題 3-14

ある会社が、Vivaインサイトの展開を計画しています。同社は、Vivaインサイトで使用されるデータのプライバシーに懸念を抱いています。Vivaインサイトで使用されるデータのソースを特定する必要があります。Vivaインサイトの3つのデータソースは何ですか。それぞれの正解は完全な解決策を提示します。

A. Exchange Onlineの電子メール
B. Exchange Serverの電子メール
C. Microsoft Teamsのチャット
D. OneDrive for Businessのドキュメント
E. ブラウザーでアクセスしたWebサイト

問題 3-15

あなたは、Microsoft 365のサービスと機能を調査しています。各シナリオをMicrosoft 365サービスに一致させてください。

	シナリオ
1	ユーザーは電子メールでのコミュニケーション、カレンダーの使用、連絡先の保存を必要としています。
2	ユーザーは、会議、チャット、コンテンツおよび通話のための中心的なハブを必要としています。

	Microsoft 365サービス
A	Exchange Online
B	Microsoft Teams
C	Microsoft Stream

問題 3-16

会社では、Microsoft 365を使用しています。同社は、営業チームがトレーニング目的ですべてのライブデモンストレーションを記録することを要求しています。営業チームが各要件に使用する必要があるMicrosoftツールを選択する必要があります。要件ごとにどのツールを選択する必要がありますか。

①顧客が新製品の提供について話し合うためのライブイベントを主催および記録します。

A. Dynamics 365 Sales
B. Microsoft Teams
C. Microsoft Sway

②記録されたプレゼンテーションを保存し、ファイルの検索可能なクローズドキャプションと音声認識情報を作成します。

A. Microsoft Stream
B. Microsoft Sway
C. Power Automate
D. OneDrive for Business

問題 3-17

ある企業が、Microsoft 365を評価しています。Microsoft Vivaの分析機能を判断する必要があります。文を正しく完成させる答えを選択してください。

Microsoft OutlookのブリーフィングメールやMyAnalyticsのダッシュボードは、すべて［①］の機能です。

A. Vivaコネクション
B. Vivaラーニング
C. Vivaインサイト
D. Vivaトピック

問題 3-18

あなたの会社はMicrosoft Teamsを使用しています。次の各ステートメントが正しい場合は「はい」を、正しくない場合は「いいえ」を選択してください。

①Teamsでは、メッセージを他の言語に翻訳することができます。
②チャネルの会話やTeamsのチャットで、#記号を使って他のユーザーにメンションすることができます。
③Teamsでは、メッセージを重要または緊急としてマークすることができます。

問題 3-19

ある会社がMicrosoft 365アプリの展開を計画しています。次の各ステートメントが正しい場合は「はい」を、正しくない場合は「いいえ」を選択してください。

①Microsoft 365アプリは、クラウドから展開することができます。
②Microsoft 365アプリは、オンプレミスのネットワーク共有から導入することができます。
③Microsoft 365アプリは、Microsoft Endpoint Configuration Mangerを使用して導入することができます。

問題 3-20

従業員が投稿を作成したり、興味のあるグループ内でファイルを共有するなどして従業員のエンゲージメントを向上させるサービスは何ですか。

A. SharePoint Online
B. Microsoft Yammer（Vivaエンゲージ）
C. Microsoft Stream
D. OneDrive for Business

問題 3-21

会社は、Microsoft 365を使用して、建設プロジェクトの進捗状況と問題を追跡しています。プロジェクトタスクは、複数のユーザー間で共有および更新できる、Microsoftが管理する統合インターフェイス内で追跡する必要があります。会社にどの解決策を提案するとよいですか。

A. Microsoft Outlook
B. Microsoft Planner
C. Microsoft Stream
D. Microsoft To Do

問題 3-22

次の各ステートメントが正しい場合は「はい」を、正しくない場合は「いいえ」を選択してください。

①Microsoft Bookingsは、既存の予約を変更またはキャンセルできます。
②Microsoft Bookingsは、企業のWebサイトのみを使用して予約を作成できます。
③Microsoft Bookingsは、ユーザーのスケジュールに基づいて予約を作成できます。

問題 3-23

次の各ステートメントが正しい場合は「はい」を、正しくない場合は「いいえ」を選択してください。

①MyAnalytics（パーソナルインサイト）は、Microsoft Power BIテンプレートをサポートしています。
②MyAnalytics（パーソナルインサイト）は、Microsoft Outlookアドインをサポートします。
③Workplace Analytics（マネージャーインサイトとリーダーのインサイト）は、毎週の電子メールダイジェストをサポートしています。

問題 3-24

Microsoft Teamsでチャットボットをチャネル内で使用できるようにしたいと考えています。どのようなツールを利用すればいいですか。

A. Remote Assist
B. Power Virtual Agents
C. Dynamics 365 Guides
D. Dynamics 365カスタマーサービス

問題 3-25

OutlookやTeamsでビジネスタスクのワークフローを利用したいと考えています。どのようなツールを利用すればいいですか。

A. Microsoft Bookings
B. Microsoft Planner
C. Power BI
D. Power Automate

問題 3-26

ある会社が、Microsoft 365に移行しています。同社はMicrosoft Teamsのコラボレーション統合を評価しています。適切な機能を提供するPower Platform統合を推奨する必要があります。どのコンポーネントを推奨する必要がありますか。

	説明
1	ユーザーはコードを書くことなくチャットボットを作成し、Microsoft Teamsでボットを公開することができます。
2	Microsoft Teamsのタブを使用して、アプリを作成し、参照することができます。
3	Microsoft Teams からトリガーできるタスクを自動化するフローを作成することができます。

Microsoft 365コンポーネント	
A	Power Automate
B	Power BI
C	Power Virtual Agents
D	Power Apps

問題 3-27

あなたはMicrosoft 365の管理者です。会社で、Microsoft 365 Apps for enterpriseとOffice 2016の違いを評価しています。Microsoft 365 Apps for enterprise固有の機能はどれですか。

A. インストールはクイック実行を使用して完了できます。
B. インストールはMicrosoft Endpoint Configuration Managerを使用して完了します。
C. インストールは、32ビット、64ビットの両方のバージョンで利用できます。
D. インストールはユーザーのローカルコンピューターで行います。

問題 3-28

ある会社が、MyAnalyticsを使用しています。同社は、従業員が次の方法で最優先の作業を完了することを望んでいます。

・最優先の作業に費やすために、毎日最大2時間をスケジュールします。
・この期間中のMicrosoft Teamsでのチャットのサイレンシング。

どの機能を使用する必要がありますか。

A. フォーカスプラン
B. 作業プラン
C. ダイジェスト
D. 習慣のプレイブック
E. インサイドアドイン

問題 3-29

あなたの会社では、Microsoft 365を使用しています。会社では、MyAnalytics（Vivaインサイト）の利用を検討していて機能を調べています。MyAnalytics（Vivaインサイト）の機能を2つ選択してください。

A. 未解決タスクを確認するためのOutlookの提案
B. チャットメッセージの配信を遅らせるためのTeamsの提案
C. 電子メールの配信を遅らせるためのOutlookの提案
D. 未解決のタスクを確認するためのTeamsの提案

問題 3-30

IT部門のユーザーが、社内のほかのユーザーに機能を展開する前に新しいOffice製品のプレビュー機能を受け取る必要があります。IT部門のユーザーのみがプレビュー機能を受け取れるようにする必要があります。

実行する必要があるアクションはどれですか。それぞれの正解はソリューションの一部を表しています。2つ選択してください。

A. ユーザーに、https://insider.office.comに移動して、Office Insiderにサインアップするよう指示します。
B. Microsoft 365 Apps for enterpriseを更新するようにユーザーに指示します。
C. 組織プロファイルで、選択したユーザーの更新設定を対象指定リリースに設定します。
D. Microsoft 365 Apps for enterpriseをアンインストールしてからソフトウェアを再インストールするようにユーザーに指示します。
E. 組織プロファイルで、更新設定を標準リリースに設定します。

問題 3-31

記録した会議のトランスクリプトを自動的に作成したいと考えています。どのような機能を利用すればいいですか。

A. Microsoft Viva
B. Microsoft Word
C. SharePoint Online
D. Microsoft Stream
E. Microsoft Publisher

問題 3-32

あなたの会社では、Microsoft 365を使用しています。コネクション、インサイト、ラーニング、トピックと名付けられたモジュールが含まれるサービスは何ですか。

A. Microsoft Yammer
B. Microsoft Teams
C. Microsoft Stream
D. Microsoft Viva

問題 3-33

Microsoft 365 Apps for enterpriseを5台のデバイスにインストールします。1台のデバイスを非アクティブ化しました。非アクティブ化されたデバイスで実行できるタスクはどれですか。

A. ドキュメントを印刷します。
B. ドキュメントにコメントを残します。
C. テンプレートから新しいドキュメントを開始します。
D. ドキュメントのプロパティを設定します。

問題 3-34

ある会社が、Microsoft 365を実装しています。同社は、Microsoft 365 Apps for enterpriseをクラウドからクライアントコンピューターに展開する必要があります。要件を満たすソリューションを特定する必要があります。どのソリューションを選択する必要がありますか。

A. Office展開ツール
B. Microsoftリモート接続アナライザー
C. Windows Update
D. Microsoft FastTrack

問題 3-35

あなたは組織のMicrosoft 365管理者です。あなたは、スライドショーを録画した動画に対して字幕を入れて、字幕を検索できるようにする必要があります。何を使用すればこれを実現することができますか。

A. Microsoft Yammer
B. Microsoft Stream
C. Planner
D. Sway

問題 3-36

あなたは組織のクライアント管理者です。すべての従業員のデバイスには、Microsoft 365 Apps for enterpriseをインストールする必要があります。Microsoft 365 Apps for enterpriseの展開に使用できる方法を以下から3つ選択してください。

A. System Center Operations Manager
B. Microsoft Endpoint Configuration Manager
C. Windowsインストーラーパッケージ（MSI）
D. Office展開ツール
E. Microsoft Intune

問題 3-37

Microsoftは、Microsoft Excelの新機能をリリースする予定です。従業員がこの機能をできるだけ早くインストールできるようにする必要があります。どのリリースチャネルをサブスクライブする必要がありますか。

A. Microsoftリリース
B. 最新チャネル
C. 月次エンタープライズ
D. 半期エンタープライズ

問題 3-38

ある会社が、オンプレミスのExchange ServerとExchange Onlineの違いを評価しています。

要件ごとに適切な製品を選択する必要があります。どの製品を選ぶべきですか。

	要件
1	会社は、Exchange Serverアプリケーションにセキュリティアップデートをディレクトリ単位で適用する必要があります。
2	会社は、電子メールの送受信にMicrosoft 365グループを使用する必要があります。
3	会社は、Microsoft Bookingsを使用する必要があります。

	ライセンス
A	Exchange Online
B	Exchangeオンプレミス

問題 3-39

ある会社は、会議からの重要な情報の検索機能を最適化する必要があります。あなたは会社のための解決策を推薦する必要があります。以下の文章を正しく完成させる答えを選択してください。

録音した会議の記録を自動的に保存する必要があるユーザーは、[①] を使用する必要があります。

①に当てはまるサービス名を選択してください。

A. Microsoft Teams
B. Microsoft Stream
C. OneDrive for Business
D. Exchange Online

問題 3-40

次の各ステートメントが正しい場合は「はい」を、正しくない場合は「いいえ」を選択してください。

①Microsoft Teamsは、オンプレミスサービスとして実行されます。
②Exchange Server 2019は、オンプレミスサービスとして実行されます。
③Microsoft Bookingsは、クラウドサービスとして実行されます。

問題 3-41

次の説明とMicrosoft 365コンポーネントを正しく組み合わせてください。

	説明
1	リアルタイムのコラボレーションを促進し、組織のメンバーが会話して作業計画を作成できるようにするチャットベースのワークスペース。
2	ファイルを保存および保護し、他のユーザーとファイルを共有し、すべてのデバイスのどこからでもファイルにアクセスできるクラウドサービス。ファイルを以前の日付に復元できます。
3	保存、整理を可能にするサービス。Webブラウザーを使用して、ほとんどすべてのデバイスから共有、サードパーティアプリの追加、および情報へのアクセスを行います。
4	サポートの問題を効率的に解決し、プロジェクトやドキュメントに関するフィードバックを収集するために使用できるプライベートソーシャルネットワーク。

	Microsoft 365コンポーネント
A	Microsoft Yammer
B	OneDrive for Business
C	Microsoft Teams
D	Microsoft 365 Apps
E	SharePoint Online

問題 3-42

会社は、Microsoft 365を使用しています。

会社は、従来のアドインが関連付けられているサブスクリプションをキャンセルします。アドインの有効期限は、関連付けられているサブスクリプションとは異なります。

アドインに何が起こるかを判断する必要があります。アドインはどうなりますか。

A. アドインは有効期限が切れるまで残ります。
B. アドインは、別のアクティブなサブスクリプションに自動的に転送されます。
C. アドインは、会社が手動でキャンセルするまで残ります。
D. アドインは、サブスクリプションとともにすぐにキャンセルされます。

練習問題の解答と解説

問題 3-1 正解 A　　参照 3.1.2 「SharePoint Online」

ファイルの共同編集が可能なのは、SharePoint Onlineです。

問題 3-2 正解 以下を参照　　参照 3.4.1 「Vivaインサイト」

1つ目は、「チームメンバーが」とあります。チームメンバーに関する洞察を提供するサービスは、Workplace Analyticsです（B）。

2つ目は、「Outlook内の個人に自動的に推奨」とありますが、これはMy Analytics（Vivaインサイトのパーソナルインサイト）に含まれるインライン提案です（A）。正解は、次の通りです。

	要件	
1	チームメンバーが参加する会議の有効性に関する集合的な洞察を分析します。	B
2	生産性を向上させる可能性のあるアクションをMicrosoft Outlook内の個人に自動的に推奨します。	A

問題 3-3 正解 C　　参照 3.5.5 「Office 365サービスの更新」

Office 365の正式な更新プログラムを配布する前に、セキュリティやコンプライアンスのレビューを目的として早期に更新プログラムを適用するには、対象指定リリースを選択します。

問題 3-4 正解 D

SharePoint管理センターで、外部共有を有効にすると外部ユーザーに対してサイトを共有するための招待状を送信することができます。

問題 3-5 正解 C、D

OneDrive for Businessは、既定では本人しかアクセスすることができませんが、共有の設定を行うことで同じ組織のユーザーや外部のユーザーとファイルの共有ができます。また、WordやExcelなどのOfficeドキュメントを共有した場合、他のユーザーと共同編集も可能です。

問題 3-6 正解 D

参照 3.1.4 「Microsoft Teams」

ホワイトボードが使用できるのは、Microsoft Teamsです。

組織で、ホワイトボードを利用できるようにするには、Microsoft Teams管理センターでホワイトボードのアプリを許可するように構成します。

問題 3-7 正解 以下を参照

参照 3.1.7 「Microsoft Forms」、3.2.1 「Microsoft Planner」

1つ目は、「オンライン調査やアンケートを作成し」とあります。この機能を提供するのは、Microsoft Formsです（A)。2つ目は、「タスクやワークアイテムの作成、割り当て、追跡」とありますが、この機能を提供するのは、Microsoft Plannerです（B)。正解は、次の通りです。

	説明	
1	オンライン調査やアンケートを作成し、リアルタイムでその回答を追跡することができます。	A
2	タスクやワークアイテムの作成、割り当て、追跡ができます。	B

問題 3-8 正解 以下を参照

参照 3.1.4 「Microsoft Teams」

①はい

Microsoft Teamsで、［アプリ］を選択するとさまざまなサードパーティアプリが表示され、追加することができます。

②はい

企業が作成したアプリは、Teamsで利用することができます。

③いいえ

Microsoft Storeのアプリは、Microsoft Teamsにインストールすることはできません。

問題 3-9 正解 C

参照 3.1.4 「Microsoft Teams」

音声通話やビデオ通話を行うことができるのは、Microsoft Teamsです。

問題 3-10 正解 A

参照 3.1.5 「Microsoft Stream」

ビデオをMicrosoft 365内で管理して、自動的に字幕を表示することができるのは、Microsoft Streamです。

問題 3-11 正解 以下を参照 参照 3.1.2「SharePoint Online」

①はい

SharePointの監査ログレポートを出力することで、誰がどのファイルにアクセス、編集、削除したのかを追跡することができます。

②はい

Microsoft 365グループを作成すると、グループに紐づくSharePointチームサイトが自動的に作成されます。

③はい

SharePointチームサイトを作成すると、サイトに紐づくMicrosoft 365グループが自動的に作成されます。

問題 3-12 正解 C、D

Microsoft Teamsに用意されている承認アプリを使用するとPower Automateと連携して簡単にワークフローを作成することができます。

問題 3-13 正解 B、D

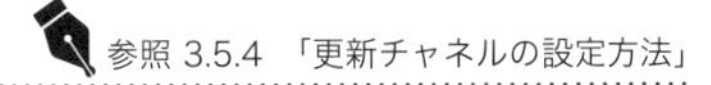

更新チャネルの変更を行うには、グループポリシーもしくはOffice展開ツールを使用します。

問題 3-14 正解 A、C、D 参照 3.4.1 「Vivaインサイト」

Vivaインサイトの分析情報は、Exchange Onlineでやり取りしたメールやMicrosoft Teamsのチャット、OneDriveやSharePointなどの利用情報に基づいて作成されます。

問題 3-15 正解 以下を参照 参照 3.1.1 「Exchange Online」、3.1.4 「Microsoft Teams」

電子メールでのコミュニケーションや予定表などの利用を行うには、Exchange Onlineを使用します（A）。2では、会議やチャット、コンテンツの共有や通話が必要と記載されていますが、これを利用できるサービスは、Microsoft Teamsです（B）。正解は、次の通りです。

シナリオ		
1	ユーザーは電子メールでのコミュニケーション、カレンダーの使用、連絡先の保存を必要としています。	A
2	ユーザーは、会議、チャット、コンテンツおよび通話のための中心的なハブを必要としています。	B

問題 3-16 正解 ①B、②A 参照 3.1.4 「Microsoft Teams」、3.1.5 「Microsoft Stream」

ライブイベントの開催ができるのは、Microsoft Teamsです。また、記録したプレゼンテーションを動画ファイルで保存し、キャプションを付けることができるのは、Microsoft Streamです。

問題 3-17 正解 C 参照 3.4.1 「Vivaインサイト」

現在、My Analyticsダッシュボードは廃止されていますが、ブリーフィングメールなども含めて、この問題に記載されている機能は、Vivaインサイトの機能です。

問題 3-18 正解 以下を参照 参照 3.1.4 「Microsoft Teams」

①はい
Microsoft Teamsでは、他言語で送信されたメッセージを翻訳することができます。

②いいえ
特定の人にメンションをするには、@記号を使用します。

③はい
Microsoft Teamsでは、メッセージを重要または緊急として設定することができます。

問題 3-19 正解 以下を参照 参照 3.5.2 「Microsoft Apps for enterpriseの展開方法」

①はい
Microsoft Intuneを使用すると、クラウドからMicrosoft 365 Apps for enterpriseを展開することができます。

②はい
Office Deployment Tool（ODT）を使用すると、オンプレミスのネットワーク共有から展開することができます。

③はい
Microsoft Endpoint Configuration Managerを使用して展開することができます。

問題 3-20 正解 B 参照 3.1.6「Microsoft Yammer（Vivaエンゲージ）」

投稿を作成したり、興味のあるグループ（コミュニティ）でファイルを共有するなど、従業員のエンゲージメントを向上させるサービスは、Microsoft Yammer（Vivaエンゲージ）です。

問題 3-21 正解 B 参照 3.2.1「Microsoft Planner」

プロジェクトのタスク管理を行うツールは、Microsoft Plannerです。

問題 3-22 正解 以下を参照 参照 3.2.2「Microsoft Bookings」

①はい

予約の変更やキャンセルは、Microsoft Bookingsページの予定表、もしくは顧客の予約ページから行うことができます。

②いいえ

予約は、Microsoft Bookingsの予定表ページおよび顧客の予約サイトからも行うことができます。

③はい

事前にユーザー（スタッフ）のスケジュールを登録しておくことで、勤務予定日のみに予約が入るようにすることができます。

問題 3-23 正解 以下を参照 参照 3.4.1「Vivaインサイト」

①いいえ

Power BIテンプレートの利用は、マネージャーインサイトとリーダーのインサイト（Workplace Analytics）で使用できます。

②はい

Outlookに、[Vivaインサイト] アイコンが表示され、クリックするとOutlookのウィンドウの中で情報を表示することができます。

③いいえ

Workplace Analytics（マネージャーインサイトとリーダーのインサイト）でも、ライセンスを持つリーダーやマネージャーである場合、ダイジェストメールが送信されますが、毎週ではなく月2回です。

問題 3-24 正解 B 参照 3.3.2 「Power Virtual Agents」

チャットボットを作成するツールは、Power Virtual Agentsです。

問題 3-25 正解 D 参照 3.3.4 「Power Automate」

ビジネスタスクを効率化するためにワークフローを作成するには、Power Automateを使用します。

問題 3-26 正解 以下を参照 参照 3.1.7 「Microsoft Forms」、3.2.1 「Microsoft Planner」

1つ目は、「チャットボットを作成」とあります。この機能を提供するのは、Power Virtual Agentsです（C)。2つ目は、「アプリを作成」とありますが、この機能を提供するのは、Power Appsです（D)。3つ目は、「タスクを自動化するフローを作成」とあります。これを実現するのは、Power Automateです（A)。正解は、次の通りです。

	説明	
1	ユーザーはコードを書くことなくチャットボットを作成し、Microsoft Teamsでボットを公開することができます。	C
2	Microsoft Teamsのタブを使用して、アプリを作成し、参照することができます。	D
3	Microsoft Teams からトリガーできるタスクを自動化するフローを作成することができます。	A

問題 3-27 正解 A 参照 3.5.1 「Microsoft 365 Apps for enterpriseの特徴」

Office 2016のインストーラーは、Windowsインストーラー形式で提供されています。

Office 2019以降は、Microsoft 365 Appsと同じクイック実行形式で提供されます。

問題 3-28 正解 A 参照 3.4.1 「Vivaインサイト」

最優先の作業のために毎日2時間確保し、その時間中は、Teamsのチャットの通知音を鳴らさないようにするには、フォーカスプランの設定を行います。

問題 3-29 正解 A、C　　参照 3.4.1「Vivaインサイト」

Vivaインサイトに含まれるパーソナルインサイトは、個人の働き方などを分析してくれるサービスで、以前はMy Analyticsと呼ばれていました。パーソナルインサイトでは、電子メールの配信を遅延させたり、未解決のタスクを確認したりするためのOutlookのインライン提案をサポートします。

問題 3-30 正解 A、B　　参照 3.5.3「Microsoft 365 Appsの更新チャネル」

Office製品のプレビュー機能を受け取るには、Microsoft 365 Insiderの設定を行います。最初に、https://insider.office.comにアクセスして設定方法を確認し(A)、WordやExcelなどのアプリで設定変更を行う必要があります（B）。

問題 3-31 正解 D　　参照 3.1.5「Microsoft Stream」

記録した会議のトランスクリプト（字幕）を自動生成するには、Microsoft Streamを使用します。

問題 3-32 正解 D　　参照 3.4.1「Vivaインサイト」、3.4.2「Vivaコネクション」、3.4.5「Vivaラーニング」、3.4.6「Vivaトピック」

コネクション、インサイト、ラーニング、トピックと名付けられたモジュールが含まれるサービスは、Microsoft Vivaです。

問題 3-33 正解 A　　参照 3.5.1「Microsoft 365 Apps for enterpriseの特徴」

非アクティブ化されたデバイスで実行できるのは、ドキュメントの表示と印刷のみです。

問題 3-34 正解 A　　参照 3.5.2「Microsoft Apps for enterpriseの展開方法」

ODTを使用すると、オンプレミスから展開することもできますが、クラウドから展開することもできます。

問題 3-35 正解 B　　参照 3.1.5「Microsoft Stream」

動画に対して字幕を挿入することができるのは、Microsoft Streamです。

問題 3-36 正解 B、D、E　　参照 3.5.2「Microsoft Apps for enterpriseの展開方法」

Microsoft 365 Apps for enterpriseの展開ができるのは、Microsoft Endpoint Configuration Manager、Office展開ツール（Office Deployment Tool)、Microsoft Intuneの3つです。

問題 3-37 正解 B

参照 3.5.3 「Microsoft 365 Appsの更新チャネル」

新機能がリリースされたらできるだけ早く適用するには、最新チャネルを利用します。

問題 3-38 正解 以下を参照

参照 3.1.1 「Exchange Online」

要件を順番に確認します。1つ目の要件は、Exchange Serverに対するセキュリティアップデートの適用を行いたいということですが、これはオンプレミス環境で行います（B）。2つ目の要件では、電子メールの送受信にMicrosoft 365グループを使用したいということです。Microsoft 365グループは、Microsoft 365のクラウド環境で作成することができます。そのため、Exchange Onlineを利用します（A）。

3つ目の要件は、Microsoft Bookingsを使用する必要があるということですが、Microsoft Bookingsの予定表はExchange Onlineのメールボックスを使用します（A）。正解は、次の通りです。

	シナリオ	
1	会社は、Exchange Serverアプリケーションにセキュリティアップデートをディレクトリ単位で適用する必要があります。	B
2	会社は、電子メールの送受信にMicrosoft 365グループを使用する必要があります。	A
3	会社は、Microsoft Bookingsを使用する必要があります。	A

問題 3-39 正解 A

会議の記録を行い自動的に保存できるのは、Microsoft Teamsです。

問題 3-40 正解 以下を参照

参照 3.1.1 「Exchange Online」、3.1.4 「Microsoft Teams」、3.2.2 「Microsoft Bookings」

①いいえ

Microsoft Teamsはクラウドサービスです。

②はい

Exchange Server 2019は、オンプレミスサービスです。

③はい

Microsoft Bookingsは、クラウドサービスです。

問題 3-41 正解 以下を参照

参照 3.1.2 「SharePoint Online」、3.1.3 「OneDrive for Business」、3.1.4 「Microsoft Teams」、3.1.6 「Microsoft Yammer（Vivaエンゲージ）」

1から確認します。チャットベースのワークスペースを提供するのは、Microsoft Teamsです（C）。2のファイルを保存、共有ができ、以前のバージョンに復元できるサービスは、OneDrive for Businessです（B）。

3は、ブラウザーを使用して情報へのアクセスおよびサードパーティアプリを追加できるサービスという記述があるため、SharePoint Onlineを選択します（E）。

4は、プライベートソーシャルネットワークという記述があるため、Microsoft Yammerを選択します（A）。正解は以下の通りです。

	説明	
1	リアルタイムのコラボレーションを促進し、組織のメンバーが会話して作業計画を作成できるようにするチャットベースのワークスペース。	C
2	ファイルを保存および保護し、他のユーザーとファイルを共有し、すべてのデバイスのどこからでもファイルにアクセスできるクラウドサービス。ファイルを以前の日付に復元できます。	B
3	保存、整理を可能にするサービス。Webブラウザーを使用して、ほとんどすべてのデバイスから共有、サードパーティアプリの追加、および情報へのアクセスを行います。	E
4	サポートの問題を効率的に解決し、プロジェクトやドキュメントに関するフィードバックを収集するために使用できるプライベートソーシャルネットワーク。	A

問題 3-42 正解 D

従来のアドインは、関連するサービスのサブスクリプションをキャンセルすると、アドインもキャンセルされます。

第4章

Azure Active Directory(Microsoft Entra ID)

本章では、Azure Active Directory（Microsoft Entra ID）の役割および、Azure ADの管理に使用するツールや、管理ツールを使用したユーザーやデバイスの管理方法について学習します。ここでは、直接試験のポイントになるような項目は少ないですが、この後の章で登場するID関連の機能を理解するための基礎となる内容です。しっかり学習するようにしてください。

理解度チェック

- □ Azure Active Directory（Microsoft Entra ID）
- □ 認証
- □ 承認
- □ 信頼関係
- □ IDP
- □ Microsoft Entra
- □ IDトークン
- □ アクセストークン
- □ Microsoft 365管理センター
- □ Azure Portal内の［Azure Active Directory］
- □ Azure Active Directory管理センター
- □ Microsoft Intune 管理センター
- □ Microsoft Endpoint Manager admin center
- □ Microsoft Entra管理センター
- □ ユーザーアカウント
- □ 役割グループ
- □ RBAC
- □ グローバル管理者
- □ 課金管理者
- □ カスタム役割グループ
- □ Azure AD参加（Entra参加）
- □ Azure AD登録（Entra登録）
- □ Hybrid Azure AD参加（Hybrid Entra参加）

アクセスキー　R
（大文字のアール）

4.1 Azure Active Directory(Microsoft Entra ID)とは

Azure Active Directory（Microsoft Entra ID）は、Microsoftが提供するクラウドベースのIDおよびアクセス管理サービスです。

Azure ADは、ユーザーを登録し、登録されているユーザーが正しいユーザーであるかなどを検証したり（認証）、正しいユーザーと確認されたユーザーに対して、どのリソースにアクセスすることができるかを確認する（承認）サービスです。

正しいか、正しくないかを判別します！

図4.1：Azure Active Directoryの役割

IDおよびアクセス管理サービスが、正しいユーザーであるかどうかを判別するプロセスを、「認証」といいます。また、認証されたユーザーが、どのリソースにアクセスできるかを確認するプロセスを「承認（認可）」といいます。

ここでいうリソースとは、Office 365やMicrosoft Azureなどのサービスやさまざまなクラウドアプリを指します。Office 365やMicrosoft Azureは、ユーザーが利用する便利なサービスを色々と提供していますが、これらのサービスは認証機能を持っていません。そのため、Azure Active Directoryとあらかじめ信頼関係を結んでおきます。これにより、Azure ADで認証され、適切なアクセス許可があると認められたユーザーは、Office 365やMicrosoft Azureの各種サービスにアクセスできるようになります。

図4.2：Azure ADとクラウドリソースの信頼関係

このように、Azure ADと信頼関係を結ぶことで、リソースは、認証や承認の作業をAzure ADに完全に任せることができ、認証や承認のプロセスを効率化できます。

Azure Active Directoryは、認証および承認（認可）を行うサービスです。
認証や認可を行うサービスのことを、IdP（Identity Provider）と呼ぶことがあります。

4.1.1 Microsoft Entra

Microsoft Entraとは、MicrosoftのIDおよびアクセス管理のための新しいブランドです。Microsoft Entraの主なサービスとして、次のようなものがあります。

■ Azure Active Directory（Microsoft Entra ID）

Azure ADに登録されているユーザー、アプリ、デバイスなどを保護するために使用されるIDおよびアクセス管理サービスです。

■ Microsoft Entra Permissions Management

Microsoftのクラウドサービスだけではなく、Amazon Web Services（AWS）やGoogle Cloud Platform（GCP）などマルチクラウドを採用している企業において、それぞれの管理ツールでアクセス許可を管理するのは大変ですが、Microsoft Entra Permissions Managementを使用することで、総合的にアクセス許可の検証や是正、監視などを行うことができます。

■Microsoft Entra確認済みID

　このサービスは、分散化IDを実現するためのサービスです。現在は、巨大IT企業による中央集約型のID管理が広く普及しています。このような中央集約型のID管理は、1つの企業が個人情報を大量に所有しているため攻撃者に狙われやすいという弱点があります。このような問題点を解決するために誕生したのが分散型ID（DID）です。分散型IDは、ブロックチェーン技術（分散型台帳）を使用して、必要な情報を分散して保存します。これにより第三者による改ざんや消去などをされにくくする技術です。この分散型IDを実現するのが、Microsoft Entra確認済みIDです。

Azure Active Directory（Microsoft Entra ID）について
Azure Active Directoryは、Microsoft Entraに含まれるサービスの1つですが、Microsoft 365に含まれているAzure ADと機能の差などはなく同じものです。

HINT Microsoft Entraのサービスについて

Microsoft Entraに含まれるサービスは、Microsoft Entra Internet AccessやMicrosoft Entra Private Access、Microsoft Entra ID Governanceなどさまざまなものがあります。

4.2 認証と承認

　前述した通り、Azure AD（Microsoft Entra ID）などのIdPにユーザーを登録し、正しいユーザーであるかをIdPに確認してもらうプロセスのことを「認証」といいます。また、Azure ADと信頼関係が結ばれているOffice 365などのリソースに対してアクセス許可があるのかを確認するプロセスを「承認」といいます。

　ここでは、Azure ADに登録したユーザーが、認証されリソースにアクセスできるようになるまでを紹介します。
　Microsoftのクラウドサービスにおいて、認証は既定でOpenID Connect（OIDC）が使用されます。OIDCを使用した認証では、「トークン」と呼ばれる次の情報が利用されます。

■IDトークン

ユーザーが正しく認証されたということを証明する情報です。

■アクセストークン

認証されたユーザーが、どのリソースにアクセスできるかということが記載されている情報です。

IDトークンやアクセストークンが認証でどのように使われているかを図4.3を使用して確認します。

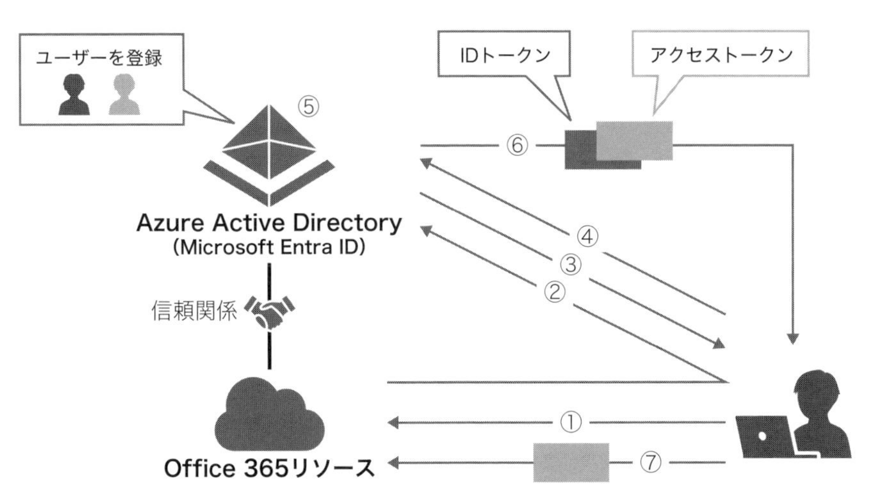

図4.3：Azure ADによる認証と承認のプロセス

① ブラウザーなどを使用して、Microsoft 365ポータル（portal.office.com）にアクセスします。
② Office 365は、リソースであるため認証ができません。そのため、信頼しているAzure ADが発行するアクセストークンを持ってくるように要求します。この要求は、ユーザーのブラウザーを通じて、Azure ADに自動的にリダイレクトされます。
③ Azure ADからユーザー名パスワードを要求するページが表示されます。
④ ユーザーが、自分の資格情報（ユーザー名、パスワード）を入力します。
⑤ Azure ADが、提示された資格情報を使用して、認証を行います。ここでは、正しい資格情報をユーザーが提示したと仮定します。

⑥ 正しいユーザーであると認証されたため、Azure ADは、認証が完了したことを示すIDトークンおよび、アクセスを許可するアクセストークンを発行し、ユーザーに送信します。
⑦ アクセストークンをOffice 365などのリソースに提示することで、リソースへのアクセスが許可されます。

Azure ADを使用した認証および承認のプロセスを覚えておくようにしましょう。

4.3 Azure Active Directory(Microsoft Entra ID)の管理ツール

Azure Active Directory（Microsoft Entra ID）では、組織のユーザーが利用するIDを登録したり、ユーザーをまとめるためのグループを作成したり、ユーザーが使用するデバイスなどを登録して管理します。このようなAzure ADの管理を行う際には、次の管理ツールを使用します。

- ・Microsoft 365管理センター
- ・Azure Portal内の［Azure Active Directory］
- ・Azure Active Directory管理センター
- ・Microsoft Intune管理センター（Microsoft Endpoint Manager admin center）
- ・Microsoft Entra管理センター

これらはすべて別の管理ツールですが、参照している場所は同じAzure ADです。そのため、どれか1つのツールで設定を行ったら、他のツールと同期をしなければならないといったことはありません。

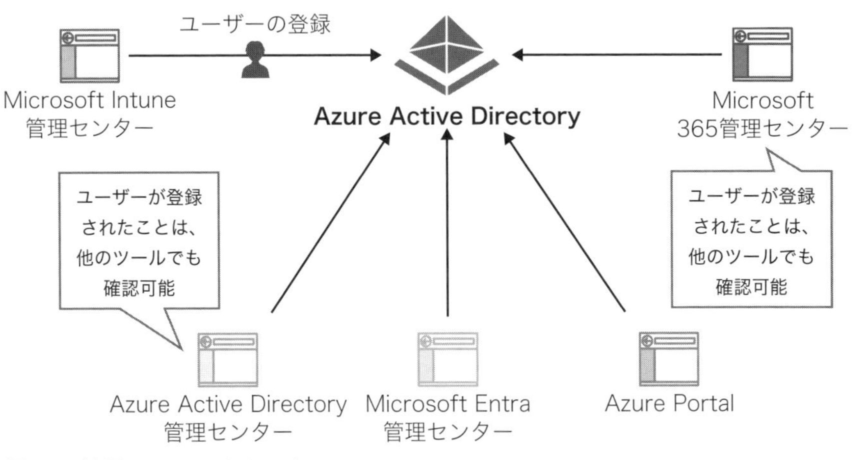

図4.4：管理ツールのイメージ

注意

Azure Active Directory管理センターは、現在利用できません。しかし、試験では出題されますので名称を覚えておくようにしてください。

4.3.1 Microsoft 365管理センター

Microsoft 365管理センター（admin.microsoft.com）は、Microsoft 365のさまざまな設定を行うことができる管理ツールで、最も使用頻度の高い管理ツールの一つです。例えば、次のような作業を行うことができます。

■ユーザーに関わる作業

ユーザーアカウントの作成、ユーザーへのライセンスを付与、ユーザーをグループや役割グループに追加

■課金に関わる作業

ライセンスの追加購入、毎月の請求額を確認

■トラブル時の対応

サービス正常性の確認、サポートへの問い合わせ

図4.5：Microsoft 365管理センター

4.3.2 Azure Portal内の[Azure Active Directory]

Azure Portal(portal.azure.com)は、Azureリソースと、Azure Active Directory（Microsoft Entra ID）の両方を管理できるツールです。Azure Portalで、Azure Active Directoryを検索します。

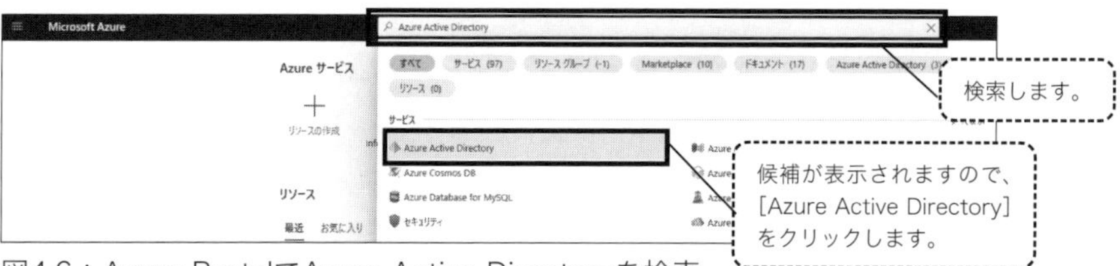

図4.6：Azure PortalでAzure Active Directoryを検索

[Azure Active Directory] が表示され、Azure ADの管理を行うことができます。

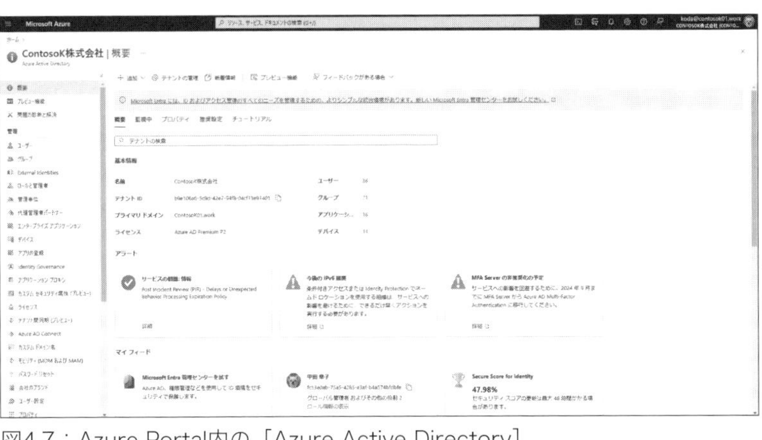

図4.7：Azure Portal内の［Azure Active Directory］

Azure Portal内のAzure Active Directoryでは、次のようなことを行うことができます（一例）。

● **ユーザーに関わる作業**

ユーザーやグループの作成および管理、ライセンスの割り当て、ゲストユーザーの作成

● **アプリに関わる作業**

アプリの登録およびシングルサインオン設定やアクセス権の付与

● **セキュリティに関わる作業**

条件付きアクセスの作成や管理、Azure AD Identity Protection（Microsoft Entra ID Protection）の設定やレポートの表示、禁止パスワードの設定やスマートロックアウトの設定など

● **監視に関する作業**

サインインログやアクティビティログの確認

4.3.3 Azure Active Directory管理センター

Azure Active Directory管理センター（aad.portal.azure.com）は、Azure Portalの［Azure Active Directory］の部分だけを切り出して1つの管理ツールに

したものなので、Azure Portal内の［Azure Active Directory］とできることは同一です。現在利用することはできません。

図4.8：Azure Active Directory管理センター

4.3.4 Microsoft Intune管理センター(Microsoft Endpoint Manager admin center)

Microsoft Intune管理センター（endpoint.microsoft.com）は、Microsoft Intuneの管理ツールです。主な目的はデバイスの管理ですが、次のように、Azure AD（Microsoft Entra ID）のユーザー管理なども行うことができます。

- **ユーザーに関わる作業**
  ユーザーの作成および管理、グループの作成および管理

- **セキュリティ設定**
  条件付きアクセスの構成

他のAzure ADの管理ツールとすべて同じことができるわけではありませんが、Intuneで作成したポリシーを割り当てるグループを作りたい場合、管理ツールを切り替えることなくグループもポリシーも作成できます。

Microsoft Intune管理センターは、もともとMicrosoft Endpoint Manager admin centerという名称でした。試験では古い名称で出題される可能性があるため、両方覚えておきましょう。

図4.9：Microsoft Intune管理センター

4.3.5 Microsoft Entra管理センター

Microsoft Entra管理センター（entra.microsoft.com）は、ここまで紹介してきたAzure AD（Microsoft Entra ID）を操作できる管理ツールの中で最も新しいツールです。Microsoft Entra管理センターで、[ID] を展開することによって、Azure ADの管理を行うことができます。Azure Active Directory管理センターとできることは同一ですが、メニュー構成は異なります。

図4.10：Microsoft Entra管理センター

4.4 ユーザーアカウントの登録

Azure Active Directory（Microsoft Entra ID）に登録したユーザーアカウントを使用してサインインすることで、適切なユーザーであるかを確認するために認証が行われます。また、そのユーザーアカウントを使用して、SharePoint OnlineなどのOffice 365のリソースにアクセスできるようにするためには、ユーザーアカウントに対して適切なライセンスやアクセス許可を付与する必要があります。

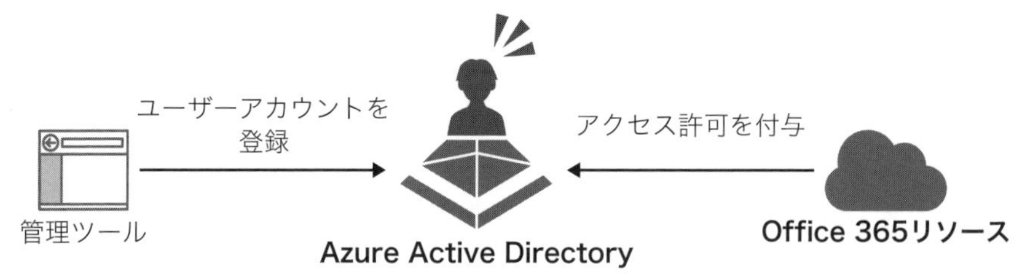

図4.11：リソースへのアクセスを許可するには、ユーザーを登録しアクセス許可を付与する

HINT ライセンスの割り当て

SharePoint OnlineのサイトやMicrosoft Teamsのチームにアクセスできるようにするには、アクセスを許可したいユーザーに対してSharePoint OnlineやMicrosoft Teamsのライセンスが割り当てられている必要があります。また、SharePointサイトにアクセスできるようにするには、さらにアクセス許可を付与する必要があります。

ここでは、Microsoft 365管理センターを使用したユーザーアカウントの作成方法を紹介します。

① ブラウザーのアドレスバーに、「admin.microsoft.com」と入力して、[Enter] キーを押します。
② 資格情報を要求されるため、管理者権限のあるユーザー名およびパスワードを指定してサインインします。
③ Microsoft 365管理センターが表示されます。
④ 左側のメニューで、[ユーザー] を展開し、[アクティブなユーザー] を選択します。

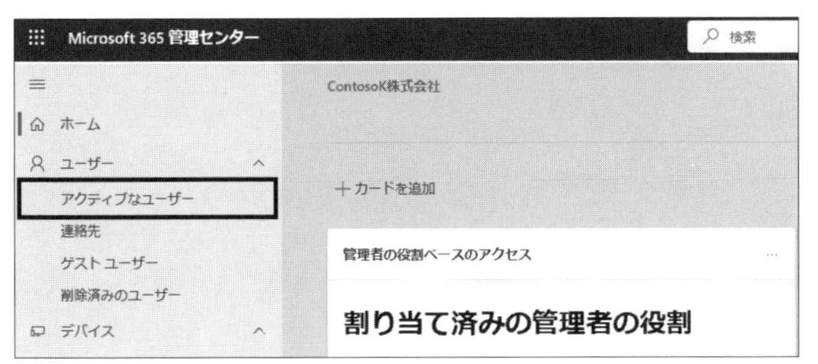

図4.12：[アクティブなユーザー] を選択

⑤ [アクティブなユーザー] ページで、[ユーザーの追加] を選択します。
⑥ [基本設定] ページで、作成するユーザーの姓、名、表示名、ユーザー名などを指定し、[次へ] ボタンをクリックします（図4.13）。

基本設定

最初に、ユーザーとして追加する人に関する基本的な情報をいくつか入力します。

姓
増田

名
路美

表示名 *
増田 路美

ユーザー名 *
masudar @

ドメイン
ContosoK01.work

☑ パスワードを自動作成する

☑ 初回サインイン時にこのユーザーにパスワードの変更を要求する

☐ 完了時にパスワードをメールで送信

図4.13：[基本設定] ページ

⑦ [製品ライセンスの割り当て] ページで、サービスの使用場所と、割り当てるライセンスを選択して、[次へ] ボタンをクリックします。

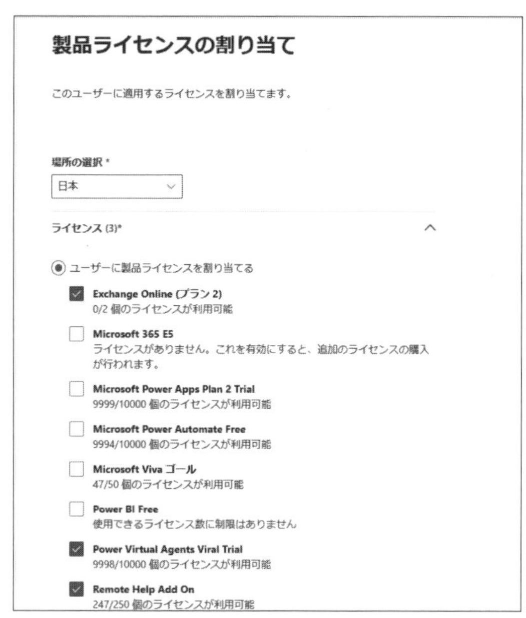

図4.14：[製品ライセンスの割り当て] ページ

⑧ [オプションの設定] ページで、各種管理センターにアクセスできるように

役割グループのメンバーに追加するかを指定することができます。ここでは、特に管理センターへのアクセス許可は付与せずに、［次へ］ボタンをクリックします。

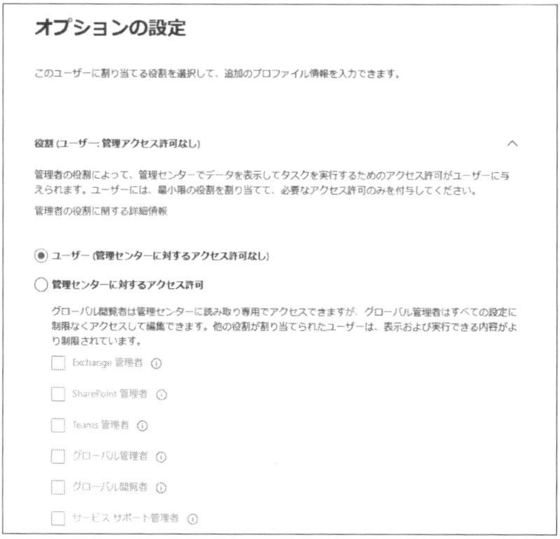

図4.15：［オプションの設定］ページ

⑨ ［確認と完了］ページで一通りの設定を確認し、［追加の完了］ボタンをクリックします。

⑩ ［<表示名>がアクティブなユーザーに追加されました］ページで、［閉じる］ボタンをクリックします。

⑪ ユーザーアカウントが作成されたことを確認します。

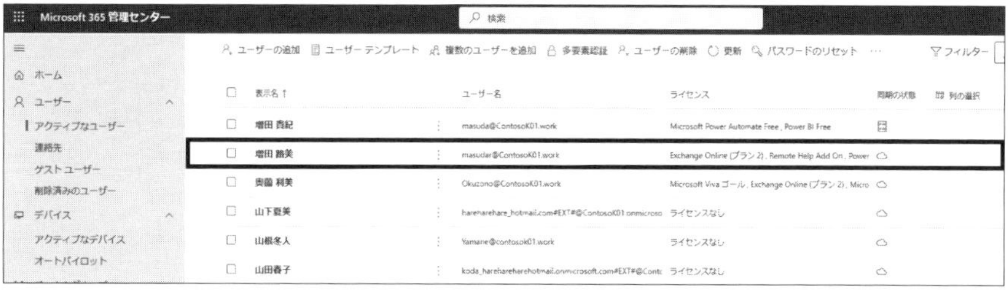

図4.16：ユーザーアカウントが作成された

上記手順を実行することで、ユーザーアカウントが作成され、Microsoft 365

テナントにサインインできるようになります。

HINT Azure ADアカウント（Entraアカウント）

ここで作成したユーザーアカウントは、Azure AD（Microsoft Entra ID）に登録されます。Azure ADに登録されているアカウントを「Azure ADアカウント（Entraアカウント）」といいます。

4.5 役割グループ

Microsoft 365では、さまざまなサービスを利用することができます。例えば、Office 365に含まれる各種サービスや、Enterprise Mobility + Securityに含まれる管理系のサービスなど、さまざまなものがあります。

各種サービスを利用できるようにするためには、事前に管理者が設定を行わなければいけない場合があります。これらの設定を行うためには、「役割（権限）」が必要です。Microsoft 365では、さまざまな管理作業が行えるように、あらかじめ管理権限が付与されているグループが定義されています。これを「役割グループ」や「ロール（Role）」と呼びます。役割グループに、ユーザーを追加することで、グループに割り当てられている権限を行使することができます。

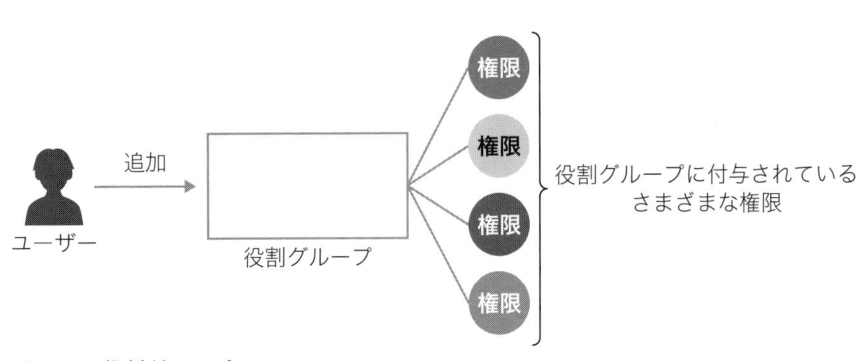

図4.17：役割グループ

このように、役割グループに権限を付与しておき、そのグループにユーザーを追加することで権限を付与する仕組みを、「ロールベースのアクセス制御（RBAC：Role Base Access Control）」と呼びます。

RBACは、役割グループに権限を付与しておき、グループにユーザーを追加することで権限を付与する仕組みです。

4.5.1 役割グループの種類

Microsoft 365で使用可能な役割グループは、非常に数が多く、さまざまな場所で定義されています。定義されている場所として、次のようなものがあります。

■ Azure Active Directory（Microsoft Entra ID）

Azure AD（Microsoft Entra ID）では、グローバル管理者やセキュリティ管理者、Exchange管理者やIntune管理者、課金管理者など、数多くの役割グループが定義されています。これらの役割グループを確認するには、Microsoft 365管理センター、Microsoft Entra管理センターなどを使用します。

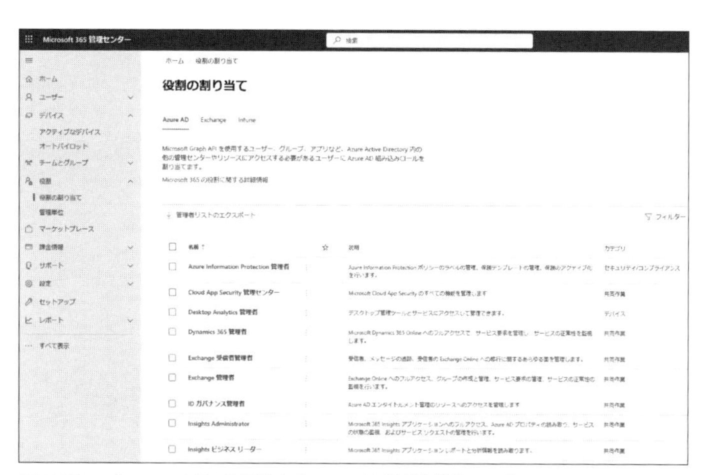

図4.18：Azure ADで定義されている役割グループ

グローバル管理者は、テナントで最も大きな権限を持つ役割グループです。この役割グループのメンバーは、テナント内でほとんどの作業を行うことができます。
課金管理者は、ライセンスの購入や請求書の確認などを行うことができる役割グループです。

■ Exchange Online

Exchange Onlineで定義されている役割グループで、Exchange Onlineで管理作業を行うために使用します。これらの役割グループを確認したり設定を変更したりするには、Exchange管理センターを使用します。

■ セキュリティおよびコンプライアンス

セキュリティ対策やコンプライアンス対策を行うには、Microsoft 365 DefenderやMicrosoft Purviewコンプライアンスポータルという管理ツールを使用します。これらの管理ツールを利用するには、セキュリティやコンプライアンスの役割グループのメンバーである必要があります。Microsoft Purviewコンプライアンスポータルを使用すると、定義されている役割グループを確認したり、編集したりすることができます。

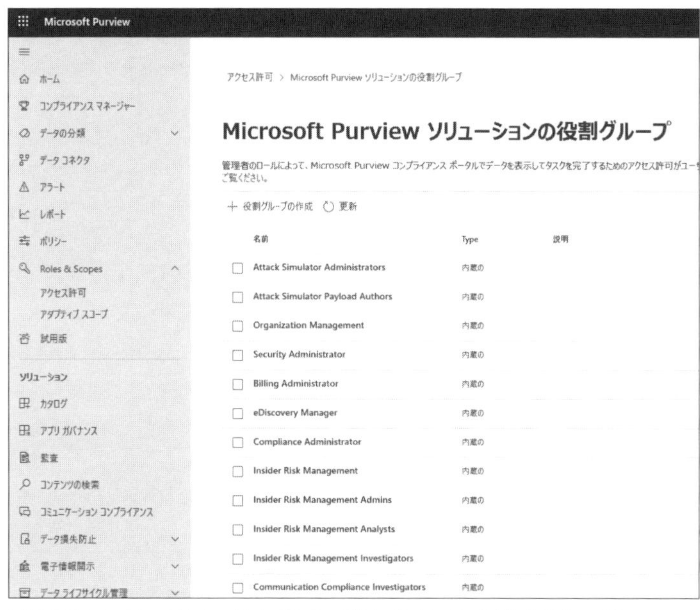

図4.19：セキュリティおよびコンプライアンスの役割グループ

このように、Microsoft 365では、さまざまな場所で数多くの役割グループが定義されています。

これらの役割グループをそのまま利用することもできますが、既定の役割グループでは権限が付与され過ぎている、もしくは権限が足りないといった場合は、役割グループの作成を行うこともできます。図4.20は、Microsoft Entra管理センターで、Azure ADのカスタムロールを作成する画面です。このように役割グループを作成し、必要な権限を自分で選択して付与することができます。

図4.20：カスタムロールの作成

Azure ADでは、カスタムの役割グループを作成することができます。

4.5.2 役割グループへのユーザーの追加

ユーザーに何らかの管理権限を付与するには、役割グループのメンバーに追加します。

ここでは、Microsoft 365管理センターを使用して、既存のAzure AD（Microsoft Entra ID）の役割グループにメンバーを追加する方法を確認します。

① Microsoft 365管理センターの［役割］を展開し、［役割の割り当て］を選択します。

② 右側に、［役割の割り当て］ページが表示されたことを確認し、目的の役割を選択します。
ここでは、課金管理者を選択します。

③［課金管理者］ページが表示されたことを確認し、［割り当て済み］タブで、［ユーザーの追加］をクリックします。

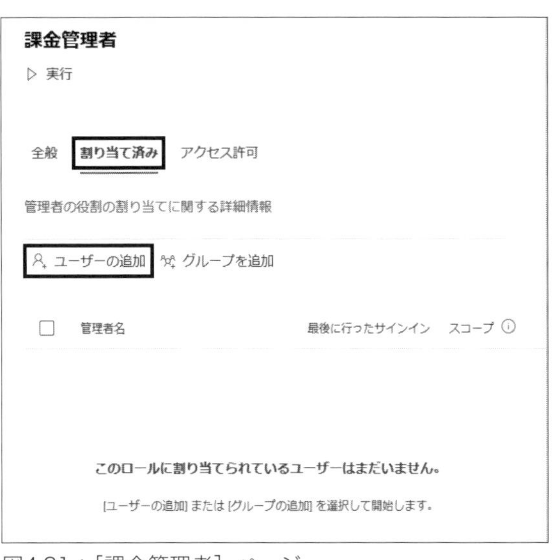

図4.21：[課金管理者] ページ

④ [ユーザーの追加] ページが表示されたことを確認し、目的のユーザーを選択して、[追加] ボタンをクリックします。
⑤ 課金管理者に、指定したユーザーが追加されたことを確認します。

図4.22：役割グループにユーザーが追加された

4.6 デバイスの登録

組織でデバイスを適切に管理するには、ID管理をしているサービスにデバイスを登録する必要があります。

例えば、オンプレミス環境でデバイスを適切に管理したい場合は、Active Directoryドメインにデバイスを登録する必要があります。同様に、クラウドベースでデバイスを管理している場合は、Azure Active Directory（Microsoft Entra ID）にデバイスを登録します。これにより組織のデバイスと、そうでないデバイスを識別し、適切な管理を行うことができます。

Azure ADへのデバイスの登録形態には、次の3種類があります。

・Azure AD参加（Entra参加）
・Azure AD登録（Entra登録）
・Hybrid Azure AD参加（Hybrid Entra参加）

どの登録形態を選択するかは、実行しているOSや、クラウド環境のみで運用している場合、Hybrid環境で利用している場合などで異なります。以降では、これらの登録形態について確認します。

4.6.1 Azure AD参加(Entra参加)

Azure AD参加（Entra参加）は、組織で管理されているWindowsデバイスで利用する形態で、次のような特徴があります。

項目	説明
サポートするOS	Windows 10/11 Pro以上 TPM 1.2が有効になっているデバイスはサポートしません。 Homeエディションはサポートしません。
デバイスへのサインイン	Azure ADアカウント（Entraアカウント）
想定される利用環境	組織が所有しているデバイス
メリット	条件付きアクセスの適用やクラウドサービスへのシングルサインオン

表4.1：Azure AD参加の特徴

Azure AD参加しているデバイスでは、ユーザーがWindowsデバイスにサインインした時点で、Azure ADによる認証が完了しているため、その後、ブラウザーを起動してクラウドサービスに接続する際、資格情報を要求されることなく、シングルサインオンでアクセスすることができます。Azure ADに、Windows 11デバイスを参加させるには、次の手順を実行します。

① ［スタート］ボタンをクリックし、［設定］を選択します。
② ［設定］ウィンドウが表示されたことを確認し、［アカウント］を選択します。
③ ［職場または学校にアクセスする］をクリックします。
④ ［職場または学校アカウントを追加］で、［接続］ボタンをクリックします。

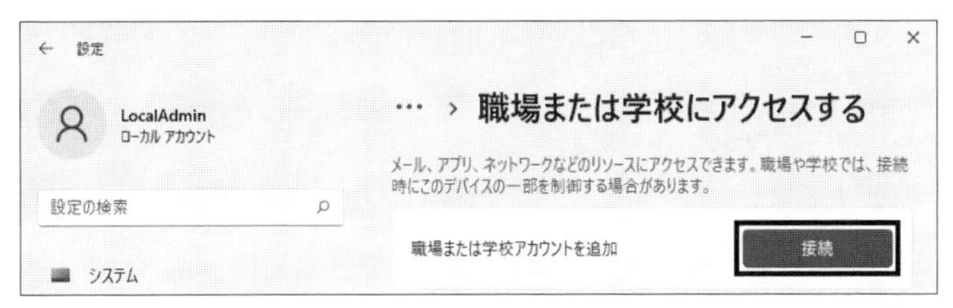

図4.23：［設定］ウィンドウの［職場または学校にアクセスする］

⑤ ［Microsoftアカウント］ページが表示されたことを確認し、［このデバイスをAzure Active Directoryに参加させる］をクリックします。

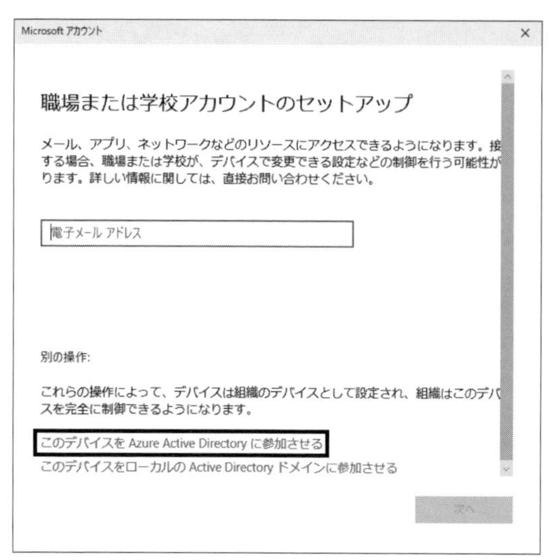

図4.24：[Microsoftアカウント] ダイアログボックス

⑥ [サインイン] ページが表示されたことを確認し、Azure ADアカウント (Entraアカウント) を入力して、[次へ] ボタンをクリックします。

⑦ [パスワードの入力] ページが表示されたことを確認し、パスワードを入力して、[サインイン] ボタンをクリックします。

⑧ [これがあなたの組織のネットワークであることを確認してください] メッセージボックスが表示されたことを確認し、[参加する] ボタンをクリックします。

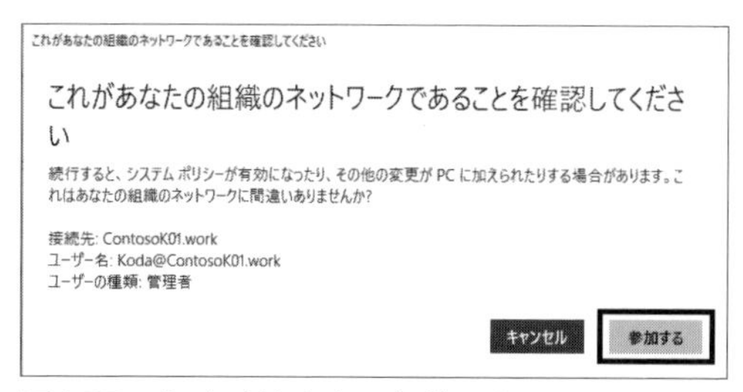

図4.25：[これがあなたの組織のネットワークであることを確認してください] メッセージボックス

⑨ [これで完了です] ページが表示されたことを確認し、[完了] ボタンをクリックします。

⑩ [設定] ウィンドウで、Azure ADに接続されたことを確認します。

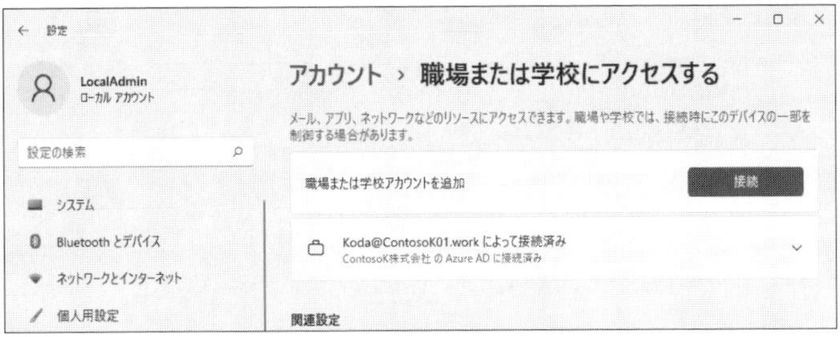

図4.26：Azure ADにデバイスが参加した

⑪ サインアウトして、Azure AD参加時に使用したAzure ADアカウントを使用してサインインし直します。

図4.27：Azure ADアカウントを使用してサインイン

4.6.2 Azure AD登録(Entra登録)

Azure AD登録（Entra登録）は、さまざまなOSでサポートされているため、色々なデバイスで利用することができます。

項目	説明
サポートするOS	Windows 10/11、Android、iOS、macOS、Ubuntu 20.04/22.04LTS
デバイスへのサインイン	デバイスに作成されているローカルアカウント
想定される利用環境	組織が所有しているモバイルデバイス、個人が所有しているデバイス
メリット	条件付きアクセスの適用

表4.2：Azure AD登録の特徴

Azure AD登録をするデバイスは、企業で所有しているiPhoneやiPad、個人所有のWindows 10/11デバイスなどさまざまな環境での利用が想定されます。デバイスをAzure ADに登録することで、条件付きアクセスポリシーを使用して、Azure ADに登録しているデバイスに対してアプリへのアクセスを許可するといったことができます。Windows 10/11デバイスで、Azure AD登録を行うには、[設定]ウィンドウを使用します。

Azure AD参加をするときと同じ画面を使用しますが、[職場または学校アカウントのセットアップ]ページで、[電子メールアドレス]ボックスに、Azure ADアカウントの情報を入力し、パスワードを入力すると、Azure ADに登録することができます。

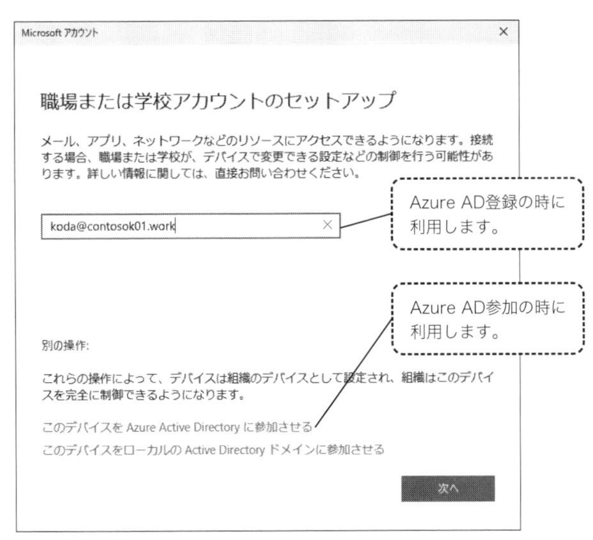

図4.28：Azure AD登録の設定

4.6.3 Hybrid Azure AD参加(Hybrid Entra参加)

Hybrid Azure AD参加（Hybrid Entra参加）は、オンプレミスのActive DirectoryドメインおよびAzure Active Directory（Microsoft Entra ID）の両方にデバイスが登録されている状態のことです。両方に参加するということで、「ハイブリッド」という名前が付いています。Hybrid Azure ADに参加するデバイスは、オンプレミスのサービスおよびクラウドのサービスの両方にシングルサインオンができます。Hybrid Azure AD参加には次のような特徴があります。

項目	説明
サポートするOS	Windows 8.1/10/11（Homeエディションを除く） Windows Server 2008/R2/ 2012/R2 2016/2019/2022
デバイスへのサインイン	ディレクトリ同期されているドメインアカウント
想定される利用環境	組織が所有しているWindowsデバイス
メリット	条件付きアクセスの適用、ハイブリッド環境へのシングルサインオン

表4.3：Hybrid Azure AD参加の特徴

Azure AD参加およびAzure AD登録は、クライアントデバイス側で操作を行う必要がありましたが、Hybrid Azure AD参加の場合は、デバイス側で操作を行う必要はありません。あらかじめ管理者側で必要な構成を行っておきます。それによって、ドメインに参加しているデバイスは、自動的にデバイス情報がAzure ADに登録され、Hybrid Azure AD参加の状態になります。

HINT Windows Autopilotを使用した展開

後述するWindows Autopilotを使用すると、新規デバイスをHybrid Azure AD参加させることができます。

4.7 Microsoft Intuneを使用したデバイス管理

ここまで、Azure AD（Microsoft Entra ID）にデバイス登録する形態について紹介しました。また、Azure ADにデバイスを参加/登録することで、次のようなメリットがあることを確認していただきました。

- 会社の資産であるデバイスを登録して識別します。
- クラウドアプリへのシングルサインオンを構成します（Azure AD参加/Hybrid Azure AD参加（Entra参加/Hybrid Entra参加））。
- 条件付きアクセスによる制御を行います。

このようにデバイスをAzure ADに登録することによるメリットは色々あるのですが、Azure ADではデバイスに対するさまざまな制御を行うことができません。例えば、デバイスに対してアプリを自動的に展開したり、Windowsの各種設定ができないように制限するなどです。

このようなことを行うには、Microsoft Intuneが必要です。Microsoft Intuneを使用することで、アプリをデバイスに展開したり、さまざまな制限や制御ができます。

4.8 Microsoft Intuneへのデバイス登録

デバイスを制御、管理するためにポリシーを利用するには、デバイスをMicrosoft Intuneに登録する必要があります。ポリシーは、Intuneに登録しているデバイスに適用することができます。

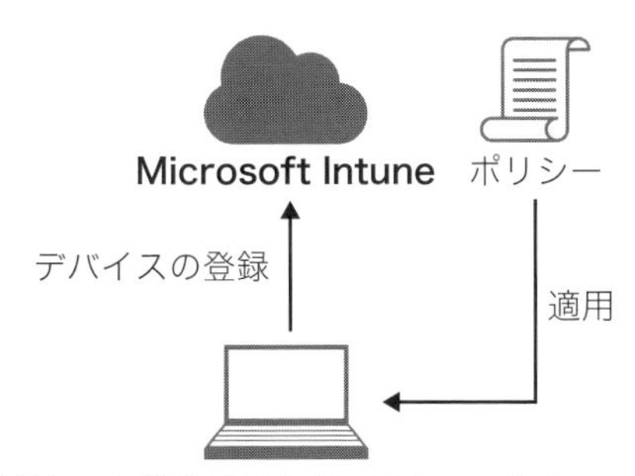

図4.29：さまざまなポリシーを適用するには、Microsoft Intuneへのデバイス登録が必要

しかし、Azure AD (Microsoft Entra ID) への参加とは別に、Microsoft Intuneにデバイスを登録するのは、登録作業が2回発生するため、少し面倒に感じるかもしれません。そこで、Windows 10/11デバイスをAzure ADに参加または登録したときに、自動的にMicrosoft Intuneにも登録するように構成することができます。設定方法は次の通りです。

① Microsoft Intune 管理センターで、[デバイス] - [Windows] - [Windows登録] の順にクリックします。
② [自動登録] をクリックします。

図4.30：Microsoft Intune 管理センターの［自動登録］

③　［構成］ページが表示されたことを確認し、［MDMユーザースコープ］で、［すべて］を選択します。

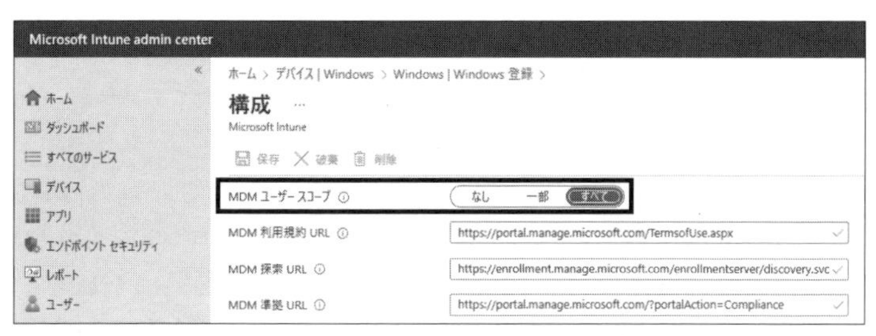

図4.31：Microsoft Intune 管理センターの［構成］ページ

この設定を行うことで、Windows 10/11デバイスがAzure ADに参加もしくは登録したときにデバイスが自動的にMicrosoft Intuneに登録されます。

必要なライセンス

Intuneへのデバイス登録を自動的に行えるようにするには、Azure AD Premium P1（Microsoft Entra ID P1）以上のライセンスが必要です。

HINT 図4.31の［構成］ページ

図4.31の［構成］ページは、Microsoft Entra管理センターの［設定］-［モビリティ］-［Microsoft Intune］からでもアクセスすることができます。

図4.32：Microsoft Entra管理センターの［構成］ページ

練習問題

ここまで学習した内容がきちんと習得できているかを確認しましょう。

問題 4-1

Azure AD（Microsoft Entra ID）でユーザーアカウントを作成できるツールはどれですか。正しいものを2つ選択してください。

A. Microsoft 365 Defender
B. Microsoft Purviewコンプライアンスポータル
C. Microsoft 365管理センター
D. Azure Active Directory管理センター

問題 4-2

Azure Active Directory（Microsoft Entra ID）で認証されたユーザーが、リソースに対するアクセス許可があるかを確認するプロセスを何といいますか。

A. 認証
B. 承認
C. 信頼
D. IDP

問題 4-3

認証や認可を行うサービスのことを何といいますか。

A. ICT
B. IdP
C. IoT
D. IIS

問題 4-4

Azure Active Directory（Microsoft Entra ID）が正しいユーザーであるかを判別するプロセスのことを何といいますか。

A. 認証
B. 承認
C. 認可
D. 確認
E. 信頼

問題 4-5

役割グループについて正しい記述をすべて選択してください。

A. Azure Active Directoryでは、カスタムの役割グループは作成できません。
B. Azure Active Directoryでは、カスタムの役割グループが作成できます。
C. グローバル管理者は、Azure Active Directoryの役割グループです。
D. グローバル管理者は、Exchange管理センターの役割グループです。

練習問題の解答と解説

問題 4-1 正解 C、D　参照 4.3 「Azure Active Directoryの管理ツール」

ユーザーアカウントが作成できるのは、Microsoft 365管理センターとAzure Active Directory管理センターです（Azure Active Directory管理センターは、現在は利用できません）。

問題 4-2 正解 B　参照 4.1 「Azure Active Directory（Microsoft Entra AD）とは」

ユーザーがリソースに対してアクセス許可があるかを確認するプロセスを承認（認可）といいます。

問題 4-3 正解 B　参照 4.1 「Azure Active Directory（Microsoft Entra AD）とは」

認証や認可を行うサービスは、Identity Provider（IdP）です。

問題 4-4 正解 A　参照 4.1 「Azure Active Directory（Microsoft Entra AD）とは」

正しいユーザーであるかを確認するプロセスのことを認証といいます。

問題 4-5 正解 B、C　参照 4.5 「役割グループ」

Azure AD（Microsoft Entra ID）では、カスタムの役割グループが作成できます。グローバル管理者は、Azure Active Directoryで定義されている役割グループです。

第5章

Windows 10/11

本章では、Windows 10/11の展開やAzure Virtual Desktop、Windows 365、Windowsの更新プログラムの管理などについて学習します。

理解度チェック

- □ Windows Hello
- □ Microsoft Defenderウイルス対策
- □ 動的ロック
- □ イメージ展開
- □ Windows ADK
- □ Microsoft Deployment Toolkit
- □ Windows Autopilot
- □ OOBE(Out-of-Box Experience)
- □ CSVファイル
- □ デプロイプロファイル
- □ Azure Virtual Desktop(Windows Virtual Desktop)
- □ Azureサブスクリプション
- □ ホストプール
- □ セッションホスト
- □ マルチセッション
- □ FSLogix
- □ プロファイルコンテナー
- □ Windows 365
- □ クラウドPC
- □ Windows 365 Business
- □ Windows 365 Enterprise
- □ WaaS
- □ 更新チャネル
- □ Windows Insider Program
- □ フライティング
- □ 一般提供チャネル
- □ 長期サービスチャネル
- □ Windows 10 Enterprise LTSC
- □ 更新リング(展開リング)
- □ 機能更新と品質更新の遅延期間
- □ Windows Update for Business
- □ Intuneが含まれるMicrosoft 365のライセンス
- □ MDM
- □ MAM
- □ 企業と個人所有のデバイス
- □ デバイス構成プロファイル
- □ コンプライアンスポリシー
- □ 条件付きアクセスポリシー
- □ アプリ保護ポリシー

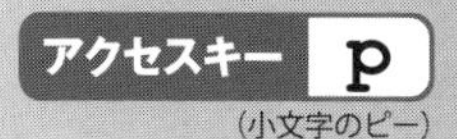

(小文字のピー)

5.1 Windows 10/11の概要

Windows 10およびWindows 11は、多くのセキュリティ機能を兼ね備えた安全性の高いオペレーティングシステムです。また、初めて利用する方でも直感的に操作できる分かりやすいユーザーインターフェイスで、利用者も多いため、企業および家庭で広く普及しています。

5.1.1 製品の概要

ここでは、Windows 10/11でサポートするさまざまな機能のうち、いくつかを紹介します。

■Windows Hello

Windows Helloは、Windows 10からサポートされた生体認証のことです。指紋、顔、虹彩といった生体情報を登録して認証を行うことができます。パスワードを使用しないので、ユーザーが長いパスワードを覚える必要がなく、誰かに盗み見られたりすることもありません。また、生体情報はネットワークを流れることもないので盗聴されることもありません。このように、非常に安全性の高い認証方法です。

図5.1：Windows Helloによる顔認証

■Microsoft Defenderウイルス対策

Windows 10/11に既定でインストールされるウイルス対策ソフトです。外部から入り込んだマルウェアは、リアルタイム保護によって常時スキャンされます。また、判定が難しいマルウェアはクラウドに送信して判定を行います。ここでマルウェアであると判定された場合はパターンファイルを作成しデバイスに適用します。このように、クラウドサービスと連携して動作するため、より多くのマルウェアを検出することができます。

■動的ロック

動的ロックは、Windows 10/11がインストールされているデバイスとスマートフォンなどをBluetoothでペアリングしておき、スマートフォンとWindowsデバイスの距離がBluetoothで通信できる範囲から外れた場合に、Windowsデバイスを自動的にロックする機能です。これにより、他の人に画面を盗み見られるリスクを減らすことができます。

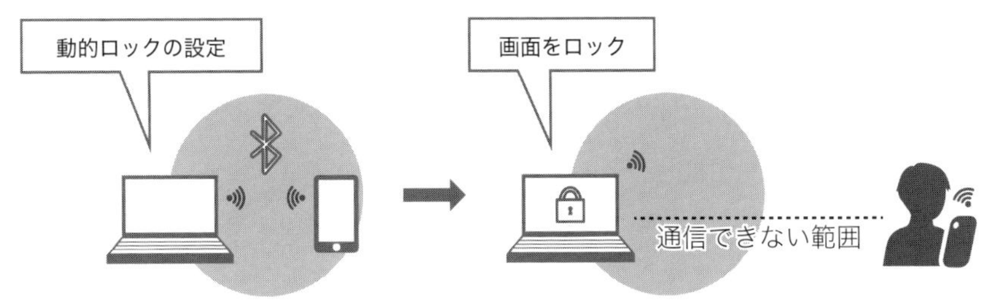

図5.2：動的ロック

前述した3つの機能は、Windows 10およびWindows 11のどちらでも利用が可能です。

それに対して、Windows 11で利用できなくなった機能もあります。たとえば、音声認識アシスタントであるCortanaが廃止されたり、タスクバーの移動はできなくなっています。またWindows 11で、新たに使えるようになった機能として、ウィンドウの整列が簡単にできるスナップ機能、安全で評判の良いアプリのインストールのみを許可してセキュリティ対策を追加できるSmart App Controlなどがあります。

スナップ機能は、ウィンドウを移動したときにウィンドウの配置をどのようにするかを指定できる機能です。

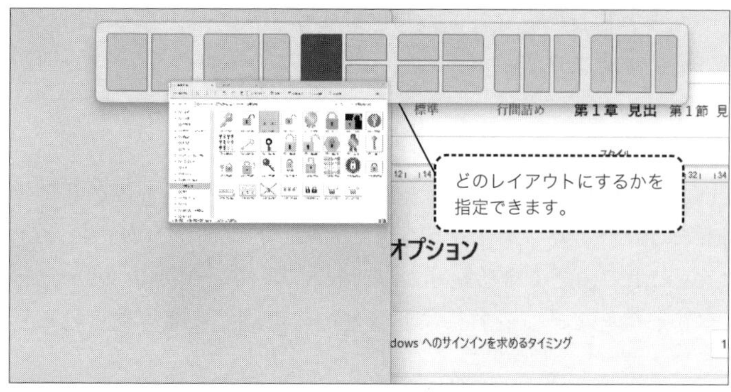

図5.3：スナップ機能によるウィンドウの配置

5.1.2 Windows 10/11のエディションとシステム要件

Windows 10およびWindows 11は、家庭や企業などさまざまなシーンで利用されることを想定して、いくつかのエディションがあります。提供されているエディションは次の通りです。

エディション	想定される利用環境	説明
Home	家庭での利用	家庭での利用を想定しているため、BitLockerドライブ暗号化やグループポリシーなど企業で利用することを想定した機能は使用できません。Windows HelloやMicrosoft Defenderウイルス対策は利用可能です。
Pro	家庭および企業や組織での利用	家庭および企業のどちらでも利用できるエディションです。Homeでサポートするすべての機能が利用可能であるのに加え、BitLockerドライブ暗号化やグループポリシーなどの機能も利用できます。
Pro for Workstation	企業や組織での利用	企業での利用を想定したエディションです。Proで利用できるすべての機能をサポートしています。最大4CPUおよび6TBのメモリを搭載可能です。
Enterprise	大規模な組織や企業での利用	大規模な企業や組織で利用することを想定したエディションです。Pro for Workstationでサポートする機能はすべて利用することができます。それに加えて、Microsoft Defender Credential Guard、ユニバーサルプリントなどの機能が利用できます。
Education	教育機関向け	教育機関向けのエディションです。Enterpriseとほぼ同等の機能を提供します。

表5.1：Windows 10/11のエディション

HINT ユニバーサルプリント

従来、企業ではユーザーがアプリから送信したプリントジョブをプリントサーバーで処理し、印刷物がプリンターから出力されていました。このプリントサーバーをクラウドサービスに移行し、プリントジョブの管理などをクラウドで行うことができるようにするというのがユニバーサルプリントです。

このように目的や用途に合わせてさまざまなエディションが用意されているため、豊富なラインナップの中から選択していただくことができます。

HINT EnterpriseおよびEducationの購入

EnterpriseおよびEducationについては、ボリュームライセンスプログラムを使用して購入します。

次に、Windows 10のシステム要件を確認します。

	32ビット	64ビット
プロセッサ	1GHz以上のプロセッサまたはSystem on a Chip (SoC)	
メモリ	1GB以上	2GB以上
ハードディスクの空き容量	16GB以上	20GB以上
グラフィックスカード	DirectX9以上およびWDDM 1.0ドライバー	
ディスプレイ	800×600	

表5.2：Windows 10のシステム要件

表5.3は、Windows 11のシステム要件です。Windows 11では、32ビットバージョンはなく、64ビットバージョンのみの提供となります。

	64ビット
プロセッサ	1GHz以上のプロセッサで2コア以上の64ビット互換プロセッサまたはSystem on a Chip（SoC）
メモリ	4GB以上
ハードディスクの空き容量	64GB以上
システムファームウェア	UEFI、セキュアブート対応
TPM	トラステッドプラットフォームモジュール（TPM）バージョン2.0
グラフィックスカード	DirectX12以上およびWDDM 2.0ドライバー
ディスプレイ	対角サイズ9インチ以上で8ビットカラーの高解像度（720p）ディスプレイ

表5.3：Windows 11のシステム要件

このように、Windows 11では、Windows 10と比較すると、CPUやメモリ、ハードディスク、セキュアブート対応などシステム要件が高くなっています。

HINT Windows 11へのアップグレード

Windows 11へのアップグレードは、Windows 10からのみサポートしますが、Windows 11はシステム要件が高いため、現在、Windows 10を実行しているデバイスではアップグレードできない場合もあります。

5.2 Windows 10/11の展開

Windows 10/11を企業や組織に展開する場合、次のような展開方法を利用できます。

・イメージ展開
・Windows Autopilot

ここでは、前述した2つの展開方法を紹介します。

5.2.1 イメージ展開

イメージ展開は、多くの企業で採用されている一般的なWindowsのインストール方法の1つです。

最初にイメージ展開とは、どのようなものかを確認します。イメージ展開においては、最初にマスターとなるコンピューターを1台用意します。これを「参照コンピューター」といいます。参照コンピューターに、企業で利用するWindowsやOfficeアプリケーション、業務で使用するさまざまなアプリケーションなどをインストールし、必要な設定を行います。

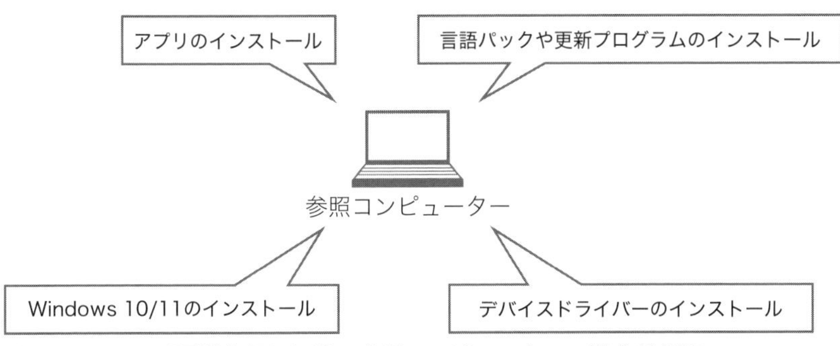

図5.4：イメージ展開を行うには、参照コンピューターの構成が必要

参照コンピューターの構成が完了したら、展開用のツールがインストールされているサーバーを利用して、参照コンピューターの構成をキャプチャ（コンピューターの構成内容を取り込むこと）して、イメージファイルの作成を行います。

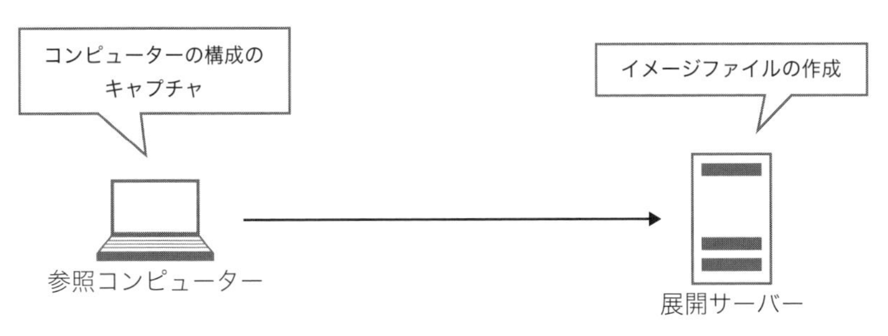

図5.5：参照コンピューターの構成をキャプチャ

参照コンピューターの構成をもとに、イメージファイルを作成できたら、ネットワーク経由で展開先のコンピューターに展開します。

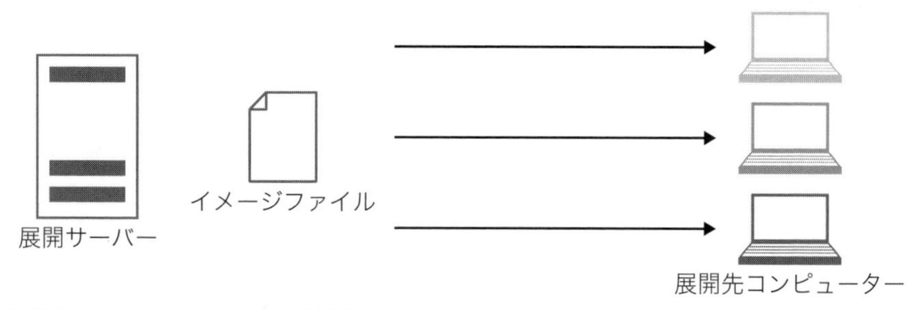

図5.6：イメージファイルの展開

この方法を利用すれば、参照コンピューターと同一の構成内容を、短時間で多くのコンピューターに展開することができます。Microsoftでは、イメージ展開用のツールとして、いくつかのツールを提供していますが、ここでは無償で利用可能な次のツールを紹介します。

・Windows ADK
・Microsoft Deployment Toolkit（MDT）

Windows ADKは、展開および展開前後の作業を効率化するためのさまざまなツールが含まれています。
Windows ADK単体で、イメージ展開を行うことも可能ですが、展開に関わるほとんどの作業がコマンドで行われるため、操作がしにくいというデメリットがあります。
一方、Microsoft Deployment Toolkitは、Windows ADKと一緒に使う必要がありますが、ほとんどの作業をGUIツールで行うことができます。ここでは、Microsoft Deployment ToolkitとWindows ADKを使用した展開方法を紹介します。

前述した一般的なイメージ展開の方法とは、手順が異なる部分があります。

Windows ADK、MDTを
インストール
展開サーバー
展開共有
管理ツール
管理者
①
②
③
④ ④
参照コンピューター
（何もインストールされていない状態）
展開先コンピューター

図5.7：Windows ADKとMDTを使用したイメージ展開

① 管理者が、MDTの管理ツールを使用して、参照コンピューターにインストールしたいOS、アプリ、デバイスドライバー、更新プログラム、言語パックなどのソースファイルを登録します。
② ①で登録したファイルを利用して、リモートからOSやアプリなどのインストールを行います。
③ 参照コンピューターにOSやアプリなどがインストールされた状態になります。この状態で、コンピューターの構成をキャプチャしてイメージファイルを保存します。
④ ③で作成したイメージを展開先コンピューターに展開します。

Windows ADKおよびMDTを使用した展開では、Windowsのインストールメディアに含まれる標準イメージのみを展開することもできますが、Windowsと一緒にアプリやデバイスドライバーなどを含めたカスタムイメージを展開することもできます。

Windows ADKとMDTを使用したイメージ展開では、WindowsとMicrosoft 365 Appsなどのアプリを含めたカスタムイメージの展開を行うことができます。

5.2.2 Windows Autopilot

Windows Autopilotは、Windows 10およびWindows 11でのみサポートされる新しい展開方法です。Windows Autopilotでは、OOBE（Out-of-Box Experience）のカスタマイズができます。

OOBEは、Windowsのインストール直後、もしくは新しくコンピューターを購入して電源を入れた直後に表示される画面から、デスクトップ画面が表示されるまでの一連のプロセスのことを指します。

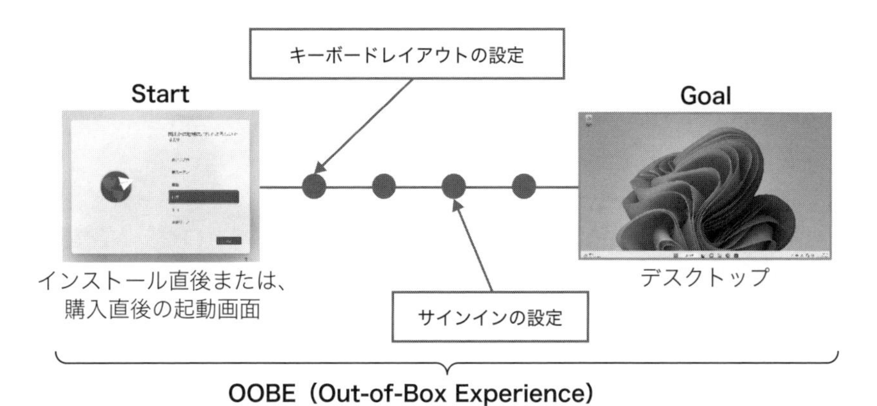

図5.8：OOBEとは

OOBEのプロセスでは、次のような数多くのステップがあります。

- 国や地域の設定
- キーボードレイアウトの設定
- 2つ目のキーボードレイアウトの設定
- サインインの設定
- セキュリティの質問1～3（オンラインアカウントではない場合）
- デバイスのプライバシー設定の選択

HINT Windows 10とWindows 11

Windows 10とWindows 11では、表示される画面が異なります。

組織でデバイスを利用するユーザーに、前述した内容を自分自身で設定してもらう場合、手順が多く、分かりにくい部分もあるため、手順書などを作成して提供する必要があります。ところが、Windows Autopilotを利用すれば、これらのステップを大幅に短縮することができるため、ユーザー自身で簡単にOOBEの設定を行うことができます。このように社内のIT管理者のセットアップ作業を大幅に削減することができるのが、Windows Autopilotです。

ここからは、Windows Autopilotの展開について次の項目を確認します。

・Windows Autopilotのために必要な要件
・Windows Autopilotの事前準備
・Windows Autopilotを使用した展開

最初に、Windows Autopilotを使用するために必要な要件を確認します。Windows Autopilotを利用するには、次のものが必要です。

■サポートされているWindows 10/11

Windows Autopilotを実行できるのは、Windows 10/11のPro/Pro Education/Pro for Workstation/Enterprise/Educationのいずれかのエディションです。また、OOBEの処理が行われていないWindows 10/11に適用されます。

Windows 7/8.1デバイスは、Windows Autopilotを利用できません。これらのデバイスでWindows Autopilotを実行したい場合は、Windows 10/11にアップグレードする必要があります。

HINT Windows 7のサポートについて

Windows 7は、2020年1月にサポートが終了していますが、Extended Security Update（ESU）を利用することで、2023年1月までは利用が可能でした。しかし、ESUのサポートも終了しました。試験においては、問題文や選択肢の中にWindows 7という記述が登場する場合がありますが、すでにサポートが終了しているOSであるため、実際の利用はお控えください。

■ネットワーク要件

ポート80（HTTP）、443（HTTPS）、123（UDP/NTP）を介してアクセスが許可されている必要があります。

また、インターネットDNS名の解決ができる必要があります。

HINT ネットワーク設定の追加構成

インターネットアクセスに対する制限が厳しく設定されている場合は、環境によって追加の構成が必要になる場合があります。

■サービスおよびライセンスの要件

Windows Autopilotを利用するには、Azure Active Directory（Microsoft Entra ID）およびMicrosoft Intuneが必要です。そのため、これらを利用するためのライセンスも必要です。

HINT ビジネス向けMicrosoftストアを使用したWindows Autopilot

Windows Autopilotは、もともとビジネス向けMicrosoftストア（businessstore.microsoft.com）を使用して行っていました。その後、Microsoft IntuneでもWindows Autopilotが利用できるようになりました。ビジネス向けMicrosoftストアは、廃止される予定のため、本書ではMicrosoft Intuneを使用した展開方法を紹介します。ビジネス向けMicrosoftストアは、2023年第1四半期に廃止される予定でしたが延期されました(2023年8月現在)。

次は事前に行う設定について確認します。Windows Autopilotを利用するには、あらかじめ次のような設定を行っておく必要があります。

■デバイスの自動登録の設定

Windows Autopilotの適用対象になったデバイスで、OOBEを実行すると、そのプロセスの中でデバイスがAzure ADに参加します。その際、デバイスがMicrosoft Intuneにも自動登録されるように構成しておくと、OOBEの終了後に割り当てられたアプリが自動的に展開されたり、ポリシーが適用され、デバイスが保護された状態になります。自動登録の設定方法は、「4.8　Microsoft Intune

へのデバイス登録」で解説しています。

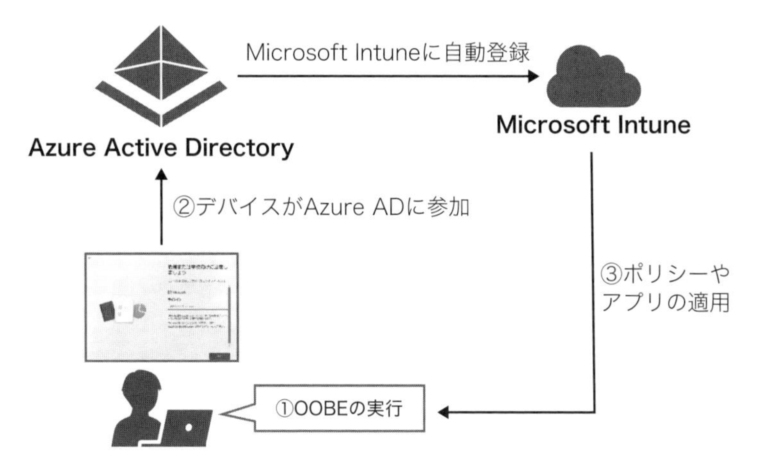

図5.9：OOBEのプロセス内でAzure ADに参加し、自動的にMicrosoft Intuneに登録

デバイス情報が記述されたCSVファイルの準備

Windows Autopilotを実行する際、Windows Autopilotに対象となるデバイスのデバイス情報がMicrosoft Intuneに登録されている必要があります。この情報はCSVファイルで提供され、デバイスを購入したOEMメーカーから提供してもらうか、PowerShellスクリプトや［設定］アプリなどを使用してデバイスごとにCSVファイルを出力する必要があります。

HINT CSVファイルの出力に使用するPowerShellスクリプト

Windows Autopilot用のCSVファイルを出力するためのファイルは、Get-WindowsAutopilotInfo.ps1です。Save-Scriptコマンドレットを使用してダウンロードします。

グループの作成

Windows Autopilotに登録したデバイスをまとめるためのグループを作成し、デバイスをグループに追加しておきます。

準備が完了したら、いよいよWindows Autopilotの実行です。Windows Autopilotは次の手順で実行します。

Step1：CSVファイルのアップロード

・Microsoft Intune管理センターを使用して、作成しておいたCSVファイルをアップロードします。

Step2：デプロイプロファイルの作成と割り当て

・OOBEで非表示にしたい画面の構成やデバイス名の設定などを行います。
・プロファイルを割り当てるグループを指定します。

Step3：デプロイプロファイルの適用

・プロファイルはインターネット経由で物理デバイスに適用されます。

Step4：OOBEの実行

・該当のデバイスでOOBEを実行します。

Step1から確認します。Microsoft Intune管理センターを使用して、次の手順でCSVファイルをアップロードします。

■Step1の手順

① Microsoft Intune管理センター（endpoint.microsoft.com）にアクセスします。

Microsoft Intune管理センターの古い名称は、Microsoft Endpoint Manager admin centerです。

② ［デバイス］-［Windows］-［Windows登録］を選択します。

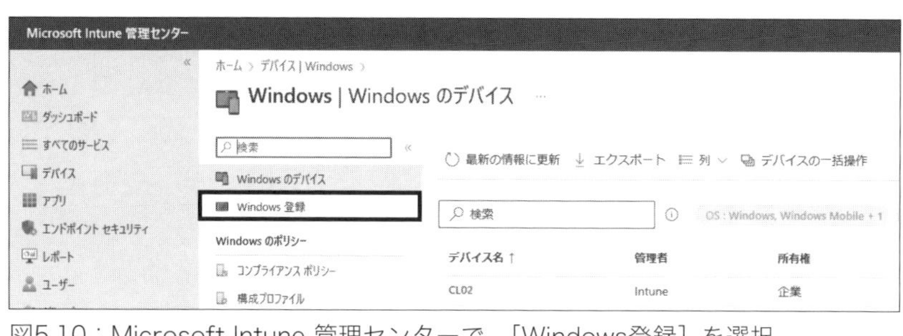

図5.10：Microsoft Intune 管理センターで、[Windows登録] を選択

③ [Windows登録] ページの [Windows Autopilot Deploymentプログラム] セクションで、[デバイス] を選択します。

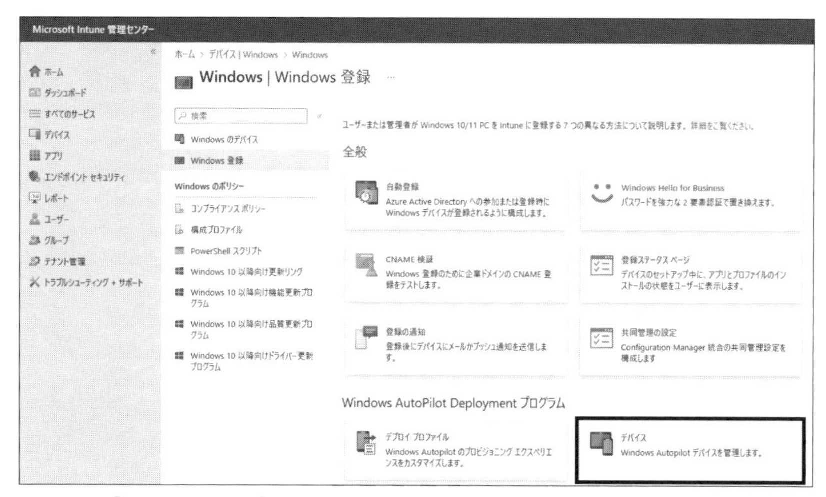

図5.11：[Windows登録] ページで、[デバイス] を選択

④ [Windows Autopilotデバイス] ページで、[インポート] をクリックして作成したCSVファイルを選択すると、デバイスがインポートされます。

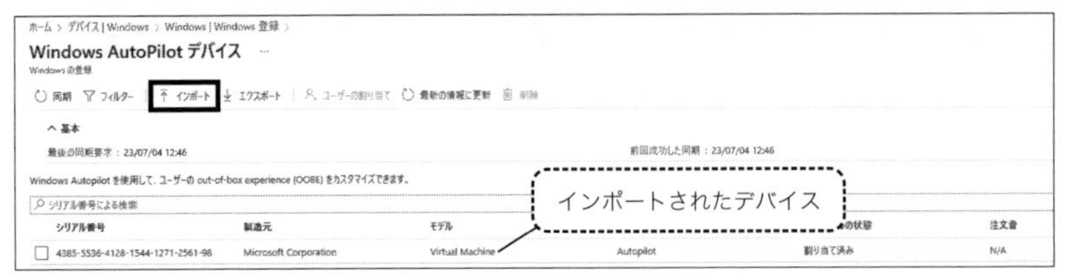

図5.12：デバイスのインポート

ここまでの操作方法を覚えておきましょう。

次は、Step2です。登録したデバイスに割り当てるためのデプロイプロファイルを作成します。作成の手順は次の通りです。

Step2の手順

① Microsoft Intune管理センター（endpoint.microsoft.com）にアクセスします。
② ［デバイス］-［Windows］-［Windows登録］を選択します。
③ ［Windows登録］ページの［Windows Autopilot Deploymentプログラム］セクションで、［デプロイプロファイル］を選択します。
④ ［Windows Autopilot Deploymentプロファイル］ページで、［プロファイルの作成］-［Windows PC］をクリックします。
⑤ ［プロファイルの作成］ページで、プロファイルに付ける名前を指定し、［次へ］ボタンをクリックします。
⑥ ［Out-of-box experience］タブが表示されたことを確認し、プロファイルの設定を行います。
設定が終わったら、［次へ］ボタンをクリックします。

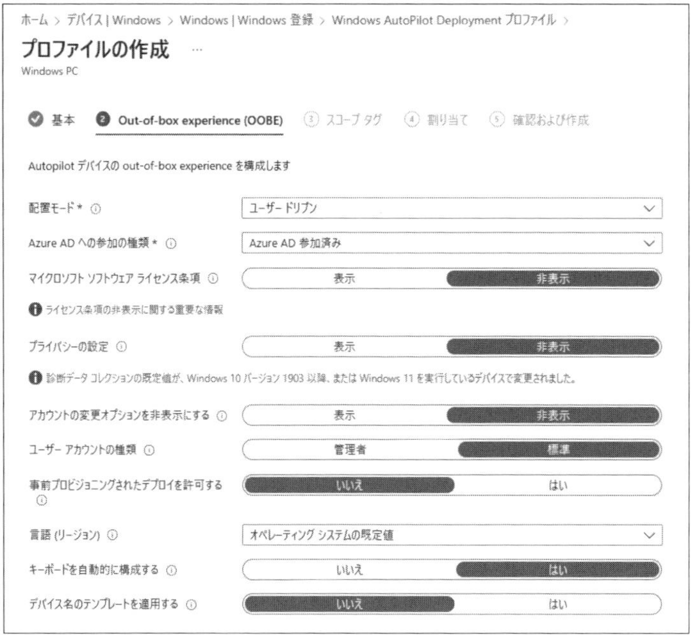

ホーム > デバイス | Windows > Windows | Windows 登録 > Windows AutoPilot Deployment プロファイル >

プロファイルの作成 …

Windows PC

基本　Out-of-box experience (OOBE)　③ スコープ タグ　④ 割り当て　⑤ 確認および作成

Autopilot デバイスの out-of-box experience を構成します

配置モード *	ユーザー ドリブン
Azure AD への参加の種類 *	Azure AD 参加済み
マイクロソフト ソフトウェア ライセンス条項	表示 / 非表示
プライバシーの設定	表示 / 非表示
アカウントの変更オプションを非表示にする	表示 / 非表示
ユーザー アカウントの種類	管理者 / 標準
事前プロビジョニングされたデプロイを許可する	いいえ / はい
言語 (リージョン)	オペレーティング システムの既定値
キーボードを自動的に構成する	いいえ / はい
デバイス名のテンプレートを適用する	いいえ / はい

ライセンス条項の非表示に関する重要な情報

診断データ コレクションの既定値が、Windows 10 バージョン 1903 以降、または Windows 11 を実行しているデバイスで変更されました。

図5.13：[Out-of-box experience] タブ

HINT [Out-of-box experience] タブの設定

図5.13の [Out-of-box experience] タブでは、OOBEのプロセスを構成および効率化するための次のような設定が用意されています。

- **Azure ADへの参加の種類**
  デバイスをAzure ADに参加させるか、Hybrid Azure ADに参加させるかを指定できます。

- **マイクロソフトソフトウェアライセンス条項**
  通常のOOBEのプロセスで表示される使用許諾契約の同意を行うための画面を表示にするか、非表示にするかを指定できます。

- **ユーザーアカウントの種類**
  OOBEを実行して、Azure ADに参加するときに指定したユーザーをローカルコンピューターの管理者にするかを指定することができます。

Windows Autopilotでは、デバイスをAzure ADに参加させるか、Hybrid Azure ADに参加させることができます。しかし、オンプレミスのドメインにのみ参加させることはできません。

⑦ ［スコープタグ］タブで、［次へ］ボタンをクリックします。
⑧ ［割り当て］タブで、事前に作成しておいたグループを指定してプロファイルを割り当てます。
［次へ］ボタンをクリックします。
⑨ ［確認および作成］タブで、［作成］ボタンをクリックします。

ここまでの設定で、Windows Autopilotに登録したデバイスにプロファイルが適用された状態になります。
プロファイルはインターネット経由で自動的に物理デバイスに適用されます（Step3）。
いよいよ最後のStep4では、デバイスでOOBEを実行し、プロファイルが適用されているかを確認します。

■Step4の手順

①コンピューターを起動します。

HINT コンピューターの状態

手順①の時点では、コンピューターはOOBEが実行されていない状態（Windows 10/11のインストール直後の状態）である必要があります。

② デプロイプロファイルが適用されている場合、設定によりますがOOBEが短縮されて実行されます。
ここでは、最も表示される画面が少ない状態でプロファイルを構成しています。
そのため、最初に地域やキーボードの設定は表示されず、Azure AD参加（Entra参加）を行うための画面が表示されています（図5.14）。この画面で、Azure ADアカウントを入力して、[次へ] ボタンをクリックします。

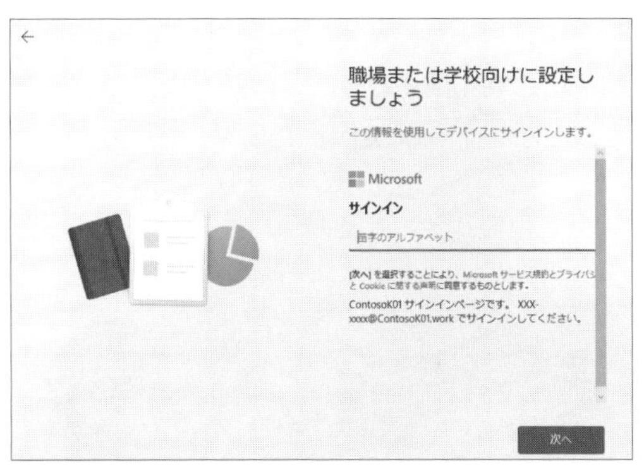

図5.14：デプロイプロファイルが適用されているため、Azure AD参加を行う画面が最初に表示された

③ [パスワードの入力] ページが表示されたことを確認し、ユーザーのパスワードを指定して、[サインイン] ボタンをクリックします。

Windows Autopilotを利用すると、デバイスはOOBEのプロセスの中で、Azure AD参加やHybrid Azure AD参加することができます。

④ アニメーションが表示され、その後、サインイン画面が表示されます。この時点で、デバイスはAzure ADに参加しているため、ユーザー名が表示されています。パスワードを入力してサインインします。

図5.15：Windows 11のサインイン画面

⑤　デスクトップ画面が表示されます。
ブラウザーを起動し、Microsoft 365ポータル（portal.office.com）にアクセスします。

⑥　Windowsにサインインした段階で、Azure ADで既に認証が済んでいるため、特に資格情報を要求されることなくMicrosoft 365ポータルにアクセスできます。

Azure ADに参加しているデバイスは、Windowsにサインインした段階でAzure ADに認証されているため、OneDrive for BusinessなどのOffice 365のサービスにアクセスする際、資格情報を要求されることはありません（シングルサインオン）。

5.3 Azure Virtual Desktop

Azure Virtual Desktopは、Microsoftが提供するDaaS（Desktop as a Service）です。

管理者がクラウド上に、業務で使用する仮想マシンを作成しておき、ユーザーはリモートデスクトップやブラウザー経由で仮想マシンにアクセスして、仮想マシン内にインストールされているアプリを使用することができます。

Azure Virtual Desktopでは、仮想マシンのデスクトップを丸ごと配信する方法と、仮想マシンにインストールされているアプリのウィンドウのみを配信する方法（Remote App）の2つの配信方法を利用できます。

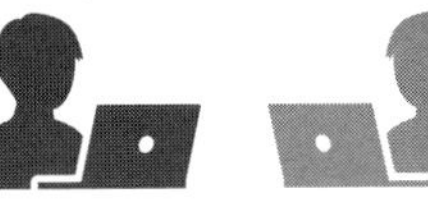

図5.16：Azure Virtual Desktop

Azure Virtual Desktopは、以前、Windows Virtual Desktopと呼ばれていました。試験では、問題によって古い名称で出題される可能性もあります。

仮想マシンにインストールされたアプリのみ配信する機能を、Remote Appといいます。

Azure Virtual Desktopでは、仮想デスクトップ環境を簡単に構築することができます。以降では、必要なライセンスや実装の方法などを解説します。

ユーザーが利用するデバイスにインストールされていないアプリを利用できるようにするには、Azure Virtual Desktopを使用します。

5.3.1 必要なライセンス

Azure Virtual Desktopを利用するには、次のライセンスが必要です。

■ Azureサブスクリプション

Azure Virtual Desktop（AVD）は、Azure上に仮想マシンを作成するため、Azureサブスクリプションの契約が必要です。また、仮想マシンは利用した分だけ利用料金がかかるため、その月の利用状況によって料金が変動します。

■ ユーザー数分用意するライセンス

Windows Enterprise E3/E5/A3/A5、Microsoft 365 Business Premium、Microsoft 365 E3/E5/A3/A5/F3のいずれかのライセンスが必要です。これらのライセンスは、1ユーザーあたり月額の固定料金が設定されているため、変動しません。

HINT 必要なライセンス

ユーザー数分用意するライセンスについては、現在実行しているWindows 10/11のバージョンによって必要なものが異なりますので、導入時は確認が必要です。例えば、現在実行しているデバイスにインストールされているWindowsが、Windows 10/11 Enterpriseの場合は追加のライセンスは不要ですが、Windows 10/11 Proを実行している場合は、Windows Enterprise E3/E5のいずれかが必要です。また、AndroidやiOSを実行している場合は、Microsoft 365 E3/E5が必要です。

HINT ライセンスの割り当て

Azure Virtual Desktopを利用するユーザーに対して、事前にWindows Enterprise E3/E5やMicrosoft 365などのライセンスを事前に割り当てておきます。

5.3.2 Azure Virtual Desktopの実装

Azure Virtual Desktopを使用するには、最初にホストプールを作成する必要があります。

ホストプールは、セッションホストと呼ばれる、ユーザーが利用する仮想マシンを配置するための場所です。

ホストプールを作成する際、ホストプール内のセッションホストとユーザーを1対1で紐づけるか、もしくは、ホストプール内の仮想マシンに接続するたびにランダムに割り当てられるようにするかを指定できます。

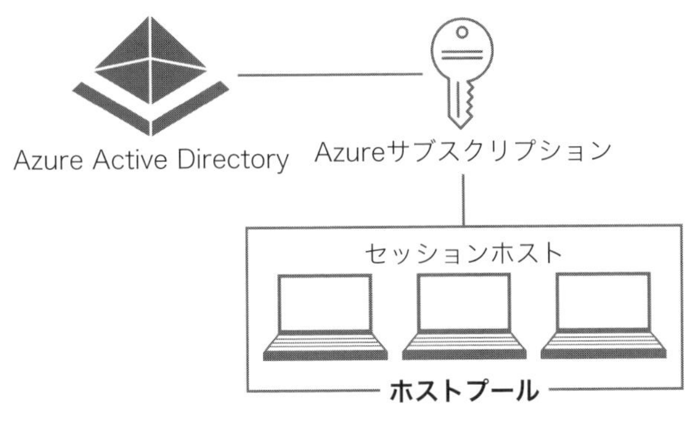

図5.17：ホストプールとセッションホスト

Microsoft Azure
リソース、サービス、ドキュメントの検索 (G+/)
ホーム >
Azure Virtual Desktop
Microsoft
検索
概要
作業の開始
管理
ホスト プール
アプリケーション グループ
ワークスペース
スケーリング プラン
ユーザー
監視
分析情報
ブック
ライセンス
ユーザーごとのアクセス価格
章子 さん、ホスト プールを作成してください!
VM のデプロイを簡単にスケーリングします。ホスト プールを作成することにより、組織全体の割り当て、アプリケーション グループ、および設定を簡単に管理できます。
ホスト プールの作成
ドキュメントとヘルプ
作業の開始
Azure Virtual Desktop へようこそ!
詳細情報
独自のイメージの作成
マネージド イメージをキャプチャして作成します。
詳細情報
コスト計算ツール
デプロイのコストはどのくらいですか?
詳細情報
プロファイル コンテナー
プロファイル ディスクが陳腐化する一方で、コンテナーが人気を得ています。
詳細情報
コミュニティ
Azure Virtual Desktop
最新のニュースを入手し、ご自身の意見を共有します。
Azure Virtual Desktop フォーラム
@AzureSupport
専門家にすばやく連絡を取ります。
Tweet @AzureSupport

図5.18：最初のホストプールを作成する

ホストプールの作成時に、ホストプール内に配置するセッションホストの設定も行います。セッションホストで実行するOSの選択や仮想マシンのサイズ（スペック）や数などを指定します。

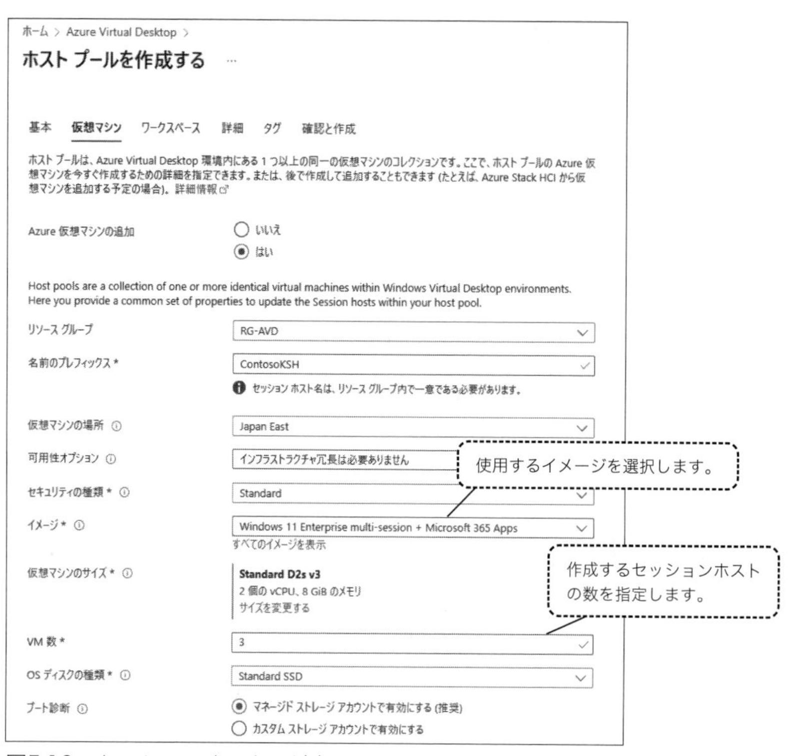

図5.19：セッションホストの追加

セッションホストとして使用可能なOSは次の通りです。

- Windows Server 2012
- Windows Server 2016
- Windows Server 2019 Datacenter
- Windows Server 2022 Datacenter
- Windows 10 Enterprise
- Windows 10 Enterprise マルチセッション
- Windows 11 Enterprise
- Windows 11 Enterprise マルチセッション

HINT マルチセッションとは

マルチセッションとは、1つの仮想マシンに複数のユーザーが同時に接続することです。

Azure Virtual Desktopでは、マルチセッションOSを利用できます。

ここがポイント

ホストプールの作成画面で、セッションホストをIntuneに登録するかを指定できます。Intuneに登録されることで、Intuneを使用した管理ができます。

これらの設定を行うと、セッションホストが作成され、接続できるようになります。

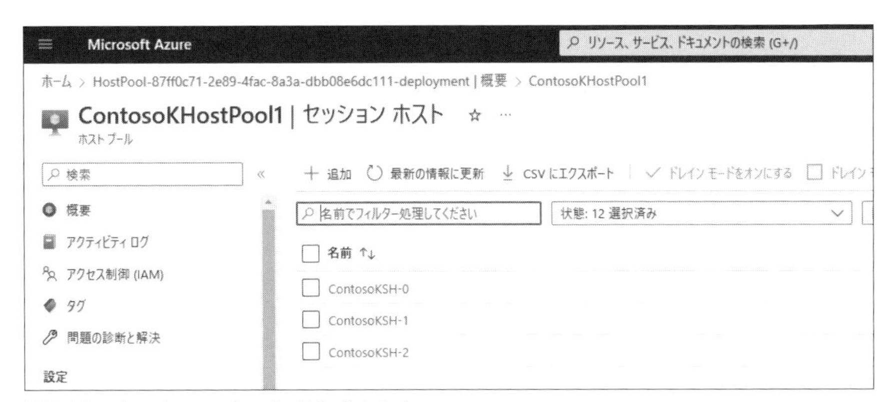

図5.20：セッションホストが作成された

Azure Virtual Desktopの仮想マシンに接続するには、ブラウザー(client.wvd.microsoft.com/arm/webclient/index.html)もしくはリモートデスクトップクライアントアプリを使用します。

5.3.3 Azure Virtual Desktopのプロファイル管理

Azure Virtual Desktopでは、接続するタイミングで異なる仮想マシンが割り当てられるように設定することができます。このような場合、いつも同じ仮想マシンを利用できるわけではないので、作業したファイルをデスクトップなどに保存してしまうと、次にAzure Virtual Desktopを利用したときに、異なる仮想マシンが割り当てられ、保存したはずのファイルが表示されないといったことが起こる可能性があります。

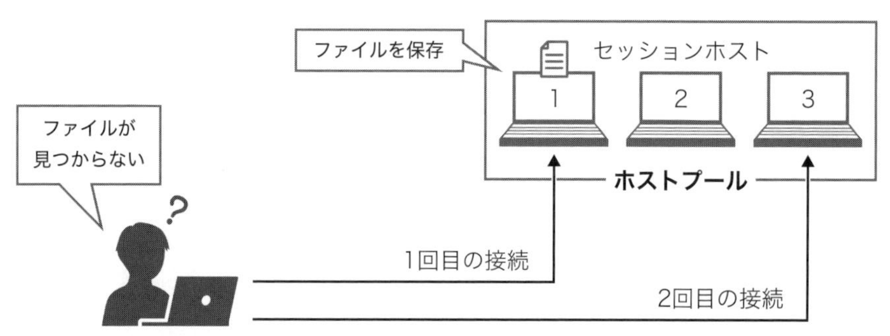

図5.21：毎回仮想マシンの割り当てが変わると、ユーザープロファイルが変わってしまう

Windowsでは、サインしたデバイスに自分のユーザープロファイルが作成されます。デスクトップやドキュメント、ピクチャフォルダーは、ユーザープロファイルに含まれます。Azure Virtual Desktopで、新しい仮想マシンが割り当てられるたびにユーザープロファイルが新規に作成され、そこにデータを保存していると、作業内容を維持することができなくなってしまいます。そこで、Azure Virtual Desktopでは、FSLogixというプロファイル管理用のアプリケーションを利用することができます。これにより、どのセッションホストからでも自分のユーザープロファイルにアクセスできるようにすることができます。

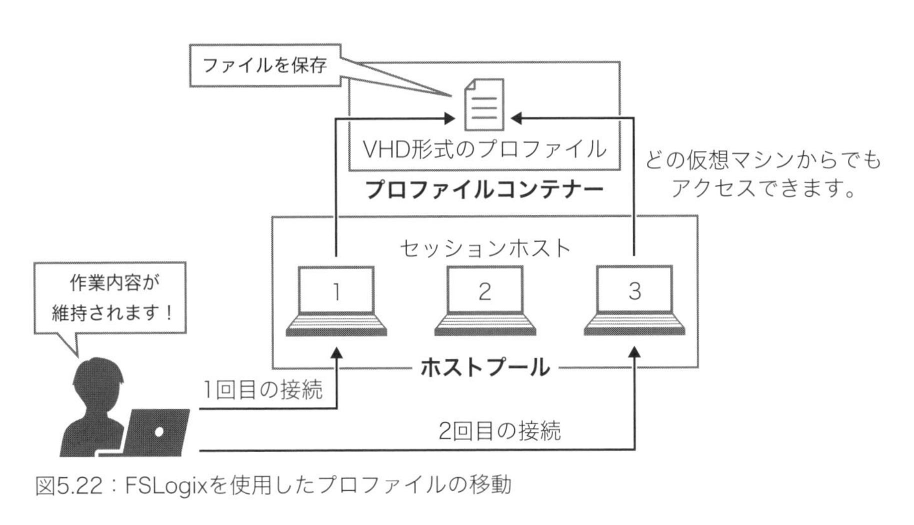

図5.22：FSLogixを使用したプロファイルの移動

Azure Virtual Desktopは、ユーザープロファイルデータを格納するFSLogixコンテナーを使用できます。

5.4 Windows 365

Windows 365は、Azure仮想ネットワーク上に接続するクラウドPCを作成して、さまざまなデバイスから接続することができるDaaSのサービスです。

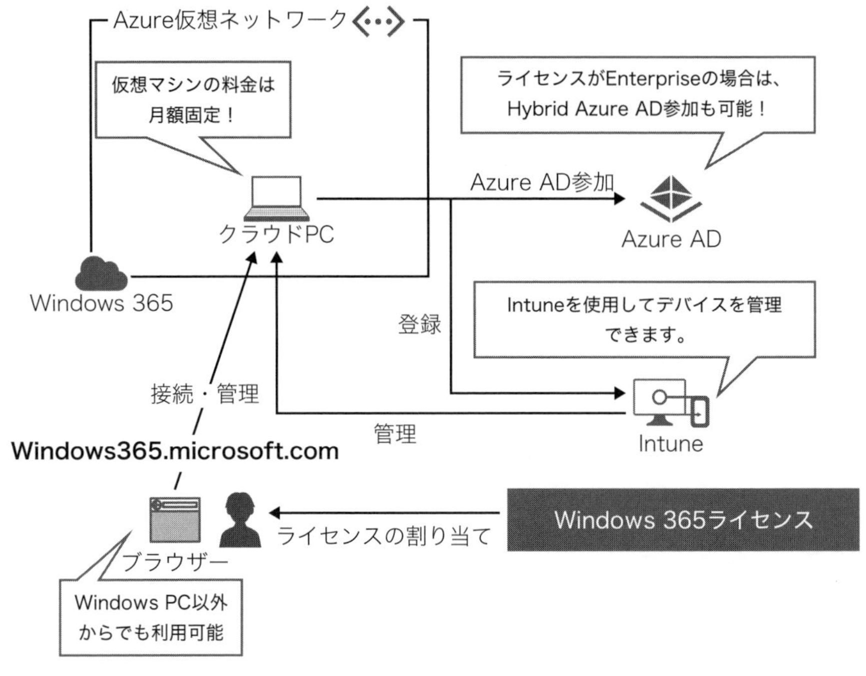

図5.23：Windows 365

HINT クラウドPC

Windows 365で利用されるクラウド上の仮想マシンをクラウドPCと呼びます。

Windows 365を利用するには、ライセンスを購入し、ユーザーに割り当てる必要があります。Windows 365のライセンスには、次のようなものがあります。

■ Windows 365 Business

300ユーザー以内の小・中規模の企業向けのライセンスです。クラウドPCは標準イメージで構成されるため手間がかかりません。クラウドPCをHybrid Azure ADに参加（Hybrid Entra参加）させることはできません。

Windows 365 Businessを利用するにあたり、他に必要なライセンスはありません。ただし、クラウドPCをMicrosoft Intuneで管理したい場合は、Intuneのライセンスが別途必要です。

Windows 365 Enterprise

ユーザー数の制限がない大規模企業向けのライセンスです。Hybrid Azure AD参加（Hybrid Entra参加）やカスタムイメージを使用したプロビジョニングもサポートします。Enterpriseのライセンスを利用する場合は、Azure AD Premium P1（Microsoft Entra ID P1）、Microsoft Intuneのライセンスが必要です。

Windows 365 Businessは月額の費用が固定です。Windows 365 Enterpriseは、クラウドPCの費用は月額固定ですが、ネットワークのコストがかかります。

Windows 365 Enterpriseでは、Intuneのライセンスが必要ですが、Windows 365 BusinessではIntuneのライセンスは不要です。

必要なライセンスを購入し、ユーザーに割り当て、ユーザーがクラウドPCにアクセスすると自動的にクラウドPCがプロビジョニングされ、利用可能な状態になります。クラウドPCにアクセスするには、リモートデスクトップアプリ、もしくはブラウザーを使用します。

ここがポイント

Windows 365では、ユーザーにライセンスを割り当てたときに、仮想マシンが自動的にプロビジョニングされます。

ここがポイント

Azure Virtual DesktopとWindows 365の違いを確認しておきましょう。

- Azure Virtual Desktopは、従量課金制であるのに対し、Windows 365はサブスクリプションタイプの月額固定費用です。
- Azure Virtual Desktopは、マルチセッションに対応していますが、Windows 365は対応していません。

5.5 Windows 10/11の更新管理

Windows 10から、OSを「製品」ではなく、継続的に提供される「サービス」として捉えるという新しい考え方が取り入れられています。これをWaaS(Windows as a Service：サービスとしてのWindows）といいます。

では、製品からサービスに変わったことで、私たちにどのような影響があるのでしょうか。

今までは、新しい機能を使用したい場合、有料で新しいOSを購入してアップグレードする必要がありました。しかし、Windows 10以降のOSでは、定期的に新しい更新プログラムが無料で提供され、これを適用することで、新機能や強化された機能を利用することができます。

Windows 10/11では、Windowsの状態を最新に保つために次のような更新プログラムが提供されています。

■機能更新プログラム

適用すると、新機能が利用できるようになったり、強化された既存の機能を使用することができるようになります。年に1回、年の後半に提供されます。

HINT 以前の機能更新プログラムの提供回数

Windows 10 20H1までは、機能更新プログラムは春と秋の年2回提供されていました。

■品質更新プログラム

品質更新プログラムは、毎月1回以上提供されます。品質更新プログラムを適用することでセキュリティ上の問題点などが修正されます。

これらの更新プログラムをWindows 10/11デバイスに適用するには、次の方法を利用します。

■Windows Update

Windows 10/11の既定の設定です。Windows Updateを実行すると、必要な機能更新プログラムや品質更新プログラムをダウンロードし、インストールすることができます。これによりWindowsのセキュリティや機能が強化されます。

Windows Updateは、［設定］アプリの［Windows Update］から実行することができます。

図5.24：Windows 11の［設定］アプリ

Windows Server Update Services（WSUS）

WSUSは、Windows Serverに含まれる役割の一つで、Windows Serverのライセンスがあれば、追加のコストをかけることなく利用することができます。WSUSサーバーは、オンプレミス環境に設置し、代表で更新プログラムの確認とダウンロードを行います。ダウンロードした更新プログラムは社内のWindowsデバイスに自動的に適用することもできますが、管理者が承認したもののみ展開することもできます。

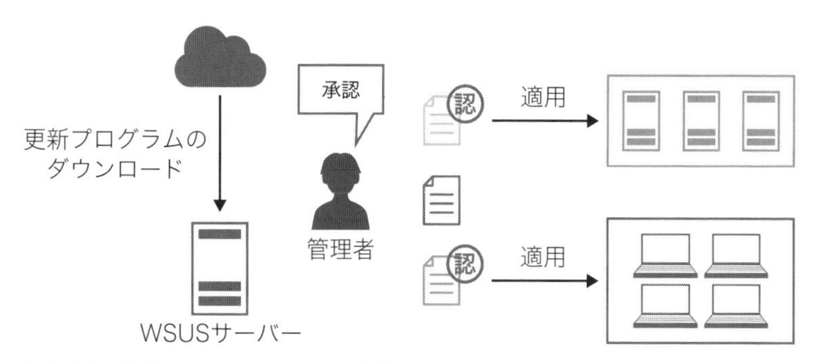

図5.25：WSUSサーバーによる展開

追加コストをかけず、更新プログラムの展開スケジュールを一括して管理者が管理したい場合は、WSUSサーバーを利用します。

■Configuration Manager + WSUSサーバー

Configuration Managerは、Microsoftのオンプレミス製品で、デバイス管理やOSやアプリ、更新プログラムの展開などを行うことができる製品です。Configuration Managerで更新プログラムの管理を行いたい場合は、WSUSサーバーが必要です。

Configuration Managerを利用するには、Configuration ManagerのライセンスやSQL Serverのライセンスなどが必要です。導入には非常にコストがかかるため、大規模環境での利用が想定される製品です。

5.6 サービスチャネルと展開リング

Windows 10/11では、サービスチャネルが用意されています。このサービスチャネルにより、機能更新プログラムの提供される頻度が変わります。サービスチャネルには、次の3種類があります。

■Windows Insider Program

正式リリースされる前のプレビュー状態のビルドを適用することができます。最新機能をなるべく早く利用したい場合などに設定します。

Windows Insider Programを利用することを、「フライティング」といいます。

ここがポイント

Windows Insiderでは、機能更新プログラムが最も頻繁に提供されます。更新をできるだけ頻繁にインストールする場合は、Windows Insider Programを使用します。

■一般提供チャネル

Windows 10/11における既定の設定です。年に1回、機能更新プログラムが提供されるため、それを適用することで新機能を利用することができるようになります。機能更新プログラムは、Windows 10 Home/Proについては、リリースされてから18か月、Windows 10 Enterprise/Educationは30か月サポートされます。Windows 11 Home/Proは、サポート期間が24か月、Windows 11 Enterprise/Educationは36か月です。

品質更新プログラムは、月に1回以上提供されます。

機能更新プログラムは、Windows 10 Home/Proについては、リリースされてから18か月、Windows 10 Enterprise/Educationは30か月サポートされます。

■長期サービスチャネル（LTSC）

長期サービスチャネルを使用するには、専用のOS（Windows 10/11 Enterprise LTSC）が必要です。長期サービスチャネルでは、品質更新プログラムのみが提供され、機能更新プログラムは提供されません。

HINT Windows 10/11 Enterprise LTSC

Windows 10/11 Enterprise LTSCをインストールすると、サービスチャネルが長期サービスチャネルに設定されます。Windows 10/11 Enterprise LTSCは、2～3年おきに新しいリリースが提供されます。これを適用することで新機能が利用できるようになりますが、適用しないことも可能です。サポート期間は10年であるため、頻繁に変更を加えたくないATM機器やPOS端末などの特殊な端末で利用することが想定されます。

Windows 10/11 Enterprise LTSCのサポート期間は10年です。

次に展開リングについて紹介します。展開リングは、組織内に更新プログラムを段階的に展開していくための考え方のようなものです。Windows Updateから機能更新プログラムが提供され、それを適用したことによって、社内システムの利用に問題が生じたとします。一度に多くのデバイスに更新プログラムを展開したことで、業務が全く進まなくなってしまう従業員が数多くいたり、ヘルプデスクに問い合わせが殺到してしまったりする可能性があります。このようなことを避けるために、デバイスを複数のグループに分けて、段階的に適用していく考え方を「展開リング」といいます。

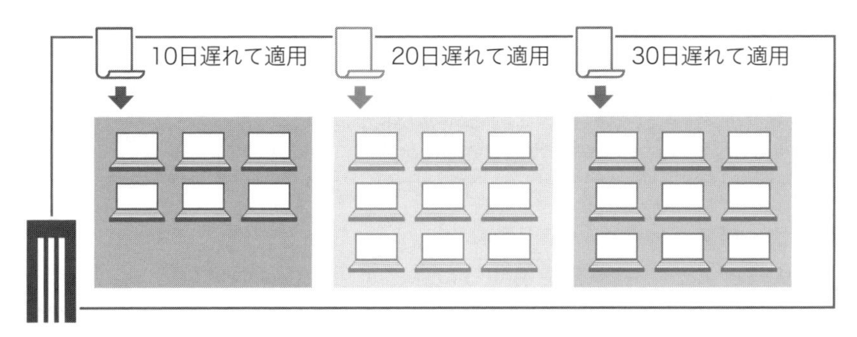

図5.26：展開リング

展開リングを利用することで、全体的な業務停止などを防ぐことができます。展開リングを実装するには、次のいずれかの方法を利用します。

- Microsoft Intuneの更新リング
- Windows Update for Businessポリシー

5.6.1 Microsoft Intuneの更新リング

Microsoft Intuneを利用した更新リングの設定は、次のように行います。

① Microsoft Intune管理センター（endpoint.microsoft.com）にアクセスします。
② ［デバイス］-［Windows 10以降向け更新リング］をクリックします。
③ ［プロファイルの作成］をクリックし、［Windows 10以降向け更新リングの生成］ページで、プロファイルに付ける名前を設定して、［次へ］ボタンをクリックします。
④ ［更新リングの設定］タブで、品質更新プログラムや機能更新プログラムの適用を遅らせたい日数を指定します。

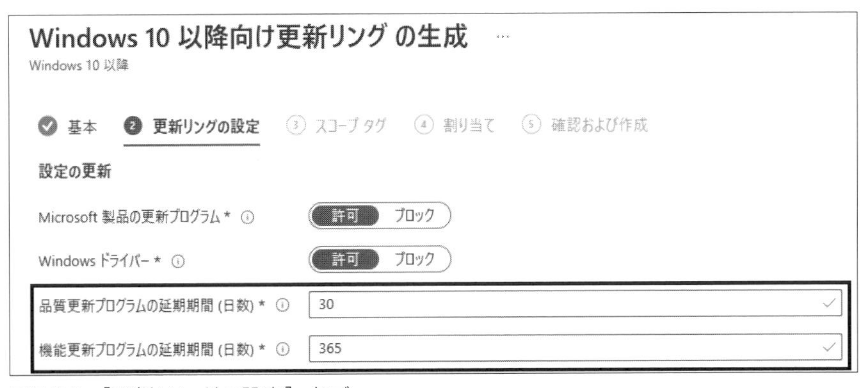

図5.27：［更新リングの設定］タブ

品質更新プログラムは最大30日、機能更新プログラムは最大365日まで適用を遅らせることができます。

⑤ ［次へ］ボタンをクリックします。
⑥ ［スコープタグ］タブで、［次へ］ボタンをクリックします。
⑦ ［割り当て］タブで、このプロファイルを割り当てたいグループを指定して、［次へ］ボタンをクリックします。
⑧ ［作成］ボタンをクリックします。

このように、更新リングのプロファイルを複数作成し、それぞれのプロファイルに異なる遅延日数を指定して、デバイスグループに割り当てることで、更新プログラムの段階的な遅延適用ができます。

5.6.2 Windows Update for Businessポリシー

Windows Update for Businessは、ローカルポリシーやグループポリシーで利用可能な、更新プログラムの適用を遅延させる設定が含まれています。本書では、Windows 11のローカルポリシーを使用する際の手順を紹介します。

① この操作は管理者権限のあるユーザーで実行します。
[検索] ボックスに、「gpedit.msc」と入力して、[Enter] キーを押します。

② [ローカルグループポリシーエディター] が表示されたことを確認し、左側に表示されている階層で、[コンピューターの管理] - [管理用テンプレート] - [Windowsコンポーネント] - [Windows Update] を展開し、[Windows Updateから提供される更新プログラムの管理] をクリックします。

③ 右側に、次の2つのポリシーがあることが確認できます。

- **プレビュービルドや機能更新プログラムをいつ受信するかを選択してください**

  このポリシーを有効にし、機能更新プログラムの適用を遅延させたい日数を入力します。最大365日まで指定が可能です。

- **品質更新プログラムをいつ受信するかを選択してください**

  このポリシーを有効にし、品質更新プログラムの適用を遅延させたい日数を指定します。最大30日まで指定が可能です。

図5.28：[プレビュービルドや機能更新プログラムをいつ受信するかを選択してください] ポリシー

ローカルポリシーによる設定は、1台ずつ設定を適用する方法です。オンプレミス環境で複数台のデバイスにまとめてポリシーを適用するには、Active Directoryのグループポリシーを利用する必要があります。

5.7 Microsoft Intuneを使用したデバイスの管理

Microsoft Intuneは、さまざまなデバイスを管理するためのクラウドベースのツールで、次のようなことが行えます。

■ モバイルデバイスの登録と管理

クラウドベースでモバイルデバイスの管理を行うことができます。

■ ポリシーの適用

さまざまなポリシーを適用してデバイスの制御を行うことができます。

■ アプリの展開

Intuneに登録されているデバイスに対して、さまざまな種類のアプリが展開できます。

上記のIntuneでできることを覚えておきましょう。

5.7.1 Microsoft Intuneが含まれるMicrosoft 365のライセンス

Microsoft Intuneを利用するには、Microsoft Intuneのライセンスが必要です。単体で購入することもできますが、以下のライセンスを購入すると、Microsoft Intuneが含まれています。

・Microsoft 365 Business Premium
・Microsoft 365 E3/E5
・Microsoft 365 F1/F3

Microsoft Intuneは、Microsoft 365 Business Premium、Microsoft 365 E3/E5、Microsoft 365 F1/F3に含まれています。

5.7.2 Microsoft Intuneがサポートする管理方法

Microsoft Intuneは、次の管理方法をサポートします。

■ MDM(Mobile Device Management)

デバイスを、Microsoft Intuneに登録し、デバイスそのものを管理対象とする方法です。

会社が社員に対して貸与するデバイスは、この方法で管理することが多いです。

■MAM(Mobile Application Management)

MAMは、デバイスにインストールされているアプリおよび、そのアプリで作成されたデータを管理対象としています。業務で使用するアプリと、個人で使用するアプリを区別して管理することができるため、BYOD(個人所有のデバイス)で業務を行っている場合に適した管理方法です。

Microsoft Intuneでは、MDMおよびMAMの両方の管理方法を提供します。

5.7.3 登録したデバイスの確認

会社や組織が管理するデバイスは、Microsoft Intuneに登録することでMDMの機能を利用して、さまざまな管理や制御を行うことができます。Microsoft Intuneに登録したデバイスは、Microsoft Intune管理センターで確認できます。

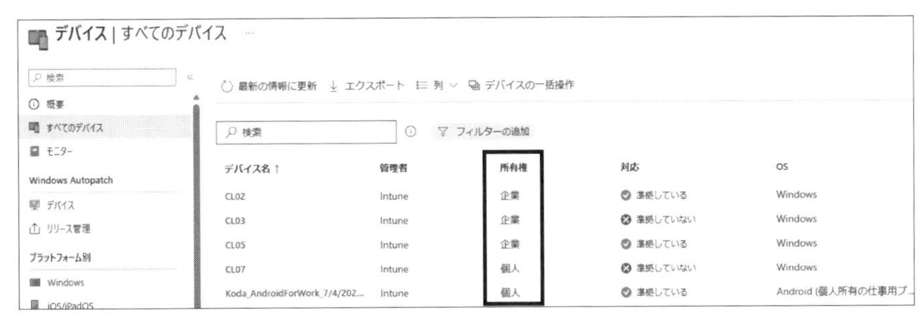

図5.29：Microsoft Intuneに登録されたデバイスの一覧

Microsoft Intune管理センターで、デバイスの一覧を表示するには、[デバイス]-[すべてのデバイス]を選択します。

図5.29のようにMicrosoft Intune管理センターでデバイスの一覧を表示し、[所有権]列を確認すると、所有権が「企業」と表示されているものと「個人」と表示されているものがあります。このように、Microsoft Intuneでは、企業で所有しているデバイスと個人で所有しているデバイスの両方を管理できます。

Microsoft Intuneでは、会社所有のデバイスと個人所有のデバイス(BYOD)の両方を管理できます。

5.7.4 ポリシーの展開

Microsoft Intuneでは、さまざまなポリシーを適用することができます。Microsoft Intuneで利用可能なポリシーには、次のようなものがあります。

・デバイス構成プロファイル
・コンプライアンスポリシー
・条件付きアクセスポリシー
・アプリ保護ポリシー

以降は、これらのポリシーについて解説します。

■デバイス構成プロファイル

デバイス構成プロファイルは、Microsoft Intuneに登録されているデバイスに対してさまざまな制限や制御を行うことができるポリシーで、次のようなことができます。

・PINやパスワードの構成

Windows Hello for Businessを使用してサインインする際のPINの最小文字数などを定義できます。また、デバイスにアクセスする際にパスワードを必須にするなどの設定が可能です。

・デバイスの暗号化

デバイスに対して暗号化を強制することができます。

図5.30：デバイスの暗号化設定

・Microsoft Defender for Endpointへのオンボード

オンボーディングスクリプトを使用して、複数台のデバイスを一括でMicrosoft Defender for Endpointに登録できます。

デバイス構成プロファイルを使用すると、デバイスの暗号化や高度な脅威保護（Microsoft Defender for Endpoint）を有効にしたり、PINの構成などを行うことができます。

コンプライアンスポリシー

コンプライアンスポリシーは、デバイスの準拠/非準拠を判断するために利用するポリシーです。

あらかじめ、デバイスで満たしてほしい要件をコンプライアンスポリシーとして定義しておきます。例えば、Windowsファイアウォールが有効になっていることや、特定のWindowsのバージョンを実行していることなどです。作成したポリシーがデバイスに適用されると、ポリシーと実際のデバイスの設定が比較されます。

ポリシーが要求する設定がデバイスで構成されていない場合、デバイスは「非準拠」とみなされます。

デバイスがコンプライアンスポリシーに準拠しているかは、Microsoft Intune管理センターで、デバイスの一覧を表示し、[対応]列から確認できます。

デバイスの準拠/非準拠が表示されます。

デバイス名 ↑	管理者	所有権	対応
AUTOPILOT78	Intune	企業	準拠している
CL02	Intune	企業	準拠している
CL03	Intune	企業	準拠していない
CL05	Intune	企業	準拠している

図5.31：コンプライアンスポリシーにデバイスが準拠しているかを確認できる

これにより、会社が要求するデバイスの構成になっているかを簡単に判断できます。

条件付きアクセスポリシー

条件付きアクセスポリシーでは、場所やデバイス、所属するグループなど、さまざまな条件を設定しておき、これらの条件を満たした場合に、アプリへのアクセスを許可することができます。また、条件を満たしていた場合、さらにMFA(多要素認証)を要求したり、コンプライアンスポリシーに準拠しているデバイスを利用していることなどを要求することができます。

条件付きアクセスは、Microsoft Entra管理センターやMicrosoft Intune管理センターで作成できます。

アプリ保護ポリシー

アプリ保護ポリシーを利用すると、保護対象となるアプリを指定して、保護対象でないアプリへのデータのコピー/貼り付けをブロックしたりすることができます。また、個人の用のストレージへのファイルの保存などを禁止することができます。アプリ保護ポリシーの適用対象は、次のOSです。

- iOS/iPadOS
- Android
- Windows

Windows 10/11に適用するアプリ保護ポリシーを、Windows情報保護(Windows Information Protection)といいます。

HINT Windows Information Protectionの今後について

Windows Information Protectionは、次期Windowsバージョンで廃止されます。2022年7月以降、この機能は非推奨になっています。今後は、データ損失防止やMicrosoft Purview Information Protectionなどを利用して情報保護を行います。

アプリ保護ポリシーは、AndroidやiOS/iPadOSにも適用できます。
たとえば、AndroidやiOSがインストールされているモバイルアプリで、Outlookを利用する際は必ずPINを要求するように設定することができます。

ホーム > アプリ | アプリ保護ポリシー >
ポリシーの作成

基本　アプリ　データ保護　4 アクセス要件　5 条件付き起動　6 スコープ タグ　7 割り当て　8 確認および作成

ユーザーが作業コンテキスト内のアプリにアクセスするために満たす必要のある PIN と資格情報の要件を構成します。

アクセスに PIN を使用　必要　不要
PIN の種類　数値　パスコード
単純な PIN　許可　ブロック
PIN の最小長を選択　4
アクセスに PIN ではなく Touch ID を使用 (iOS 8 以降/iPadOS)　許可　ブロック

図5.32：アプリにアクセスする際にPINを使用するよう設定できる

ハイブリッドの先進認証に対応するiOSおよびAndroid用のOutlookのためのアプリ保護ポリシーを作成すると、オンプレミスのExchange Serverのメールボックスへのアクセスを保護することができます。アプリ保護ポリシーを使用してオンプレミスのSharePoint Serverへのアクセスを保護することはできません。

ここでは、Windows Information Protectionについて紹介します。
Windows Information Protectionを利用するには、Microsoft Intuneでアプリ保護ポリシーを作成します。この時、次のような設定を行います。

・Step1：保護対象のアプリの指定
　保護対象となる企業アプリを指定します。

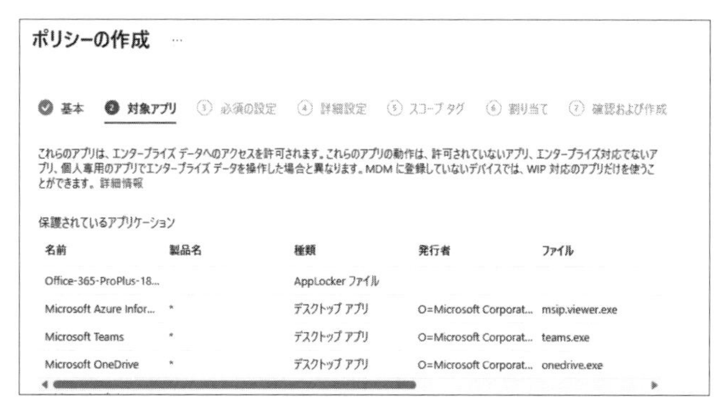

図5.33：保護対象となるアプリの指定

アプリ保護ポリシーでは、保護対象のアプリを選択することができます。

・Step2：Windows Information Protectionモードの設定
　Step1で指定した保護対象のアプリからデータをコピーし、保護対象でないアプリにデータを貼り付ける場合に、ブロックするかを指定します。

基本　対象アプリ　必須の設定　詳細設定　スコープ タグ　割り当て　確認および作成
このポリシーは、Windows 10 Anniversary Edition 以降にのみ適用されます。このポリシーでは保護を適用するために Windows Information Protection (WIP) を使用します。WIP の詳細についてはこちらをご覧ください
必須の設定
スコープを変更するか、このポリシーを削除すると、会社のデータの暗号化が解除されます。
Windows Information Protection モード *　ブロック　オーバーライドの許可　サイレント　オフ
会社の ID *　ContosoK01.work

図5.34：Windows Information Protectionモードの指定

・Step3：企業データの保存場所の指定
　保護対象となったアプリで作成したデータを保存できる場所を指定できます。

従業員が個人用のOneDriveにデータを保存することを制限するには、アプリ保護ポリシーを使用します。

・Step4：ポリシーの適用対象となるグループの指定
　アプリ保護ポリシーの適用対象となるグループを指定します。

Windows Information Protection用のアプリ保護ポリシーは、以前、Intuneに登録されていないWindowsデバイスでも利用することができましたが、現在は、Intuneに登録されているデバイスに限定されます。しかし、以前に作成された問題で、未登録デバイスに設定することが可能であるかを問う問題が出題される可能性があります。この場合、未登録デバイスでも利用可能であると解答したほうが正解と判定される可能性が高いです。

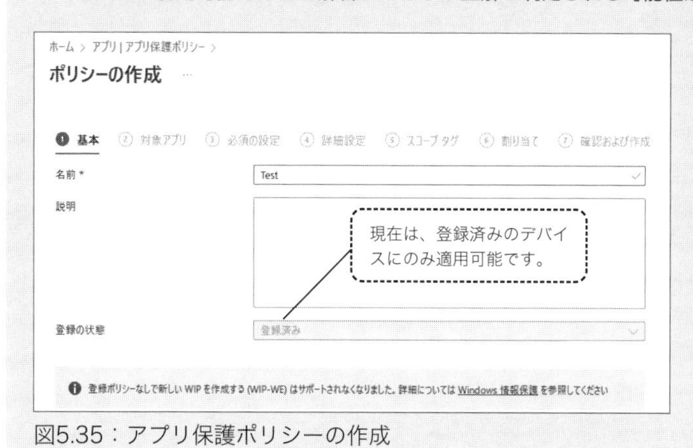

図5.35：アプリ保護ポリシーの作成

　アプリ保護ポリシーが適用されたデバイスでは、ファイルに名前を付けて保存する際、作業データ(会社のデータ)として保存するかを選択することができるようになります。

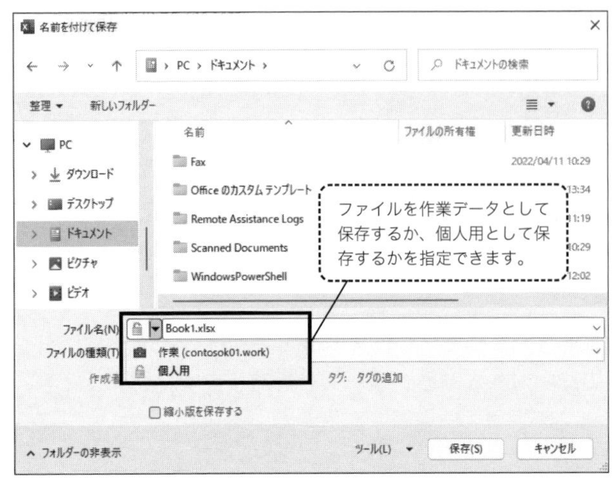

図5.36：名前を付けて保存する際に、作業データとして保存するかを指定できる

　作業データとして保存したファイル内の文字列をコピーし、保護されていないアプリに貼り付けると、「このアプリケーションで作業コンテンツを使用することは組織で許可されていません」と表示され、ブロックされたことが分かります。

保護対象のアプリ(Excel)　　保護対象ではないアプリ(メモ帳)

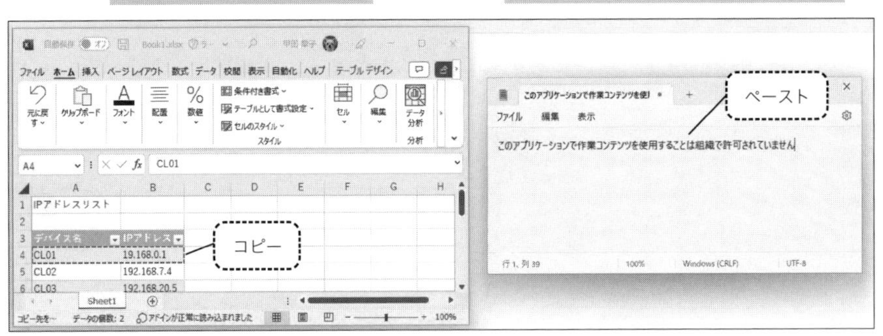

図5.37：保護対象のアプリからデータをコピーし、保護対象でないアプリへのペーストを行うとブロックされる

　作業データとしてデータが保存されている場合、Microsoft Intune管理センターを利用して、リモートから作業データのみを削除することができます。

HINT 作業データの削除

作業データをリモートから削除するには、デバイスがIntuneに登録されている必要があります。

リモートから作業データを削除するには、Microsoft Intune管理センターで、デバイスの一覧を表示し、目的のデバイスを選択します。[リタイヤ]を選択すると、作業データとして保存したデータのみを削除することができます。[ワイプ]を選択すると、工場出荷状態に戻すことができます。

図5.38：デバイスのリタイヤとワイプ

作業データをリモートから削除するには、[リタイヤ]もしくは[ワイプ]を選択します。
ただし、[ワイプ]を選択すると工場出荷状態に戻るため、作業データだけではなく、他のすべての個人用データや、インストールしたアプリなども削除されます。

5.7.5 Microsoft Intuneを使用したアプリの展開

Microsoft Intuneでは、さまざまなアプリを展開することができます。たとえば、次のようなアプリを展開できます。

・ストアアプリ

Androidストアアプリ、iOSストアアプリ、Microsoft Storeアプリ、マネージドGoogle Playアプリ
・Microsoft 365 Apps
・Microsoft Edgeバージョン77以降
・Webアプリケーション
・基幹業務アプリ
・Win32アプリ

Microsoft Intuneでは、ストアアプリ、基幹業務アプリ、Win32アプリ(一般向けのアプリ)の展開をサポートしています。

Microsoft Intuneでは、Apple Business Managerを使用してiOSアプリやmacOSアプリのボリューム購入を行うことができます。これにより、必要なユーザー数分のライセンスを購入し、Intuneと同期して管理することができます。アプリの割り当てや、インストールしたデバイスの追跡などは、Microsoft Intuneで行います。

アプリを展開するには、次のような設定を行います。ただし、アプリによって指定する項目が多少異なります。

■Step1：展開したいアプリの指定

Microsoft Intune管理センターで、展開したいアプリの種類を指定します(Microsoft 365 AppsやAndroidストアアプリ、基幹業務アプリなど)。

■Step2：アプリの情報の設定

アプリのバージョンや言語、ロゴなどの指定を行います。

■Step3：アプリの展開設定

展開したいアプリを具体的に指定したり、更新チャネルの設定などを行います。

■Step4：割り当ての設定

アプリを割り当てるグループを指定します。割り当ての種類は、次の通りです。

・必須
　強制的にアプリをインストールすることができます。ただし、Intuneにデバイスが登録されている必要があります。
・登録済みデバイスで使用可能
　Intuneに登録されているデバイスに対して、おすすめアプリとしてアプリを表示し、任意でインストールしてもらうことができます。
・アンインストール
　Intuneに登録されているデバイスに対して、Intune経由で展開したアプリを強制的にアンインストールすることができます。

図5.39では、すべてIntuneに登録されているデバイスに対してアプリを展開できる設定のみが表示されていますが、AndroidやiOSのストアアプリなどでは、登録されていないデバイスにもアプリを展開することができます。

図5.39：割り当て先の指定

Intuneに登録されていないデバイスにアプリを展開することができます。

モバイルデバイス用のIntuneポータルサイトアプリや、Webベースのポータルサイトにアクセスした時に、インストール可能なアプリが表示されます。

練習問題

ここまで学習した内容がきちんと習得できているかを確認しましょう。

問題 5-1

Azure Virtual Desktopに含まれるコンポーネントとして正しいものを3つ選択してください。

A. Windows 10 Enterpriseマルチセッションをサポートします。
B. Linuxをサポートします。
C. 仮想デスクトップ環境を提供します。
D. 仮想アプリを提供します。

問題 5-2

ある小売企業は、Windows 7を実行するPOS端末をWindows 10にアップグレードすることを計画しています。

端末は、5年後にアップグレードする必要があると通知されました。どのWindowsバージョンを利用するべきですか。

A. Windows 10 Pro
B. Windows 10 Home
C. Windows 10 Enterprise
D. Windows 10 Enterprise LTSC

問題 5-3

この質問は、同一の設定を示すいくつかの質問に含まれています。ただし、すべての質問には独自の結果があります。ソリューションが要件を満たしているかどうかを確認します。

最近、Windows Autopilotを利用して、会社の環境にWindows 10デバイスを展開しました。OneDrive for Businessに保存されているデータをリモートの場所からユーザーが利用できるようにするよう求められました。

解決策
ユーザーに対して、Azure AD多要素認証を有効にします。

ソリューションは目標を満たしていますか。「はい」もしくは「いいえ」で解答してください。

問題 5-4

この質問は、同一の設定を示すいくつかの質問に含まれています。ただし、すべての質問には独自の結果があります。ソリューションが要件を満たしているかどうかを確認します。

最近、Windows Autopilotを利用して、会社の環境にWindows 10デバイスを展開しました。OneDrive for Businessに保存されているデータをリモートの場所からユーザーが利用できるようにするよう求められました。

解決策
Azure AD資格情報を使用してデバイスにサインインする必要があることをユーザーに通知します。

ソリューションは目標を満たしていますか。「はい」もしくは「いいえ」で解答してください。

問題 5-5

この質問は、同一の設定を示すいくつかの質問に含まれています。ただし、すべての質問には独自の結果があります。ソリューションが要件を満たしているかどうかを確認します。

最近、Windows Autopilotを利用して、会社の環境にWindows 10デバイスを展開しました。OneDrive for Businessに保存されているデータをリモートの場所からユーザーが利用できるようにするよう求められました。

解決策
デバイスを、Microsoft Intuneに登録します。

ソリューションは目標を満たしていますか。「はい」もしくは「いいえ」で解答してください。

問題 5-6

ある会社は、すべてのデバイスにWindows 10を展開しています。サービスとしてのWindowsの機能更新プログラムは、できるだけ頻繁にインストールする必要があります。最も頻繁に更新プログラムをインストールするWindows 10サービスチャネルはどれですか。

A. Windows Insider Program
B. 長期サービスチャネル
C. 一般提供チャネル
D. 半期チャネル

問題 5-7

会社の従業員は、Microsoft 365を使用しています。従業員は頻繁に自宅で仕事をしています。個人のラップトップにはインストールされていないカスタムアプリケーションにアクセスできる必要があります。要件を満たすソリューションを特定する必要があります。どのソリューションを選択する必要がありますか。

A. Microsoft Access
B. Power Virtual Agents
C. Microsoftリモートアシスト
D. Azure Virtual Desktop（Windows Virtual Desktop）
E. Microsoft Teams

問題 5-8

会社はMicrosoft 365サブスクリプションを持っています。Windows Autopilotを使用してWindows10デバイスを展開します。チームメンバーがリモートサイトにいる場合、チームメンバーがOneDrive for Businessに保存されているデータにアクセスできることを確認する必要があります。あなたは何をすべきですか。

A. チームメンバーをAzure AD多要素認証に登録します。
B. ［デバイス］を使用して、Microsoft 365にデバイスを追加します。
C. デバイスをMicrosoft Intuneに登録します。
D. チームメンバーに、Azure ADの資格情報を使用してデバイスにサインインするよう指示します。

問題 5-9

ある企業がMicrosoftの仮想化サービスを評価しています。Windows 365に固有の機能はどれですか。

A. ユーザーは、リモートデスクトップアプリを使用して仮想マシンに接続できます。
B. ユーザーは、Webサイトを使用して仮想マシンに接続できます。
C. 仮想マシンは、Active Directoryドメインサービス（AD DS）に対してユーザーを認証できます。
D. 仮想マシンは、カスタムイメージからプロビジョニングできます。
E. ユーザーにライセンスを割り当てた後、仮想マシンが自動的にプロビジョニングされます。

問題 5-10

会社には、Windows 10を実行するMicrosoft Surfaceデバイスがあります。会社は、Windows Autopilotを使用してデバイスを展開する予定です。デバイスを展開する準備ができていることを確認するには、CSVファイルをインポートする必要があります。Microsoft Intune管理センター（Microsoft Endpoint Manager admin center）で、どのブレードを使用する必要がありますか。

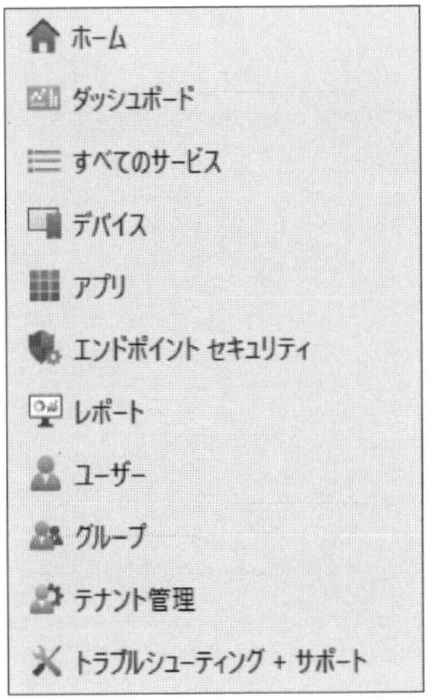

ホーム
ダッシュボード
すべてのサービス
デバイス
アプリ
エンドポイント セキュリティ
レポート
ユーザー
グループ
テナント管理
トラブルシューティング + サポート

問題 5-11

　ある小売企業は、Windows 7を実行するPOS端末をWindows 10にアップグレードすることを計画しています。

　端末は、最低5年後にアップグレードする必要があると通知されました。ソリューションでは、コストを最小限に抑えながら、アップグレードと更新のスケジュールをすべてのデバイスに対して一貫して実行できるようにする必要があります。次のうち、使用すべきサービスツールはどれですか。

A. Windows Autopilot
B. Windows Server Update Services
C. Microsoft Intune
D. Azure AD Connect

練習問題の解答と解説

問題 5-1 正解 A、C、D　参照 5.3「Azure Virtual Desktop」

Azure Virtual Desktopは、Windows 10マルチセッションをサポートします。また仮想デスクトップおよびRemote App（仮想アプリ）を提供します。

問題 5-2 正解 D

5年間アップグレードしなくていいのは、Windows 10 Enterprise LTSCのみです。

問題 5-3 正解 いいえ

Azure AD多要素認証（Microsoft Entra MFA）を有効にすることは、直接の解決策にはなりません。

問題 5-4 正解 はい　参照 5.2.2「Windows Autopilot」

Azure AD（Microsoft Entra ID）の資格情報を使用して、デバイスにサインインすればOneDrive for Businessにシングルサインオンでアクセスすることができます。

問題 5-5 正解 いいえ　参照 5.2.2「Windows Autopilot」

デバイスをMicrosoft Intuneに登録しても、OneDrive for Businessにアクセスできるようにはなりません。

問題 5-6 正解 A

機能更新プログラムを頻繁に適用したい場合は、Windows Insider Programを使用します。

問題 5-7 正解 D　参照 5.3「Azure Virtual Desktop」

個人のデバイスにインストールされていないアプリを利用できるようにするには、Azure Virtual Desktop上に仮想マシンを構成し、そこにアプリをインストールしてアクセスしてもらいます。

問題 5-8 正解 D　参照 5.2.2 「Windows Autopilot」

Microsoft 365サブスクリプションを所有していて、Windows Autopilotを使用してデバイスを展開しているということは、デバイスはAzure ADに参加しています。そのため、そのデバイスにAzure ADアカウント（Entraアカウント）でサインインすれば、OneDriveには資格情報を要求されることなく、そのままアクセスできます。

問題 5-9 正解 E　参照 5.3 「Azure Virtual Desktop」、5.4 「Windows 365」

Windows 365では、ユーザーにライセンスを割り当てた後に仮想マシンが自動的にプロビジョニングされます。A、B、C、DはAzure Virtual DesktopおよびWindows 365に共通する特徴です。

問題 5-10 正解 以下を参照　参照 5.2.2 「Windows Autopilot」

Windows Autopilotを使用してデバイスを展開するには、［デバイス］をクリックします。

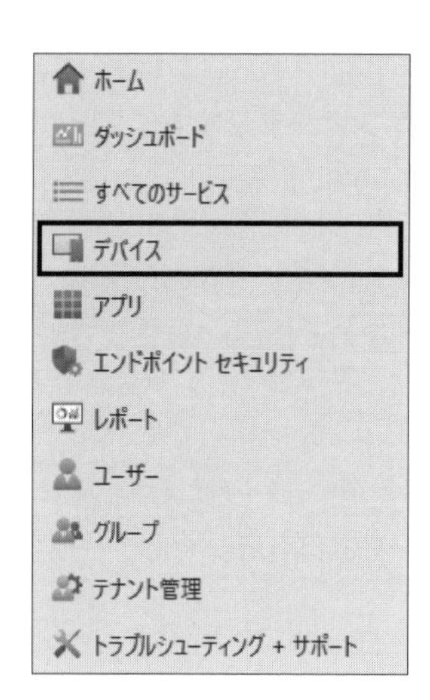

問題 5-11 正解 B

参照 5.5 「Windows 10/11の更新管理」

更新プログラムの管理を、コストを最小限に抑えて、スケジュールをすべてのデバイスに一貫して実行できるようにするには、WSUSを利用します。WSUSであれば、Windows Serverのライセンスがあれば追加コストなしで構築でき、管理者が承認しなければ更新は適用されないようにすることができます。

第6章

IDの管理

本章では、Microsoft 365で利用可能なIDについて学習します。

理解度チェック

- □ Azure AD（Microsoft Entra ID）における認証プロセス
- □ IDトークン
- □ アクセストークン
- □ Active Directoryドメインサービス
- □ ドメインコントローラー
- □ TGT（チケット保証チケット）
- □ ST（サービスチケット）
- □ クラウドID
- □ ハイブリッドID
- □ ディレクトリ同期
- □ Azure AD Connect (Entra Connect)
- □ パスワードハッシュ同期
- □ パススルー認証
- □ AD FSによるフェデレーション

アクセスキー **o**
（小文字のオー）

6.1 認証プロセス

第4章でも紹介した通り、Microsoft AzureやMicrosoft 365などのリソースを利用する際、最初にIdPであるAzure Active Directory（Microsoft Entra ID）に認証してもらう必要があります。一方、オンプレミスのActive Directoryでは、Active Directoryドメインを管理するサーバーであるドメインコントローラーが認証を行います。

この2つの認証プロセスを理解していることが重要であるため、2つの認証プロセスを最初に確認します。

6.1.1 Azure Active Directory(Microsoft Entra ID)における認証プロセス

会社で契約したMicrosoft 365テナントに含まれるSharePoint Onlineにユーザーがアクセスしたい場合、あらかじめ管理者が次のことを行っておく必要があります。

- Azure Active Directory（Microsoft Entra ID）にユーザーを登録
- 登録したユーザーに対してライセンスを付与
- ライセンスを付与したユーザーに対して、SharePointサイトへのアクセス許可を付与

上記の作業を行っておくと、ユーザーは、許可されたSharePointサイトにアクセスすることができます。

では、どのようなプロセスでアクセスできるのかを確認します。

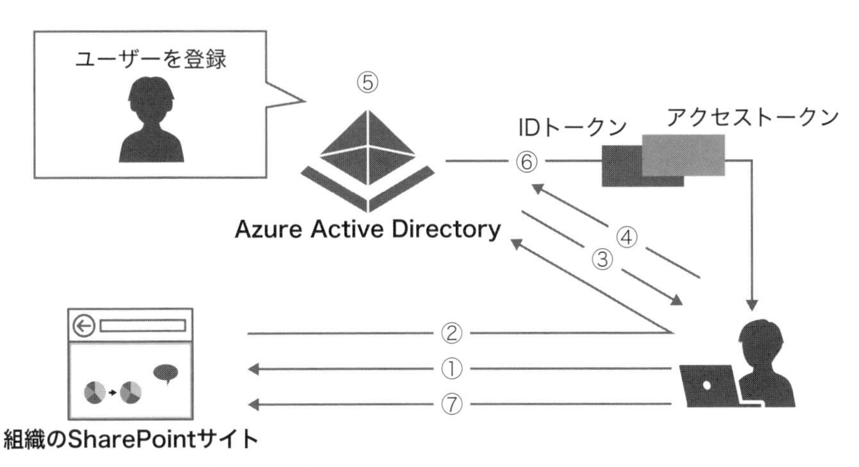

図6.1：Azure ADによる認証プロセス

図6.1の手順を確認します。

① ユーザーがブラウザーのお気に入りやショートカットなどを利用して、組織のSharePointサイトにアクセスします。
② SharePointは、アクセスしたユーザーが適切なユーザーであるかを判断することはできません。そこで、Azure ADが発行したアクセストークンを要求します。この要求は、ユーザーのブラウザーを経由して、Azure ADにリダイレクトされます。
③ 要求を受け取ったAzure ADは、適切なユーザーであることを確認するためにユーザー名とパスワードを要求します。
④ ユーザーは、自身のユーザー名およびパスワードを入力します。
⑤ 提示された資格情報をAzure ADが検証します（認証）。
⑥ 適切なユーザーであることが確認された場合、Azure ADは、正しいユーザーとして認証されたことを示すIDトークンと、リソースにアクセスができることを示すアクセストークンを生成し送信します。
⑦ ブラウザーを通じて受け取ったアクセストークンを、SharePointに提示することで、SharePointサイトにアクセスが許可されます。

次に、Active Directory環境での認証プロセスを紹介します。

Active Directoryドメイン環境は、Windows Serverを実行するコンピューターに、Active Directoryドメインサービスをインストールし、ドメインを構築します。Active Directoryドメインサービスをインストールしたコンピューターは、「ドメインコントローラー」という役割を持つコンピューターとなります。

ドメインコントローラーには、Active Directoryデータベースが作成され、ここにユーザーやコンピューター、グループなどを登録して管理します。

Active Directoryドメインサービス
Active Directory
データベース
ユーザーや
コンピューターを登録
ドメインコントローラー
(Windows Server)

図6.2：Active Directoryドメインの構築

実際にユーザーが、ドメインにサインインして、ドメイン内のファイルサーバー（リソース）にアクセスする際、次のようなプロセスが実行されます。

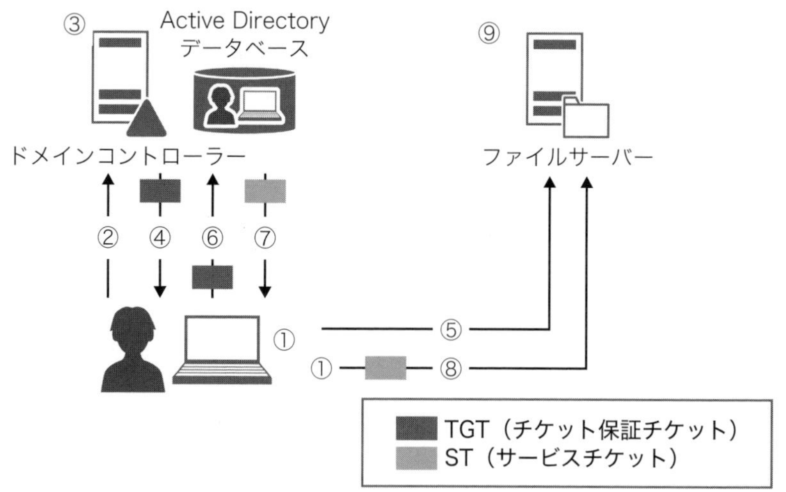

図6.3：Active Directoryドメインサービスにおける認証プロセス

図6.3の手順を確認します。

① Windowsが起動し、サインイン画面が表示されます。
② サインイン画面で、ユーザー名とパスワードを入力します。
③ 提供された資格情報が正しいかをドメインコントローラーが検証します。
④ 資格情報が正しかった場合、適切なユーザーであることを証明するためのTGT（チケット保証チケット）が発行され送信されます。ここまでのプロセスで認証が完了します。
⑤ 業務で利用するファイルを利用するために、ユーザーがファイルサーバーにアクセスします。ファイルサーバーはリソースであるため、適切なユーザーであることを確認することができません。そのため、ファイルサーバーは、ドメインコントローラーが発行したST（サービスチケット）を提示するように要求します。
⑥ ドメインコントローラーにアクセスし、TGTを提示して、ファイルサーバーにアクセスするためのサービスチケットを要求します。
⑦ ドメインコントローラーは、ファイルサーバーにアクセスするためのサービスチケットを発行し、送信します。
⑧ ファイルサーバーにサービスチケットを提示します。
⑨ サービスチケットを確認し、アクセスを許可します。

オンプレミスに配置されているExchange Serverなどのリソースにアクセスできるのは、Active Directoryドメインサービスに認証されたユーザーです。

6.2 クラウドIDとハイブリッドID

Microsoft 365では、次の2種類のIDが使用できます。

・クラウドID
・ハイブリッドID

クラウドIDは、Azure AD（Microsoft Entra ID）で作成され、Azure ADに認証されるIDです。図6.1で紹介した認証プロセスは、クラウドIDの認証プロセスを表現したものです。では、ハイブリッドIDとは何でしょうか。それは、クラウドでもオンプレミスでも両方利用できるIDのことです。

ここまで、Azure ADにおける認証プロセスと、Active Directoryドメインサービスにおける認証プロセスを確認しました。このように、クラウドでは「トークン」を利用するのに対し、オンプレミスでは「チケット」を使用するなど、オンプレミスとクラウドでは、認証の仕組みが異なることが分かりました。現在、世界中の多くの企業では、Active Directoryドメインサービスを利用しながら、クラウドを利用しています。この時、クラウドとオンプレミスで別々にIDを登録しなければならないとなると、登録する管理者にとっても大きな負担ですし、利用者側も両方のIDを使い分けなければならず混乱が生じます。

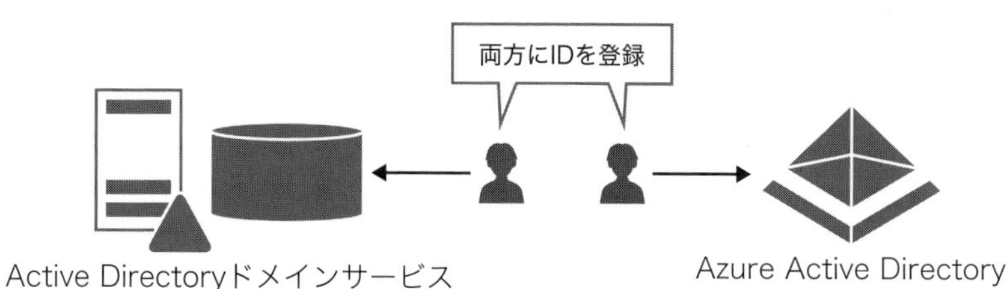

図6.4：オンプレミスとクラウドで、ID管理が分かれてしまうと管理者にとってもユーザーにとっても大きな負担になる

しかし、1つのIDでオンプレミスのリソースにもクラウドのリソースにもアクセスができれば、管理者は管理がしやすく、ユーザーは利便性が向上します。このようにオンプレミスとクラウドの両方に登録され、オンプレミスもクラウドも利用できるIDが「ハイブリッドID」です。

6.3 ディレクトリ同期

ハイブリッドIDを実現するために必要不可欠なのが、「ディレクトリ同期」です。

これはオンプレミス環境に配置するサーバーで、Active Directoryドメインサービスに作成されているIDをAzure AD（Microsoft Entra ID）に複製するための中継役となります。

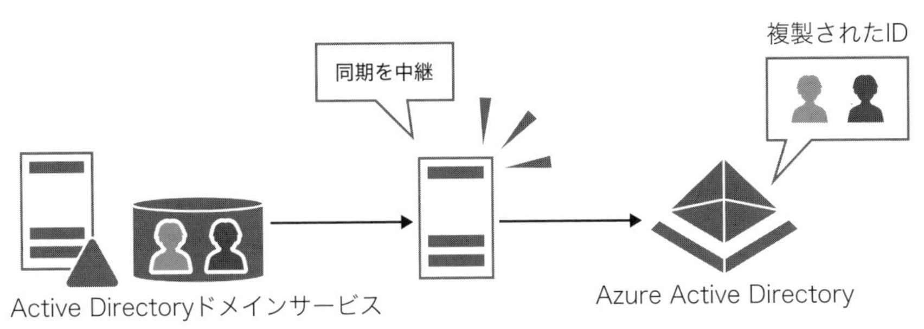

図6.5：ディレクトリ同期を行うには、同期を中継するサーバーがオンプレミス側に必要

この中継役となるサーバーは、「Azure AD Connect（Entra Connect）サーバー」と呼ばれます。

Azure AD Connectは、Windows Serverにインストールします。

Active DirectoryドメインサービスのIDは、Azure AD Connectを通じて、Azure ADに複製されます。これにより、オンプレミスのファイルサーバーやメールサーバーなどのリソースには引き続きアクセスでき、かつ、Azure ADと信頼関係が結ばれているさまざまなクラウドリソースにも同じIDでアクセスができるようになります。

オンプレミスとクラウドのアプリに、同じIDでアクセスできるようにするには、Azure AD Connectを使用してディレクトリ同期を行います。

Azure AD Connectを利用することで、Active DirectoryドメインサービスのIDがクラウドに同期できるようになります。

このように複製の方向は、「オンプレミスからクラウド」です。何も設定しなければ、この一方向の複製しかできません。ただし、設定を行えば、一部の属性やオブジェクトは、「クラウドからオンプレミス」に複製することができます。

クラウドからオンプレミスへの複製のことを、「書き戻し」や「ライトバック」と呼びます。

例えば、ユーザーのパスワードは書き戻しができる属性の1つです。パスワードの書き戻しができない場合、パスワードの変更やリセットは、必ずオンプレミス側で行う必要があります。しかし、パスワードの書き戻しが有効になっていれば、クラウドのツール（マイアカウントページなど）を使っているときに、自分のパスワードを変更し、クラウドからオンプレミスに複製できます。

下図は、マイアカウントページ（myaccount.microsoft.com）です。ここからユーザーのパスワードを変更できます。

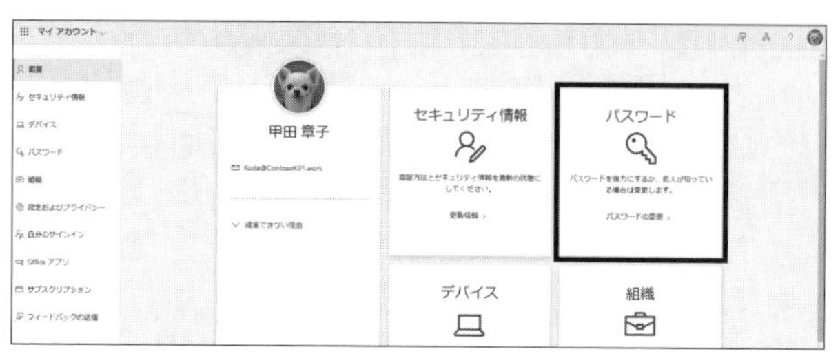

図6.6：マイアカウントページでユーザーのパスワードを変更できる

6.4 ハイブリッドIDの認証方法

ハイブリッドIDを構成するには、Azure AD Connect（Entra Connect）をインストールして、同期を行うということを紹介しました。この時、使用する認証方法を選択する必要があります。認証方法を選択するには、Azure AD Connectウィザードの［ユーザーサインイン］ページを使用します。

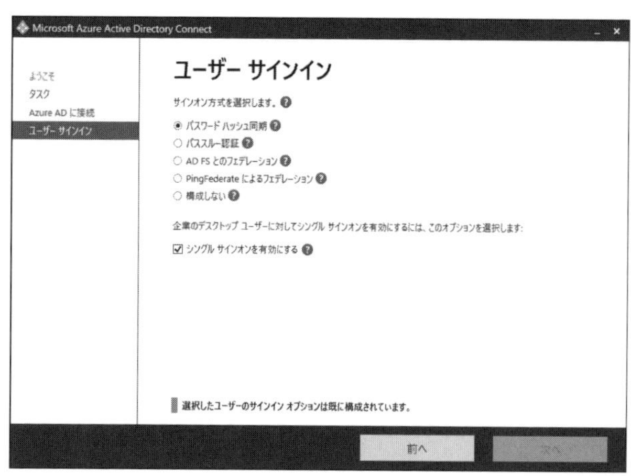

図6.7：Azure AD Connectの［ユーザーサインイン］ページ

ここでは、［ユーザーサインイン］ページに表示されている次の3つの認証方法を紹介します。

・パスワードハッシュ同期
・パススルー認証
・AD FSとのフェデレーション

HINT ハイブリッドIDにおける認証

上記に挙げた3つの認証方法は、いずれもハイブリッドIDで使用する認証方法です。

選択する認証方法によって、オンプレミスで認証を行ったり、クラウドで認証を行ったりするものがあります。また、追加のサーバーが必要になる場合もあります。

6.4.1 パスワードハッシュ同期

ディレクトリ同期の構成を行うと、既定でパスワードハッシュが同期されます。パスワードハッシュとは、パスワードの値をハッシュ関数と呼ばれる一定の規則を使用して生成した値です。この値を使用して、クラウド（Azure AD）側で認証を行うのが、パスワードハッシュ同期認証です。

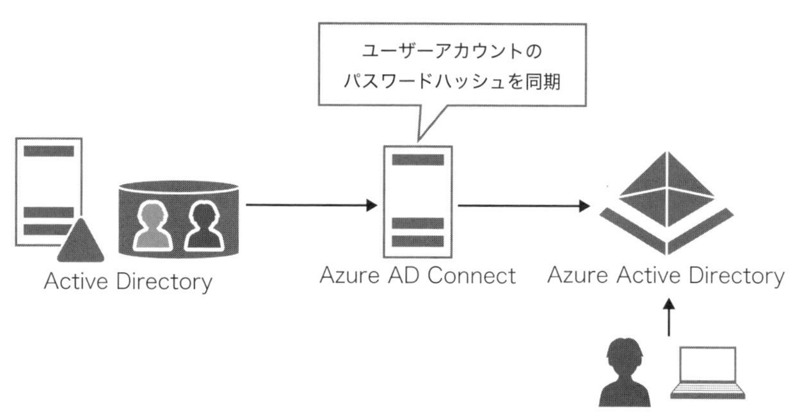

図6.8：パスワードハッシュ同期

パスワードハッシュ同期認証では、クラウドのサインイン時にユーザー名やパスワードを入力すると、入力したパスワードからハッシュを生成します。そして、あらかじめ複製されているパスワードハッシュの値と突き合わせて、一致するかを確認します。一致した場合は正しいユーザーとして認証されます。

パスワードハッシュ同期は、クラウド側（Azure AD）で認証を行う方法です。認証に関して追加のサーバーなどの構成は不要です。3つの認証方法の中で最もコストがかからないのが、パスワードハッシュ同期です。

パスワードハッシュ同期は、追加のサーバーが不要であるため、もっとコストのかからない認証方法です。

パスワードハッシュ同期では、MFA（多要素認証）の利用も可能です。

6.4.2 パススルー認証

パススルー認証は、オンプレミスで認証を行うため、ログオン時間の制限やパスワードポリシーなどのオンプレミスの設定を使い続けたいといった要件がある場合に利用します。パススルー認証を使用するようにAzure AD Connect（Entra Connect）ウィザードで設定すると、認証エージェントがAzure AD Connectサーバー上にインストールされます。認証エージェントは、ユーザーの資格情報をAzure AD（Microsoft Entra ID）からActive Directoryに中継する役割を持ちます。パススルー認証のプロセスは、次の通りです。

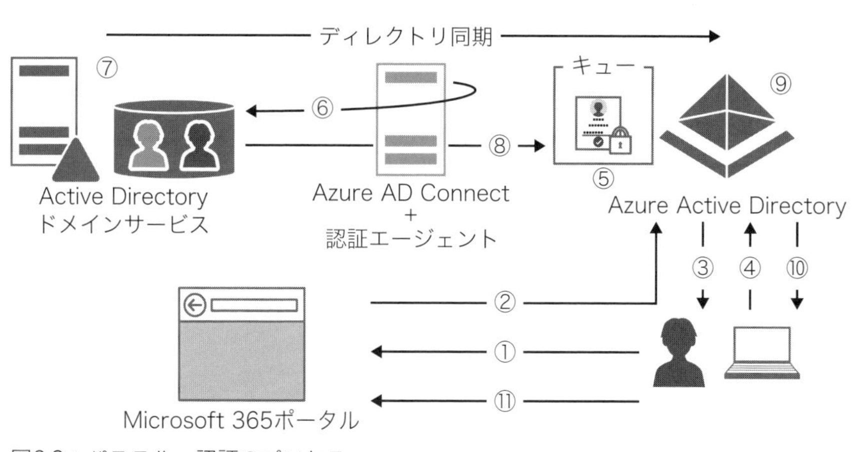

図6.9：パススルー認証のプロセス

① ユーザーが、Microsoft 365ポータル（portal.office.com）にアクセスします。
② 認証要求は、ユーザーのブラウザーを通じて、Azure ADにリダイレクトされます。
③ Azure ADからユーザーに対して資格情報が要求されます。
④ ユーザーが、ユーザー名、パスワードなどの資格情報を入力します。
⑤ 受け取った資格情報は暗号化された状態でキューに保存されます。
⑥ Azure AD Connect上に構築された認証エージェントが、キューの中にある資格情報を受け取り、オンプレミスActive Directoryのドメインコントローラーに渡します。
⑦ ドメインコントローラーが認証を行います。
⑧ 認証結果は、認証エージェントを通じて、Azure ADに伝達されます。
⑨ 正しいユーザーであった場合は、アクセストークンを生成します。
⑩ アクセストークンを送信します。
⑪ アクセストークンをリソースに提示することで、Microsoft 365のリソースにアクセスできるようになります。

パススルー認証では、オンプレミス側が認証を行います。また、認証エージェントの役割が必要ですが、1台目の認証エージェントは、Azure AD Connectサーバー上に自動的に構成されます。しかし、認証エージェントは、認証に必要な情報を中継する重要なサーバーであるため、3台以上構築して、可用性を維持する必要があります。

パスワードハッシュ同期は、オンプレミスのアカウントのパスワードハッシュ情報がAzure ADに複製されますが、パススルー認証の場合は、オンプレミス側で認証するため、パスワードなどの情報を一切クラウド側に持たないようにすることができます。ただし、パスワードハッシュ情報を必要とするクラウドの機能を利用する場合は、パススルー認証を使用していても、パスワードハッシュ情報を同期する必要があります。

パススルー認証は、MFA（多要素認証）を利用することができます。

6.4.3 AD FSとのフェデレーション

AD FSは、Active Directory Federation Servicesのことで、認証の情報を連携することができるサービスです。この方法は、多くのサーバーを必要とする最も構築にコストがかかる方法です。

しかし、既定でクラウドサービスへのシングルサインオンをサポートしていたり、サードパーティ製のスマートカード認証を組み合わせることができるなど、さまざまな構成を行うことができます。AD FSとのフェデレーションの認証プロセスは次の通りです。

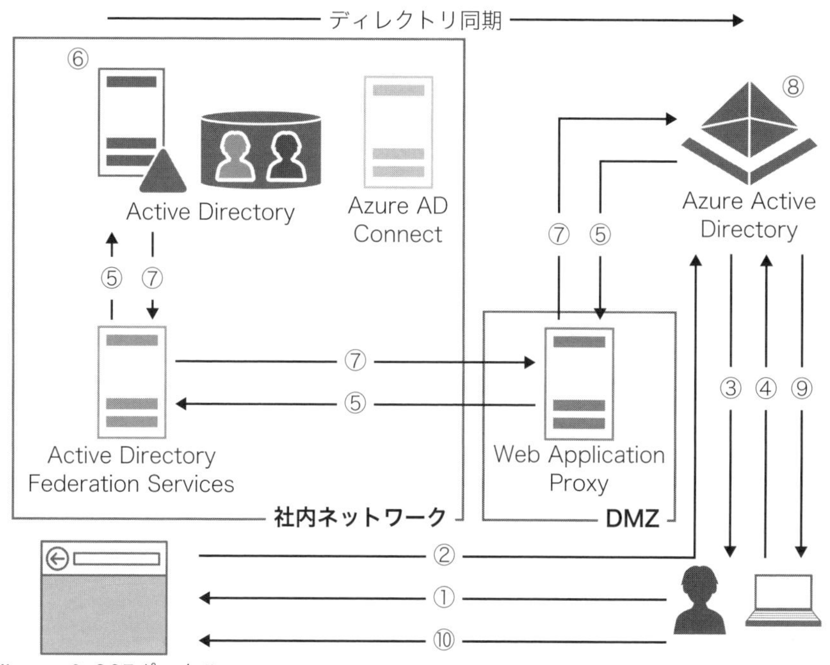

図6.10：AD FSとのフェデレーションの認証プロセス

① ユーザーが、外部からブラウザーを使用してMicrosoft 365ポータル（portal.office.com）にアクセスします。

② 認証を行うため、要求がAzure AD（Microsoft Entra ID）にリダイレクトされます。

③ Azure ADから資格情報が要求されます。

④ ユーザーが、自身の資格情報（ユーザー名やパスワードなど）を入力します。

⑤ 資格情報は、Web Application Proxy、AD FSサーバーを介して、ドメインコントローラーに送信されます。

HINT Web Application Proxy

Web Application Proxyは、認証を要求するユーザーが社外にいる場合に、外部から内部に認証情報を中継するために使用されます。

⑥ ドメインコントローラーで認証が行われます。
⑦ ドメインコントローラーで認証された情報は、Active Directoryドメイン環境で利用できる「チケット」の情報であるため、これをAzure ADが理解できる「トークン」の情報に置き換える必要があります。
チケットからトークンへの置き換えを行うのが、AD FSです。AD FSでIDトークン（認証が完了したことを示す情報）を生成し、Azure ADに送信します。
⑧ Azure ADは、IDトークンを確認し、正しいユーザーであることが確認できたらアクセストークンを生成します。
⑨ 生成したアクセストークンを送信します。
⑩ 送られてきたアクセストークンをMicrosoft 365のサービスに提示し、リソースにアクセスします。

HINT AD FSの利用頻度は少ない

上記で紹介した通り、AD FSは、いわばActive DirectoryとAzure ADの間に立つ通訳のような役割をするサーバーです。しかし、Azure ADがActive Directoryで利用しているチケットを理解できるようになったため、通訳（AD FS）なしでもやり取りができるようになりました。そのため、最近では新規でAD FSによるフェデレーションを実装する企業は少なくなっています。

AD FSとのフェデレーションでは、既定でクラウドリソースへのシングルサインオンが構成されます。ユーザーが社内にいる場合、Windowsにサインインすると、ドメインコントローラーに認証されます。その後、クラウドサービスにアクセスする際、資格情報を入力することなくシングルサインオンでアクセスできます。また、スマートカードを使用した認証方法を追加するといった事も可能です。

練習問題

ここまで学習した内容がきちんと習得できているかを確認しましょう。

問題 6-1

組織は、Microsoft 365をハイブリッドシナリオで展開することを計画しています。従業員が認証にスマートカードを使用できるようにする必要があります。どのハイブリッドIDソリューションを実装する必要がありますか。

A. シングルサインオンによるパスワードハッシュ同期
B. Active Directoryフェデレーションサービス（AD FS）
C. Pingフェデレートおよびフェデレーション統合
D. パススルー認証とシングルサインオン

問題 6-2

会社はフェデレーション認証とAzure AD Connect（Entra Connect）を実装しています。

各ステートメントが正しい場合は「はい」を、正しくない場合は「いいえ」を選択してください。

①クラウドIDは、Azure AD Connectを使用して、オンプレミスのAD DSからMicrosoft 365に同期されています。
②ハイブリッドIDは、オンプレミスのAD DSドメインのユーザーアカウントのパスワードハッシュをAzure ADのユーザーアカウントが持つことができます。

問題 6-3

あなたの会社には、Office 365サブスクリプションがあります。このサブスクリプションの管理者として、クラウドベースのアプリケーションがオンプレミスアプリケーションと同じ資格情報を使用することを強制するソリューションを推奨する任務を負っています。次のうちどれをお勧めしますか。

A. Azure AD Connect
B. Configuration Manager
C. Windows Autopilot
D. Azure AD Application Proxy

問題 6-4

この質問は、同一の設定を示すいくつかの質問に含まれています。ただし、すべての質問には独自の結果があります。ソリューションが要件を満たしているかどうかを確認します。

あなたは、会社の Microsoft 365をハイブリッド構成で展開する任務を負っています。
スタッフが認証目的でスマートカードを使用できるようにしたいと考えています。

解決策
ハイブリッドIDソリューションとして、パススルー認証とシングルサインオンの使用を構成します。

ソリューションは目標を満たしていますか。「はい」もしくは「いいえ」で回答してください。

問題 6-5

この質問は、同一の設定を示すいくつかの質問に含まれています。ただし、すべての質問には独自の結果があります。ソリューションが要件を満たしているかどうかを確認します。

あなたは、会社の Microsoft 365をハイブリッド構成で展開する任務を負っています。
スタッフが認証目的でスマートカードを使用できるようにしたいと考えています。

解決策
ハイブリッドIDソリューションとして、シングルサインオンでのパスワードハッシュ同期の使用を構成します。

ソリューションは目標を満たしていますか。「はい」もしくは「いいえ」で解答してください。

問題 6-6

この質問は、同一の設定を示すいくつかの質問に含まれています。ただし、すべての質問には独自の結果があります。ソリューションが要件を満たしているかどうかを確認します。

あなたは、会社の Microsoft 365をハイブリッド構成で展開する任務を負っています。
スタッフが認証目的でスマートカードを使用できるようにしたいと考えています。

解決策
ハイブリッドIDソリューションとして、Active Directoryフェデレーションサービス（AD FS）の使用を構成します。

ソリューションは目標を満たしていますか。「はい」もしくは「いいえ」で解答してください。

練習問題の解答と解説

問題 6-1 正解 B　　参照 6.4.3「AD FSとのフェデレーション」

サードパーティ製のICカード（スマートカード）などを利用した認証を組み合わせたい場合の唯一の選択肢は、AD FSによるフェデレーション認証です。

問題 6-2 正解 以下を参照　　参照 6.4.3「AD FSとのフェデレーション」

①いいえ

クラウドIDは、Azure AD（Microsoft Entra ID）に直接作成され、Azure ADで認証されるIDのことです。

②はい

ハイブリッドIDは、オンプレミスのAD DSアカウントがAzure ADに複製されたものです。

パスワードハッシュが複製されるかは設定によりますが、複製した場合は、パスワードハッシュをAzure ADのユーザーアカウントが持ちます。

問題 6-3 正解 A　　参照 6.3「ディレクトリ同期」

クラウドとオンプレミスのアプリで同じ資格情報を使用したい場合は、Azure AD Connect（Entra Connect）を使用して、オンプレミスのIDを同期する必要があります。

問題 6-4 正解 いいえ　　参照 6.4.3「AD FSとのフェデレーション」

スマートカードを使用できるようにするには、フェデレーション認証を実装する必要があります。

問題 6-5 正解 いいえ　　参照 6.4.3「AD FSとのフェデレーション」

スマートカードを使用できるようにするには、フェデレーション認証を実装する必要があります。

問題 6-6 正解 はい　　参照 6.4.3「AD FSとのフェデレーション」

スマートカードを使用できるようにするには、フェデレーション認証を実装する必要があるため、この解決策は正しいです。

第7章

Microsoft 365のセキュリティ

本章では、Microsoft 365が持つ数多くのセキュリティ機能について学びます。

理解度チェック

- □ ゼロトラストセキュリティ
- □ 境界型セキュリティ
- □ ゼロトラストの3原則
- □ 明示的に確認する
- □ 最小特権アクセスを使用する
- □ Just-in-Timeアクセス
- □ Just Enoughアクセス
- □ 特権アクセスワークステーション（PAW）
- □ 侵害があるものと考える
- □ Microsoftセキュアスコア
- □ 多要素認証
- □ Windows Hello
- □ Windows Helloでサポートする生体情報（指紋、顔、虹彩）
- □ パスワード+MFA
- □ セキュリティの既定値
- □ ユーザーごとのMFA
- □ 第2要素の認証（電話、SMS、モバイルアプリによる通知およびハードウェアトークン）
- □ パスワードレス認証
- □ Windows Hello for Business
- □ Microsoft Authenticator
- □ FIDO2セキュリティキー
- □ セルフサービスパスワードリセット（SSPR）
- □ 条件付きアクセス
- □ Azure AD Identity Protection（Microsoft Entra ID Protection）
- □ Azure AD Privileged Identity Management（Microsoft Entra Privileged Identity Management）
- □ Microsoft 365 Defender
- □ Microsoft Defender for identity
- □ Exchange Online Protection
- □ Microsoft Defender for Office 365
- □ 安全な添付ファイル
- □ 安全なリンク
- □ 自動調査と対応（AIR）
- □ 攻撃シミュレーションのトレーニング
- □ Microsoft Defender for Endpoint
- □ Microsoft Defender for Cloud Apps
- □ シャドーITの検出
- □ リスクスコア
- □ Cloud Discoveryダッシュボード
- □ Microsoft Sentinel
- □ SIEM
- □ SOAR

アクセスキー m

（小文字のエム）

7.1 Microsoftのセキュリティへの取り組み

Microsoftは、日々進化する脅威に対して、次のような取り組みを行っています。

■ツールの簡素化

管理ツールを分かりやすくシンプルにし、セキュリティ対策の状況を可視化します。

■さまざまなサービスを使用した監視

Microsoft 365を使用するユーザーのサインインの監視など、攻撃者が起こす脅威の兆候を素早く発見し、ブロックします。

■侵入テスター

Microsoft AzureおよびMicrosoft 365スタッフは、フルタイムのRedチーム（攻撃側）とBlueチーム（防御側）によって侵入テストを行い、脅威に備えています。

これらの対策を日々行うことで、脆弱性などのセキュリティ上の問題を検出し、対策を講じています。

Microsoftのセキュリティの取り組みの3つの項目を覚えておきましょう。

7.2 ゼロトラストセキュリティ

ここ数年の間に、クラウドサービスの需要が爆発的に増加し、多くの企業や組織でクラウドサービスを導入しています。それに伴い、セキュリティの考え方も大きく変えていかなければなりません。これまでのセキュリティ対策と、現在、そしてこれからのセキュリティ対策に対する考え方は次の通りです。

・これまでのセキュリティ対策……………………境界型セキュリティ
・現在およびこれからのセキュリティ対策………ゼロトラストセキュリティ

7.2.1 境界型セキュリティ

クラウドサービスが普及する前は、オンプレミス中心の環境でした。多くの人は毎日同じオフィスに、決められた時間に出社して、決められた席に座り、決められたデバイスで作業を行うという「固定された環境」でした。

決められたオフィスに、
決められた時間に出社

決められた席で、
決められたデバイスを利用

図7.1：固定された環境

そして、決められたアプリを使用し、作成したファイルは社内の決められた場所（ローカルデバイスやファイルサーバー）に保存していました。

図7.2：決められたアプリを使用し、決められた場所に保存

Microsoftは、セキュリティで保護する対象として、次の4つを挙げています。

・ID（ユーザーアカウント）
・デバイス
・データ
・アプリ

従来の「固定された環境」においては、これら4つはすべて社内ネットワークに存在します。

社内ネットワークと外部の境界となるファイアウォールを配置して、悪意のあるものは社内ネットワークに入れないようにすることで、4つの要素をきちんと保護することができました。

このように、外部と内部をしっかりとファイアウォールで区別するセキュリティ対策が、「境界型セキュリティ」です。

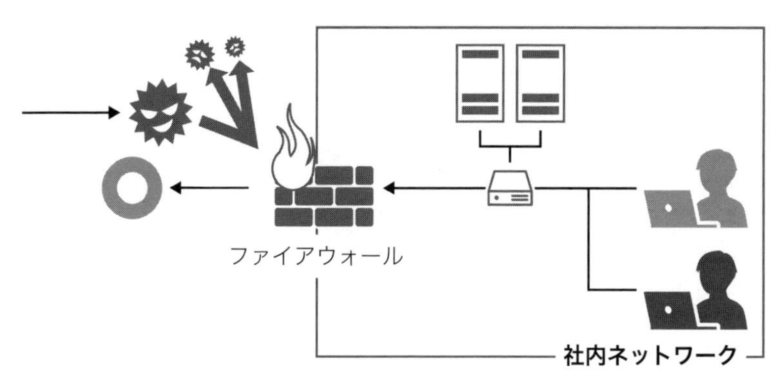

図7.3：内部ネットワークと外部ネットワークをファイアウォールによって区別

以前のセキュリティ対策は、ファイアウォールベース（境界型セキュリティ）でした。

7.2.2 ゼロトラストセキュリティ

従来のセキュリティ対策は、「守るべきもの」がすべて同じネットワーク内にあったことから、ファイアウォールベースのセキュリティ対策が主流でした。しかし、現在はクラウドサービスの普及やテレワークをする人の増加によって、守るべきものが社内ネットワークにない状態が当たり前になっています。

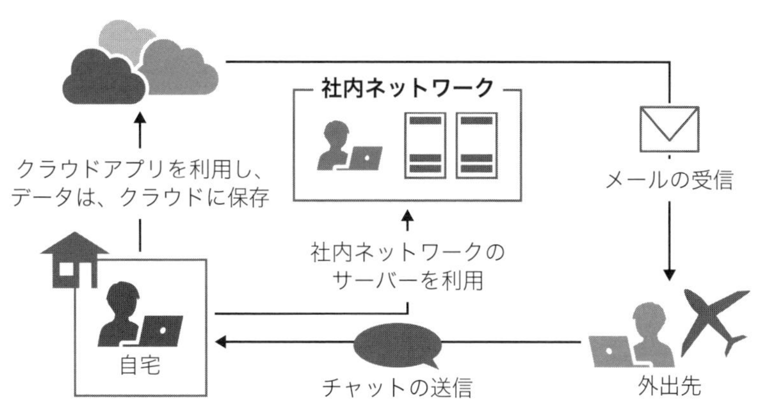

図7.4：現在は守るべきものが、外部にあることが当たり前

もちろん従来通り、オンプレミス環境も引き続き利用している企業や組織は多くありますので、境界型セキュリティも必要です。しかし、クラウドを利用している場合は、境界型セキュリティのみでは必要なものをすべて保護することはできません。そこで必要となるのが、「ゼロトラストセキュリティ」です。

ゼロトラストセキュリティは、「信頼できるものは何もない」という考え方をベースにセキュリティ対策を行っていきます。境界型セキュリティでは、「ファイアウォール」をベースとしたセキュリティでしたが、ゼロトラストセキュリティの場合は、何をベースにセキュリティを考えていくのでしょうか。それは、「ID」です。

社内、社外のどこからアクセスしても、時間や場所を問わずに必要なものが保護されなければなりません。そのため、クラウドサービスにアクセスするたびに、毎回、身元（ID）の確認を行う必要があります。

7.2.3 ゼロトラストの3原則

ここでは、Microsoftが掲げるゼロトラストの3原則を確認します。それが次の3つです。

■明示的に確認する

会社の資産である、ID、デバイス、クラウドアプリを登録します。

そして、誰がどのようなデバイスを利用してクラウドアプリにアクセスしようとしているか、毎回必ず身元の確認を行います。不適切なIDやデバイスなどを利用している場合や、不適切な場所からアクセスしている場合はアクセスをブロックします。

■最小特権アクセスを使用する

必要な時に、必要な権限および必要な時間だけアクセス許可を付与するという概念で、次の3つのようなものがあります。

・JIT（Just-in-Time）アクセス

管理者が管理作業を行うために、適切なタイミングで、必要な時間のみ権限を付与します。設定時間を過ぎると、付与されていた権限がはく奪され、管理者としての権限は行使できなくなります。これをJIT（Just-in-Time）アクセスといいます。これにより不要な特権の乱用を防いだり、攻撃者からの攻撃の機会を減らします。

・Just Enoughアクセス

Just Enoughアクセスは、管理を行うために必要最小限の権限を付与することです。これにより、不必要な権限を割り当てたことによる設定ミスを防ぐことができ、攻撃者にアカウントを乗っ取られた場合の被害を最小限に抑えることができます。

・特権アクセスワークステーション（PAW：Privileged Access Workstation）の利用

デバイスで利用可能な操作を制限したり、攻撃から防御をするために高いセキュリティ対策が施されたデバイスのことです。このようなデバイスを利用することで、攻撃者の攻撃を防ぐことができます。

最小特権アクセスの3つの要素を覚えておきましょう。

■侵害があるものと考える

セキュリティ対策は、「やられないようにする」対策だけではなく、「やられた後」の対策も必要です。

例えば、通信やデバイスを暗号化したり、侵害が検出できるようなサービスを利用したりします。また、アクセスをセグメント化して、侵害が起きた場合にセグメント外に被害が広がらないようにします。

ゼロトラストの3原則を覚えておきましょう。

7.3 セキュリティ対策の評価と実装

組織や企業でセキュリティ対策が適切にできているかを判断することは非常に難しいです。

なぜならセキュリティ対策は広範囲にわたり、しかも攻撃の手法はどんどん変化していくからです。状況に応じた対策をバランスよく行うには、次のことを定期的に実行する必要があります。

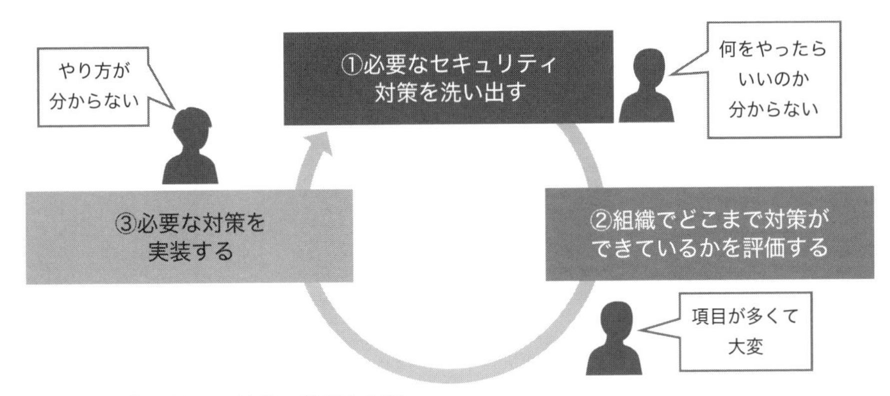

図7.5：セキュリティ対策の評価と実装

図7.5のサイクルを定期的に実行するのは非常に大変です。

そこで利用したいのが、Microsoftセキュアスコアです。Microsoftセキュアスコアは、Microsoft 365テナント内で必要となるセキュリティ対策を洗い出し、それらがどこまで実装できているかをセキュアスコアとして表示します。

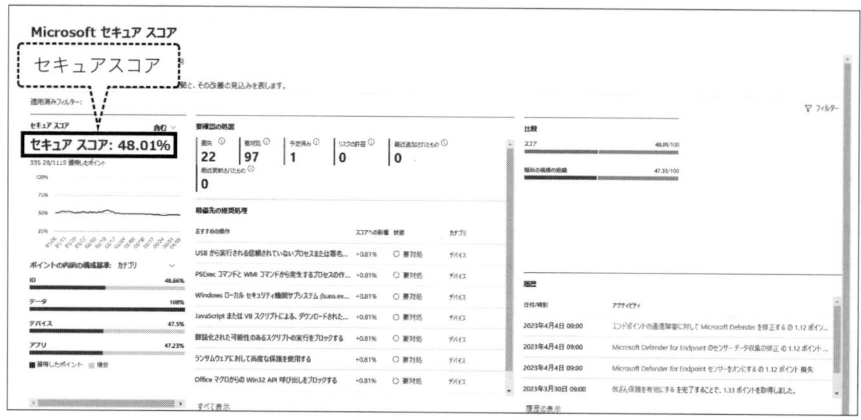

図7.6：Microsoftセキュアスコア

また、図7.6では、セキュアスコアが48.01%と表示されていますが、このスコアをさらに向上するために必要な対策を確認することもできます。図7.7の[おすすめの操作]タブを表示すると、スコアを上げるための対策がランキング形式で表示されます。これらを順番に実行していくことで、セキュアスコアが向上します。

Microsoft セキュア スコア

概要　おすすめの操作　履歴　指標と傾向

Microsoft セキュア スコアを改善するために実行できる処置です。スコアが更新されるまでに最大で 24 時間かかる場合があります。

エクスポート　　204 個のアイテム　検索　フィルター　グループ化

製品名が表示されます。

ランク	おすすめの操作	スコアへの影響	獲得したポイント	状態	喪失	ライセンスをお持...	カテゴリ	製品	最終同期日	Microsoft Update	メモ
1	USB から実行される信頼されていないプロセスまたは署名されていないプロセスをブロックする	+0.78%	0/9	要対処	はい	はい	デバイス	Defender for Endpoint	2023/05/15	なし	なし
2	PSExec コマンドと WMI コマンドから発生するプロセスの作成をブロックする	+0.78%	0/9	要対処	はい	はい	デバイス	Defender for Endpoint	2023/05/15	なし	なし
3	Windows ローカル セキュリティ機関サブシステム (lsass.exe) からの資格情報の盗難をブロ	+0.78%	0/9	要対処	はい	はい	デバイス	Defender for Endpoint	2023/05/15	なし	なし
4	JavaScript または VB スクリプトによる、ダウンロードされた実行可能なコンテンツの起動をブ	+0.78%	0/9	要対処	はい	はい	デバイス	Defender for Endpoint	2023/05/15	なし	なし
5	難読化された可能性のあるスクリプトの実行をブロックする	+0.78%	0/9	要対処	はい	はい	デバイス	Defender for Endpoint	2023/05/15	なし	なし
6	ランサムウェアに対して高度な保護を使用する	+0.78%	0/9	要対処	はい	はい	デバイス	Defender for Endpoint	2023/05/15	なし	なし
7	ブロック モードで PUA の保護を有効にする	+0.78%	0/9	要対処	はい	はい	デバイス	Defender for Endpoint	2023/05/15	なし	なし
8	Office マクロからの Win32 API 呼び出しをブロックする	+0.78%	0/9	要対処	いいえ	はい	デバイス	Defender for Endpoint	2023/05/15	なし	なし
9	Office アプリケーションによる他のプロセスへのコード挿入をブロックする	+0.78%	0/9	要対処	いいえ	はい	デバイス	Defender for Endpoint	2023/05/15	なし	なし
10	メール クライアントと Web メールで実行可能なコンテンツをブロックする	+0.78%	0/9	要対処	はい	はい	デバイス	Defender for Endpoint	2023/05/15	なし	なし
11	Office アプリケーションによる実行可能なコンテンツの作成をブロックする	+0.78%	0/9	要対処	いいえ	はい	デバイス	Defender for Endpoint	2023/05/15	なし	なし
12	Office の通信アプリケーションによる子プロセスの作成をブロックする	+0.78%	0/9	要対処	いいえ	はい	デバイス	Defender for Endpoint	2023/05/15	なし	なし

図7.7：セキュアスコアを向上させるための対策

［おすすめの操作］タブに表示される対策は、製品でフィルターすることができます。フィルターできる製品は次の通りです。

- Azure Active Directory
- Citrix ShareFile
- Defender for Endpoint
- Defender for Identity
- Defender for Office
- DocuSign
- Exchange Online
- GitHub
- Microsoft Defender for Cloud Apps
- Microsoft Information Protection
- Microsoft Teams
- Okta
- Salesforce
- ServiceNow
- SharePoint Online
- Zoom
- アプリガバナンス

製品

☐ Azure Active Directory
☐ Citrix ShareFile
☐ Defender for Endpoint
☐ Defender for Identity
☐ Defender for Office
☐ DocuSign
☐ Exchange Online
☐ GitHub
☐ Microsoft Defender for Cloud Apps
☐ Microsoft Information Protection
☐ Microsoft Teams
☐ Okta
☐ Salesforce
☐ ServiceNow
☐ SharePoint Online
☐ Zoom
☐ アプリ ガバナンス

図7.8：対策が表示されるサービス

このようにMicrosoft以外のサービスについても対策が表示され、対策を実行することでスコアを上げることができます。

ここがポイント

Microsoft Defender for Cloud Appsなど多くのサービスが、セキュアスコアと統合して、リスクを低減するために必要な推奨事項を表示します。

7.4 IDのセキュリティ

ゼロトラストセキュリティを実現するために、IDを保護することは、非常に重要です。

ここでは、Azure AD（Microsoft Entra ID）が持つさまざまなIDのセキュリティ機能を紹介します。

7.4.1 Azure AD Multi-Factor Authentication(Microsoft Entra MFA)

Azure Active Directory（Microsoft Entra ID）では、多要素認証（MFA：Multi-Factor Authentication）をサポートしています。多要素認証とは、次の3つのうち、2つ以上の方法を認証の際に要求することで、認証の強度を高めるというものです。

■ユーザーが知っているもの（知識情報）

通常は、パスワードを指します。認証時に、ユーザーアカウントおよび本人しか知りえないパスワードを指定することで、本人確認を行います。

■ユーザーが持っているもの（所持情報）

ユーザーが所持している携帯電話やスマートフォンなどを指します。本人しかもっていないデバイスを認証に利用することで、本人確認を行います。

■ユーザー自身（生体情報）

指紋、顔、虹彩などの本人の生体もしくは、PIN（暗証番号）を利用して、本人確認を行います。

HINT Windows 10/11でサポートする生体認証機能

Windows 10/11では、指紋、顔、虹彩の生体情報およびPINを使用したサインインをサポートしています。この機能のことを、「Windows Hello」と呼びます。

Azure ADで多要素認証を実装する方法は、次の3通りです。

■セキュリティの既定値群を有効にする

Azure ADのすべてのライセンスで利用可能な機能です。セキュリティの既定値群を有効にすると、次の構成が行われます。

- 組織内のすべてのユーザーに対して、Microsoft Authenticatorを使用した第2要素の登録が求められます。
- ユーザーは、管理ツールなどにアクセスする際に多要素認証を求められます。

・管理者は、サービスにアクセスするたびに、多要素認証を求められます。
・レガシー認証プロトコルがブロックされます。

セキュリティの既定値群の設定は、Azure Portalの［Azure Active Directory］やMicrosoft Entra管理センターで行います。

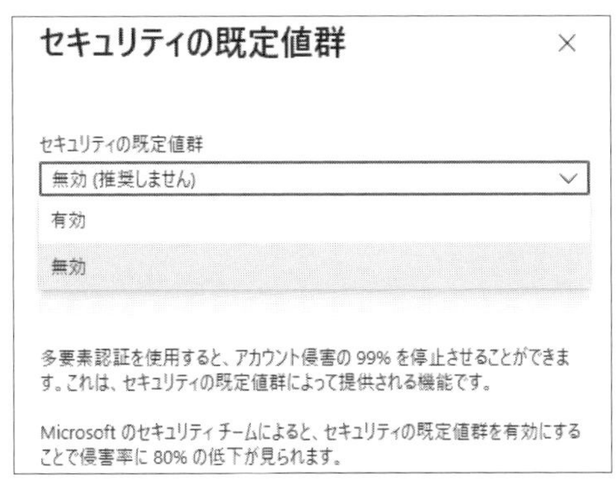

図7.9：セキュリティの既定値群を設定する

HINT 第2要素の登録

セキュリティの既定値群が有効になってから、ユーザーが初めてサインインするときに、Microsoft Authenticatorを使用した第2要素の登録を求められます。初めてサインインしてから2週間以内であれば、第2要素の登録をスキップすることができますが、2週間を経過すると、第2要素を登録するまでサインインすることができなくなります。

■ユーザーごとのMFA

管理者が、特定のユーザーに対してMFAを有効にすることができます。この設定を行うと、有効にされたユーザーは、常にMFAを使用してサインインすることを求められます。管理者権限を持つユーザーや、機密情報に頻繁にアクセスするユーザーなどに対して設定します。

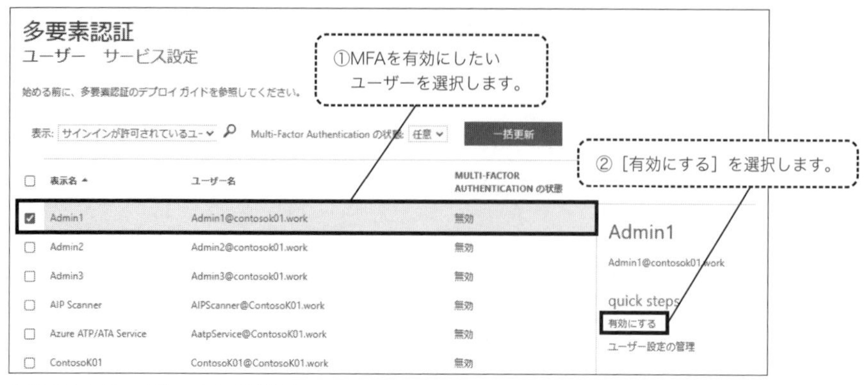

図7.10：ユーザーごとのMFA

HINT 必要なライセンス

ユーザーごとのMFAを利用するには、Azure AD Premium P1（Microsofft Entra ID P1）以上のライセンスが必要です。

■条件付きアクセス

条件付きアクセスは、アプリにアクセスする際に、「誰が」「どんな場所から」「どんなデバイスを使って」などさまざまな条件を設定し、条件を満たしたユーザーに対してアプリへのアクセスを許可/拒否することができるポリシーです。条件付きアクセスを利用すると、アプリへのアクセス条件を満たしたユーザーに対して、MFAを要求することができます。

HINT 必要なライセンス

条件付きアクセスを利用するには、Azure AD Premium P1以上のライセンスが必要です。

このように、いくつかの方法を使用して多要素認証を構成することができます。Azure AD Multi-Factor Authentication（Microsoft Entra MFA）では、第1要素はパスワードを使用しますが、第2要素として使用できるのは次のものです。末尾の番号は、図7.11の番号に対応しています。

■電話への連絡（①）

携帯電話の番号を登録しておきます。第2要素の認証が必要になった場合に、登録した電話番号宛に着信があります。電話に出ると、自動音声メッセージが流れますので、指示にしたがって#キーをタップします。

■電話へのテキストメッセージ（SMS）（②）

携帯電話の番号を登録しておきます。第2要素の認証が必要になった場合に、登録した番号宛にショートメッセージが送信されます。ショートメッセージに記載されている6桁の確認コードを確認し、認証を要求されているデバイスで入力します。

■モバイルアプリからの確認コード（③）

第2要素の認証が必要になった場合に、Microsoft Authenticatorに表示される6桁の確認コードを確認します。この6桁の数値は30秒ごとに切り替わるため、その時表示されているものを使用して、認証を要求されているデバイスで入力します。

■モバイルアプリによる通知（④）

第2要素の認証が必要になった場合、認証が要求されているデバイスで2桁の数字が表示されますので、それと同じものをMicrosoft Authenticatorに入力します。

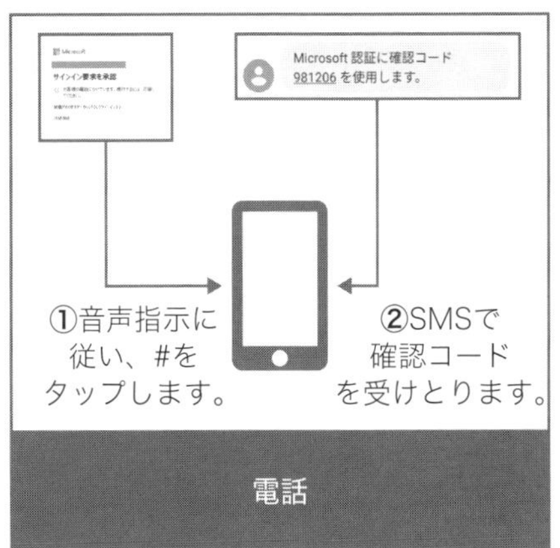

図7.11：第2要素の認証で利用される4つの方法

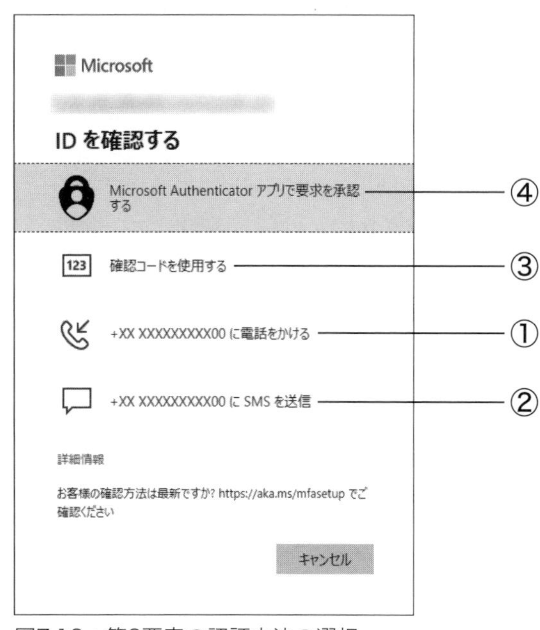

図7.12：第2要素の認証方法の選択

4つすべてを管理者が許可していて、ユーザーが自分の電話番号の登録やMicrosoft Authenticatorのセットアップが完了している場合、第1要素の認証が完了すると次のような画面が表示され、どの認証方法を使用するかを選択することができます。

4種類の第2要素の認証方法をすべて覚えておきましょう。

7.4.2 パスワードレス認証

パスワードレス認証は、その名前の通りパスワードを使用しない認証方法で、デバイスや生体情報、キーペアなどを組み合わせて使用する安全性の高い認証方法です。パスワードレス認証には、次のようなものがあります。

■ Windows Hello for Business

PIN（暗証番号）もしくは生体認証を使用して安全に認証を行うことができます。Windows Hello for Businessの認証プロセスは次の通りです。

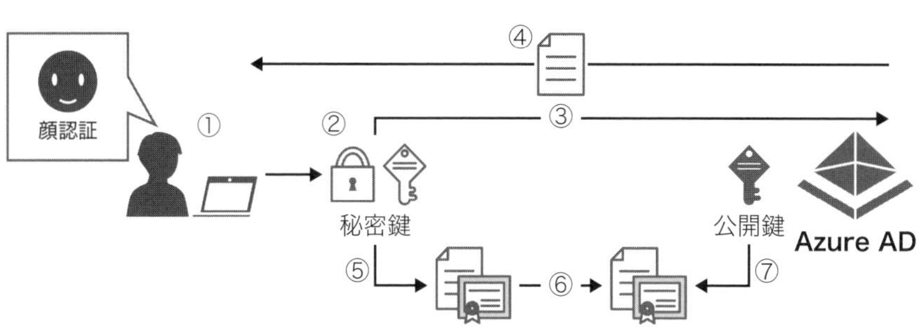

図7.13：Windows Hello for Businessの認証プロセス

① ユーザーがPIN（暗証番号）もしくは生体情報を使用してWindowsにサインインします。図7.13は、顔認証を使用してサインインしています。
② 認証が通ったことで、デバイスもしくはソフトウェアに保存されている秘密鍵が取り出されます。

HINT 秘密鍵と公開鍵

Azure ADでアカウントを登録した際に、認証に使用する2つのキー（キーペア）が作成されます。片方は秘密鍵と呼ばれる鍵でユーザーのデバイスに保存され、もう一方は、公開鍵と呼ばれAzure ADが保管しています。

③ 秘密鍵が取り出されたときに、Azure AD（Microsoft Entra ID）に対して認証の要求が送信されます。
④ Azure ADからnonceと呼ばれる1回だけ使用可能なランダムな文字列が送信されます。
⑤ 秘密鍵を使用して、nonceにデジタル署名を行います。
⑥ 署名付きのnonceをAzure ADに送信します。
⑦ Azure ADは、公開鍵を使用してnonceに付いているデジタル署名を検証します。

このプロセスでユーザーが正しいユーザーであるかが確認されます。

Windows Hello for Businessでは、生体認証として、顔や指紋、虹彩が利用できます。

Microsoft Authenticator

パスワードレス認証に、Microsoft Authenticatorを使用することができます。

クラウドアプリにサインインする際に、ユーザー名を入力すると、ブラウザー上に次のような画面が表示されます。

図7.14：サインインしようとすると、ブラウザーに2桁の数字が表示される

同時に、Microsoft Authenticatorがインストールされているスマートフォンに通知が届きますので、通知を選択してAuthenticatorアプリを開きます。この時、認証に必要なnonceなどをAzure ADから受け取ります。通知を選択したときに表示されるのは次の画面です。

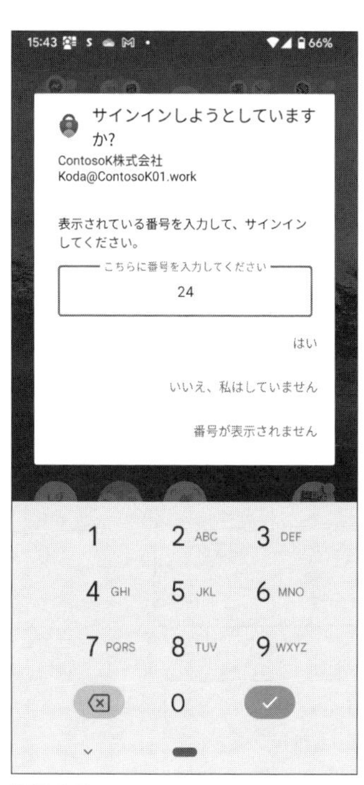

図7.15：Microsoft Authenticatorの画面

ブラウザーに表示されていた数字と同じ数字を入力して、［はい］をタップします。この後、PINや生体認証を利用して秘密キーのロックを解除し、nonceに署名を行い、Azure ADに送信します。

署名付きのnonceを受け取ったAzure ADは、公開鍵を使用して署名を検証します。

署名が正しいものであった場合、正当なユーザーであると判断されます。

Microsoft Authenticatorは、Azure ADアカウント（Entraアカウント）で使用する多要素認証（MFA）やパスワードレス認証、または、Microsoftアカウントに対する追加のセキュリティとして利用することができるアプリです。

■FIDO2セキュリティキー

FIDO（Fast Identity Online）2は、認証を行いたいデバイスに、WebAuthn

のセキュリティキーが保存された小さなUSBデバイスを接続することで認証を行います。FIDO2の認証プロセスは次の通りです。

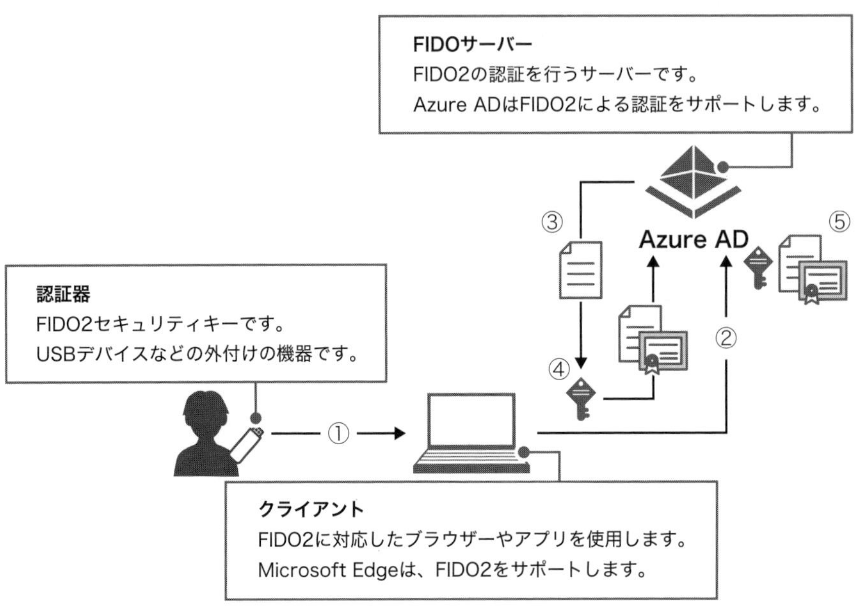

図7.16：FIDO2セキュリティキーを使用したパスワードレス認証のプロセス

① セキュリティキーが保存されたUSBデバイスを、コンピューターに接続します。
② セキュリティキーが検出され、Azure ADに認証要求が送信されます。
③ Azure ADからnonceが送信されます。
④ 秘密鍵を使用してnonceに署名を行い、Azure ADに送信します。
⑤ 署名付きのnonceをAzure ADが公開鍵を使用して検証します。

FIDO2は、WebAuthn（パスワードを使用しない認証を実現するための仕様の1つ）のセキュリティキーを使用して、パスワードレス認証を実現します。

7.4.3 セルフサービスパスワードリセット(SSPR)

パスワードリセットは、自身のパスワードが分からなくなってしまった場合に、新しいパスワードにリセットすることです。通常、パスワードリセットの作業は、IT管理者やヘルプデスクの人に依頼して行ってもらうものです。

しかし、従業員数が多い組織や企業では、リセット要求をするユーザーの数も多く、管理者の負担になる場合もあります。そこで、Azure AD（Microsoft Entra ID）では、ユーザー自身がパスワードリセットを行うことができる「セルフサービスパスワードリセット」をサポートしています。

セルフサービスパスワードリセットを行えるようにするためには、Azure AD Premium P1（Microsoft Entra ID P1）以上のライセンスが必要です。
Azure AD Free（Microsoft Entra ID Free）のライセンスでは、パスワードリセットを行うことはできません。

ディレクトリ同期を行っている環境では、オンプレミス側がオブジェクトのマスターになります。
そのため、パスワードの変更はオンプレミス側で行う必要があります。
しかし、Azure AD Connect（Entra Connect）で、パスワードの書き戻しを有効にしたうえで、セルフサービスパスワードリセットを有効にすると、ブラウザーを使用して、ユーザーが自分のパスワードをリセットすることができます。ディレクトリ同期をしている場合でも、Azure AD Premium P1以上のライセンスがあれば、セルフサービスパスワードリセットの利用は可能です。

セルフサービスパスワードリセットは、次の手順で設定を行います。

管理者が行う作業
Step1：SSPRの有効化

・Microsoft Entra管理センターを使用して、セルフサービスパスワードリセットを有効にします。

管理者が行う作業
Step2：本人確認の方法と回数の設定

・パスワードリセットを行うためには、本人であることを証明する必要があります。
・本人確認の回数と本人確認の手段としてどのような方法を使用するか指定します。本人確認の回数は最大2回、本人確認の方法は、電子メール、携帯電話、Microsoft Authenticatorによる通知もしくはコード、会社電話や秘密の質問などがあります。

ユーザーが行う作業
Step3：認証手段の登録

・パスワードリセットをしなければならなくなったときに備え、自身の携帯電話の番号や電子メールを登録したり、秘密の質問の回答を登録したりします。

これらの設定を行っておけば、パスワードが分からなくなった場合に、ユーザー自身が自分でパスワードのリセットを行うことができます。

7.4.4 条件付きアクセス

条件付きアクセスポリシーを作成すると、ユーザーが持つデバイスや、ユーザーがいる場所など、さまざまなユーザーのシグナルに基づいて、アプリへのアクセスを許可/拒否することができます。

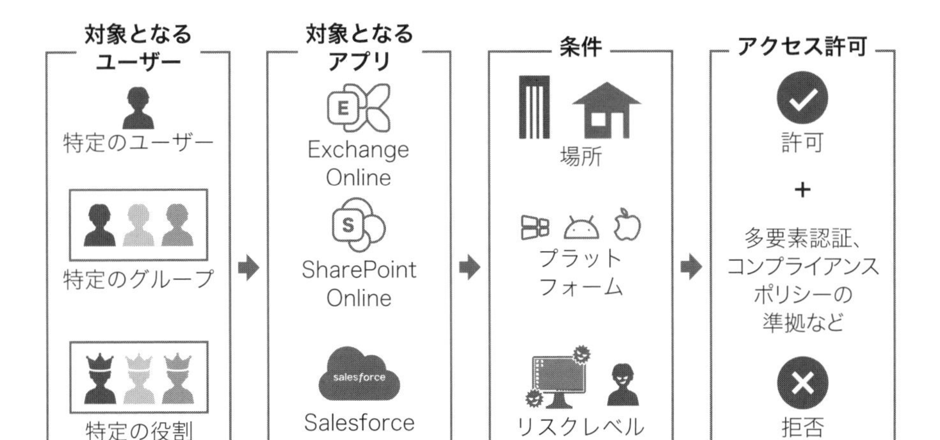

図7.17：条件付きアクセス

条件付きアクセスを利用するには、Azure AD Premium P1（Microsoft Entra ID P1）以上のライセンスが必要です。

ここがポイント

条件付きアクセスでは、機密情報が含まれるアプリにアクセスする際に多要素認証を求めるプロンプトを表示することができます。

条件付きアクセスの設定は、Azure PortalやMicrosoft Entra管理センター、Microsoft Intune管理センターなどで行います。

条件付きアクセスは、次のような設定を行います。

① **ユーザー**

作成する条件付きアクセスの対象となるユーザーやグループ、役割グループを指定します。

条件付きアクセスでは、グローバル管理者などの特定の役割グループをポリシーの適用対象にすることができます。

② **ターゲットリソース**

条件付きアクセスの対象となるアプリを指定します。

③ **条件**

ユーザーやサインインのリスク、ユーザーがいる場所や使用しているOSなど、さまざまな条件を指定することができます。

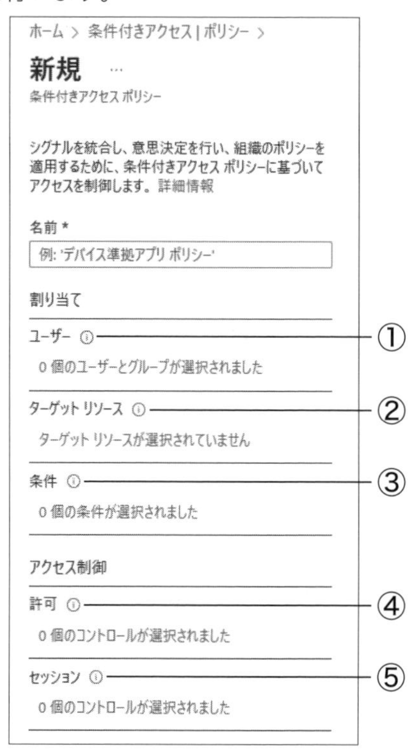

図7.18：条件付きアクセスの設定

④ **許可**

①、②、③の条件を満たした場合に、アクセスを許可するか拒否するかを指定します。

許可した場合は、さらに許可の追加要件として、多要素認証を要求したり、Microsoft Intuneのコンプライアンスポリシーに準拠していることを強制することができます。

Azureポータルにアクセスする際に多要素認証を要求するといった設定ができます。

⑤　セッション

アプリへのアクセスが許可された場合に、そのアプリで禁止したい操作などを指定できます。

例えば、ファイルのアップロードやダウンロードを禁止するといったことができます。

条件付きアクセスは、Azure ADに登録されているデバイスのみに適用されるわけではありません。たとえば、個人所有のデバイスから、会社のクラウドアプリにアクセスすることも可能です。逆に、Azure ADに登録されていないデバイスからアクセスした場合に、アクセスがブロックされるように構成することもできます。

7.4.5 Azure AD Identity Protection(Microsoft Entra ID Protection)

Azure AD Identity Protection（Microsoft Entra ID Protection）は、機会学習を使用してユーザーのサインインを学習し、監視します。例えば、普段、利用したことのない場所からアクセスした場合には、リスクとして検出されます。

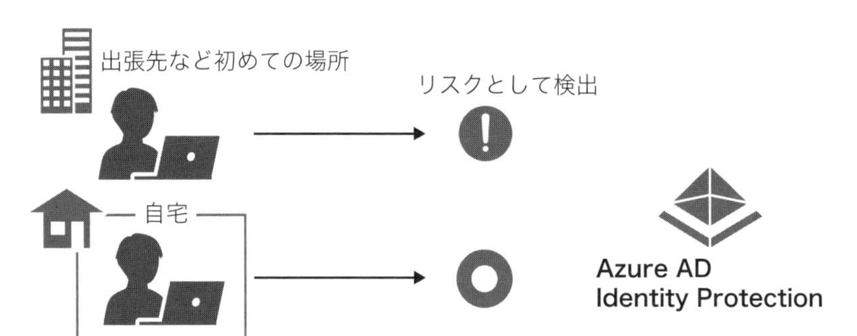

図7.19：Azure AD Identity Protection

検出したリスクには、高、中、低のいずれかのリスクレベルが設定されます。

検出されたリスクレベルによって、アプリへのアクセスをブロックしたり、パスワードの変更を強制したりすることもできます。また、Azure AD Identity Protectionで検出されたリスク情報を、条件付きアクセスで利用することもできます。これにより、リスクレベルが高いユーザーは、アプリへのアクセスをブロックすることができます。

Azure AD Identity Protectionを使用するには、Azure AD Premium P2（Microsoft Entra ID P2）のライセンスが必要です。

HINT ライセンスに関する補足

条件付きアクセスポリシーは、Azure AD Premium P1以上のライセンスがあれば利用できます。しかし、Azure AD Identity Protectionは、Azure AD Premium P2でなければ使用できません。そのため、Azure AD Identity Protectionで検出されたリスク情報を条件付きアクセスで利用したい場合は、Azure AD Premium P2ライセンスが必要です。

7.4.6 Azure AD Privileged Identity Management (Microsoft Entra Privileged Identity Management)

攻撃者が、組織のユーザーのアカウントを奪取して組織に侵入した場合、次のようなことを行います。

・特権を持つユーザーアカウントを乗っ取ったり、新規アカウントを作成して大きな権限を付与し、それらのアカウントを悪用して組織のセキュリティ設定が緩くなるようにさまざまな変更をします。これにより、いつでも匿名で外部からアクセスできるようにします。
・アクセス許可の設定を変更したり、暗号化を解除したりして機密情報にアクセスします。

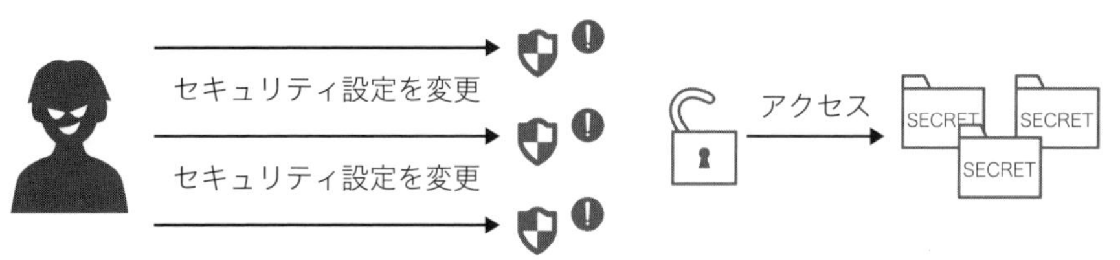

図7.20：特権を持った攻撃者はセキュリティ設定を変更して、組織内の機密情報にアクセスする

このように、攻撃者は組織内のさまざまな設定変更を行うために、権限の昇格を狙っていることが分かります。そのため、特権を持つユーザーが次のような状態になっているのは好ましくありません。

- Microsoft Intuneにデバイスを登録するためにグローバル管理者の権限が付与されているなど、不必要に大きな権限が割り当てられている。
- 人事異動等で、職務内容が変わったにもかかわらず、ユーザーに大きな権限が付いたままになっている。
- 大きな権限を持つ退職したユーザーのアカウントが、削除されずに放置されている。

上記のような状態になっていると、大きな権限を持つユーザーアカウントが乗っ取られる可能性が高くなり、被害も大きくなりやすくなります。では、どのようになっているのが良い状態なのでしょうか。それは、ゼロトラストの3原則で紹介したJust-in-Timeアクセスがきちんと構成されている状態です。例えば、次のようなことです。

- 役割は、常に付与されている状態ではなく、必要なタイミングで必要な時間だけ付与します。
- 役割グループのメンバーにユーザーを追加する際、承認者の承認を得ない限りは、役割を持てないように設定します。

このような、役割グループ（特権ロール）のJust-in-Timeアクセスや承認のワークフローを実現するのが、Azure AD Privileged Identity Management（Microsoft Entra Privileged Identity Management）です。

一定期間だけ管理者権限が付与されるようにしたり、役割グループのメンバーにユーザーを追加する際、承認者から承認を得ない限り権限を持てないようにするには、Azure AD Privileged Identity Managementを使用します。

7.5 Microsoft 365 Defender

Microsoft 365 Defenderは、Microsoft 365で利用されるID、アプリ、デバイス、データなどに対して包括的なセキュリティを提供します。Microsoft 365 Defenderは、特定のセキュリティ機能を指すものではなく、Microsoft 365テナント全体のセキュリティを提供する枠組みのようなものと考えてください。

Microsoft 365 Defenderを構成する、さまざまなセキュリティサービスとして、次のようなものがあります。

■IDの脅威を検出

Azure AD Identity Protection
(Microsoft Entra ID Protection)

Microsoft Defender for Identity

■Office 365（メールやドキュメント）の脅威を検出

Microsoft Defender for Office 365

■デバイスの脅威を検出

Microsoft Defender for Endpoint

■クラウドアプリの脅威を検出

Microsoft Defender for Cloud Apps

図7.21：Microsoft 365 Defender

これらのサービスが実行されていることで、Microsoft 365テナントが包括的に保護されます。このようにMicrosoft 365を保護するためのセキュリティサービスの総称をMicrosoft 365 Defenderと呼ぶわけですが、同じ名称のものがもう1つあります。それが、図7.22のセキュリティ対策を行うための管理ポータルです。

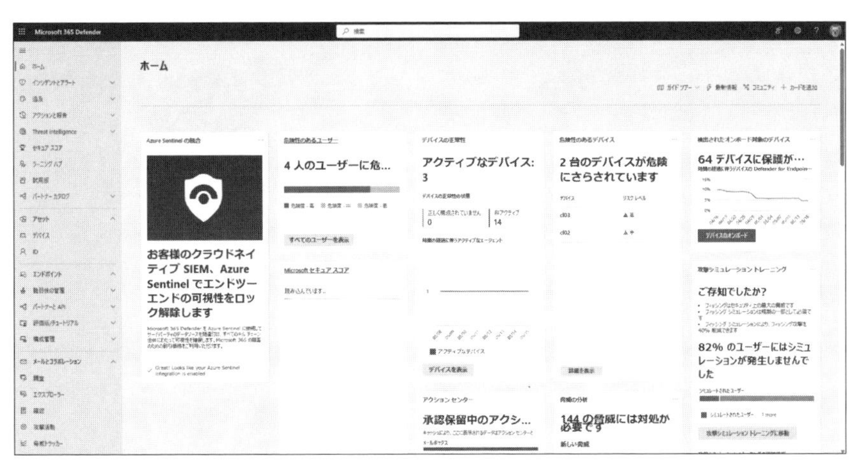

図7.22：Microsoft 365 Defenderポータル

このようにセキュリティサービスの総称とポータルが同一の名称になっています。

以降は、Azure AD Identity Protection以外のMicrosoft 365 Defenderを構成するサービスについて紹介します。

7.5.1 Microsoft Defender for Identity

Microsoft Defender for Identityが保護しているのは、オンプレミスのIDです。

多くの企業では、クラウドとオンプレミスを両方利用しているハイブリッド環境です。ハイブリッド環境では、ディレクトリ同期を使用して、オンプレミスのIDをAzure AD（Microsoft Entra ID）に同期します。ディレクトリ同期の環境では、オンプレミス側がマスターになるため、オンプレミスが侵害されるとクラウド環境にも影響が出る可能性があります。そのため、オンプレミスのドメインコントローラーを監視し、不審な挙動があった場合に検出をすることができるのが、Microsoft Defender for Identityです。

図7.23：Microsoft Defender for Identity

7.5.2 Microsoft Defender for Office 365

Microsoft 365のサービスで、メールや予定表などの機能を提供しているのがExchange Onlineです。Exchange Onlineを使用している環境では、既定でExchange Online Protectionによる電子メールの保護が提供されています。さらに、Microsoft Defender for Office 365のライセンスを所有していれば、Exchange Online Protectionの保護が拡張されます。このように、Exchange Onlineは、Exchange Online ProtectionとMicrosoft Defender for Office 365の二段構えのセキュリティになっています。

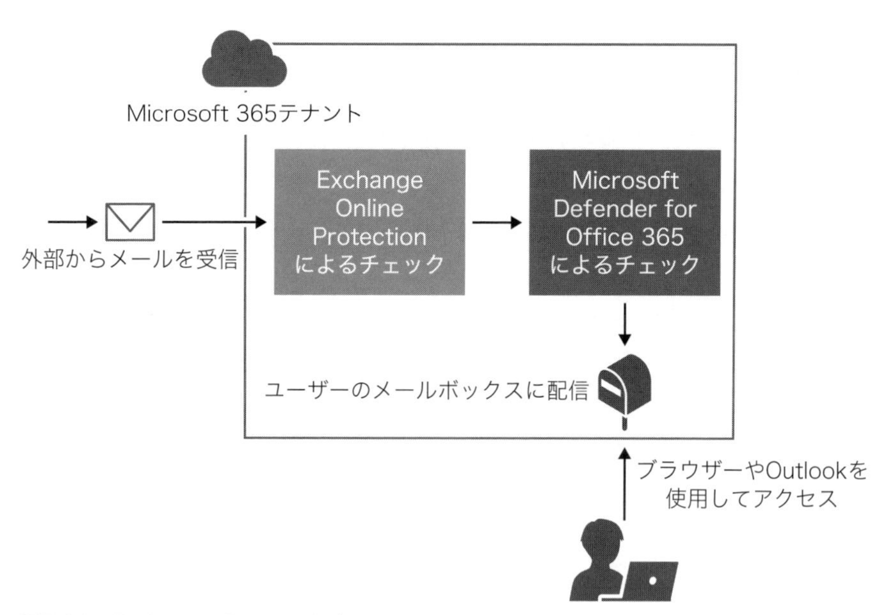

図7.24：Exchange Onlineのセキュリティ

最初に、Exchange Online Protectionについて紹介します。

Exchange Online Protectionによって提供される保護には、次のようなものがあります。

・スパムメールやバルクメールを検出
・マルウェアを検出
・組織で定義したメッセージングポリシーに適合するメールを検索し、アクションを実行します。
例えば、特定の文字列が含まれている電子メールを検出した場合にスパムメール扱いにするといった設定を行います。

HINT スパムメールとバルクメール

スパムメールは脅威になる可能性のある迷惑メールであるのに対し、バルクメールは広告を含んだものです。

Exchange Online Protectionはスパムから保護し、メッセージングポリシー違反を防ぐのに役立つサービスです。

Exchange Online Protectionは、電子メールの転送中に「既知の脅威」を検出することができるサービスです。スパムやバルクメールの報告が多くあった評判の悪い送信者やIPアドレスを検出したり、複数のマルウェア対策エンジンを使用して、マルウェアを検出します。さらに、Exchange Online Protectionは、電子メールが受信トレイに配信されてからも監視を続けます。配信後にマルウェアが検出された場合、未読/既読に関わらずメッセージは削除されます。このように、受信トレイへの配信後も監視し、処理を行う機能のことを、ゼロ時間自動削除(ZAP) といいます。

電子メールメッセージが受信トレイに配信されてからも監視を行う機能のことをゼロ時間自動削除（ZAP）といいます。

次に、Microsoft Defender for Office 365について紹介します。Exchange Online Protectionが既知の脅威を検出するサービスであるのに対し、Microsoft Defender for Office 365は、「未知の脅威」を検出することができるサービスです。両方のサービスを利用することで、既知の脅威と未知の脅威を検出することができるため、より完全に近いセキュリティ対策を行うことができます。

Microsoft Defender for Office 365では、次の機能を提供します。

■安全な添付ファイル

安全な添付ファイルは、電子メールに添付されたOfficeドキュメント、実行可能ファイル、PDFファイルなど特定の種類のファイルをクラウドに送信して、仮想マシン環境で実際に実行し脅威があるかを確認します。これにより、ウイルス対策ソフトでまだ検知できない新しい脅威を検出することができます。

また、安全な添付ファイルは、SharePoint、OneDrive、Teamsに保存されているドキュメントにも適用されます。

■安全なリンク

安全なリンク機能は、電子メール、Teamsのチャットやチャネル内のメッセージ、Officeドキュメント内に含まれるURLを、ユーザーがクリックしたときに悪意のあるものであるかを確認します。URLやURLが埋め込まれているボタンなどをクリックしたときにMicrosoftのサーバーに問い合わせを行い、悪意のあるものであれば警告メッセージを表示して、サイトにアクセスできないようにします。

図7.25：フィッシングメール　図7.26：警告画面が表示された

これらの機能を利用するには、組織内に安全なリンクポリシーおよび安全な添付ファイルポリシーが作成されている必要があります。これらの2つのポリシーは組み込みで作成されているものもありますが、新しいものを作成することもできます。

未知のマルウェアや悪意のあるURLから保護するサービスはMicrosoft Defender for Office 365です。
このサービスの機能である安全な添付ファイルや安全なリンクを利用するには、ポリシーが必要です。

また、Microsoft Defender for Office 365を利用するには、次のいずれかのライセンスが必要です。

■ Microsoft Defender for Office 365 Plan1

安全な添付ファイル、安全なリンクなどが利用できるスタンダードなプランです。

■ Microsoft Defender for Office 365 Plan2

Plan1に含まれる内容に加え、自動調査と対応および攻撃シミュレーションのトレーニングなどの機能もサポートします。

自動調査と対応（AIR）機能は、脅威となるようなインシデントが起きた時に、セキュリティプレイブックによって自動的にインシデントに関する調査が行われます。調査後は、分かりやすい形で結果を表示してくれます。また、修復が必要な場合は修復アクションを承認することにより、マルウェアを削除するなどの作業を簡単に行うことができます。

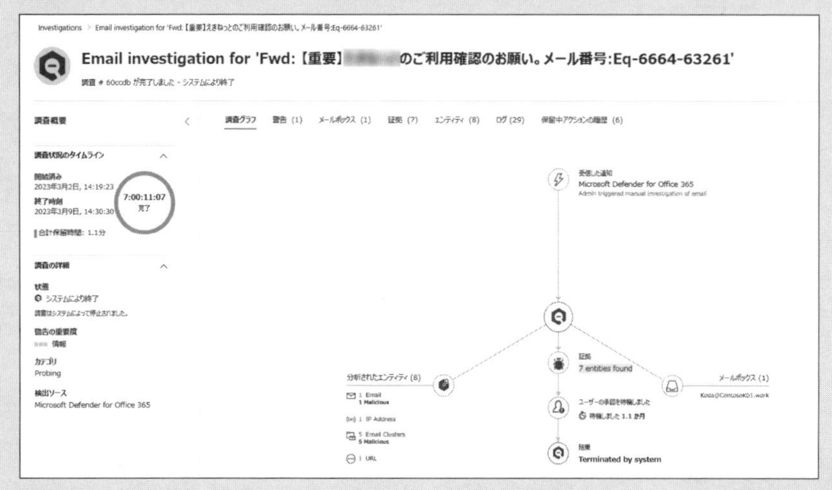

図7.27：自動調査の機能によって表示された調査の結果

攻撃シミュレーションのトレーニングは、攻撃に対する免疫を付けるために、組織のユーザーに対して行う疑似的な攻撃です。トレーニングを行うと、その結果を管理者が確認できます。これにより、誰が添付ファイルを開いてしまったか、リンクをクリックして資格情報を提供してしまったかなどを細かく知ることができます。

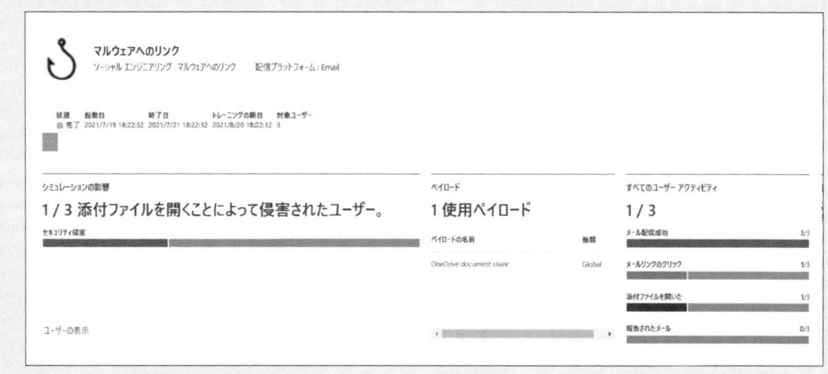

図7.28：攻撃シミュレーションのトレーニングのレポート

このように、攻撃のトレーニングを頻繁に行うことで、組織のユーザーが実際のフィッシングメールのリンクをクリックしたり、添付されているマルウェアを開いてインストールしてしまうといったことを防ぎます。

7.5.3 Microsoft Defender for Endpoint

Microsoft Defender for Endpointは、デバイスの挙動を監視し、脅威を検出するサービスです。

Microsoft Defender for Endpointを利用するには、デバイスをMicrosoft Defender for Endpointに登録（オンボード）する必要があります。登録後、デバイス内のセンサーを通じて、デバイスの情報（現在実行しているプログラムや接続しているネットワーク、レジストリの状態など）がクラウドに送信されます。送信された情報をクラウドで解析し、「不審な」挙動があれば脅威として検出します。

マルウェアからWindows 10/11デバイスを保護するには、Microsoft Defender for Endpointにオンボードします。
オンボードを行うには、オンボード用スクリプトを実行します。

Microsoft Defender for Endpointは、Windows Server、Android、iOS/iPad OS、macOS、Linuxなどさまざまなで利用できます。

7.5.4 Microsoft Defender for Cloud Apps

Microsoft Defender for Cloud Appsは、組織で利用しているクラウドアプリに誰がアクセスして、どのようなアクティビティがあったかなど、クラウドアプリの利用を監視、制御したり、異常があった場合にそれを検知し、インシデントに関わったユーザーの行動の解析などを行うことができるサービスです。

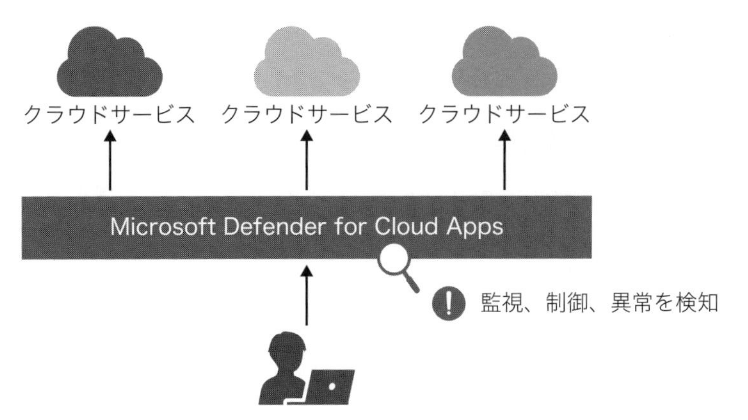

図7.29：Microsoft Defender for Cloud Apps

Microsoft Defender for Cloud Appsは、ユーザーの行動解析や異常検知を提供します。

Microsoft Defender for Cloud Appsを利用して、クラウドアプリの利用を監視するには、Microsoft Defender for Cloud Appsと利用しているクラウドサービスを接続します。これにより、ユーザーは、Microsoft Defender for Cloud Apps経由でクラウドアプリに接続するようになり、どのユーザーがいつクラウドサービスに接続して、どんなファイルをダウンロードしたか、といったアクティビティが監視できるようになります。

Microsoft Defender for Cloud Appsは、Microsoftのクラウドサービスおよびサードパーティのクラウドサービスを接続することができます。

また、Microsoft Defender for Cloud Appsは、シャドーITの検出も行うことができます。

HINT シャドーIT

シャドーITとは、企業や組織が認識していないIT機器やサービスを利用することです。例えば、個人が契約しているストレージサービスに会社のデータを保存するのは、シャドーITです。

Microsoft Defender for Cloud AppsでシャドーITを検出するには、企業ネットワークと外部ネットワークの境界に設置されているファイアウォールのログを利用します。このログをMicrosoft Defender for Cloud Appsに取り込んで解析することで、ユーザーがどのようなクラウドサービスに接続しているかを確認することができます。

これにより、会社が許可していないクラウドサービスの利用などを検出することができます。

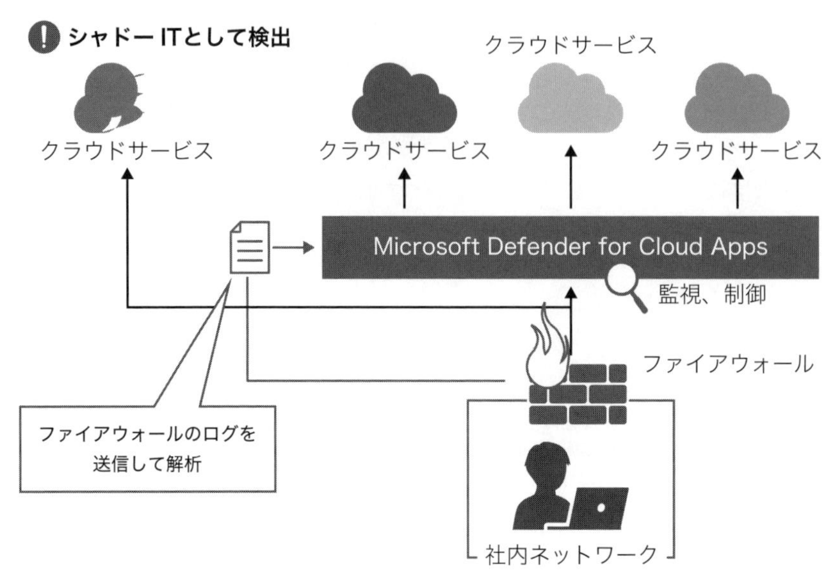

図7.30：Microsoft Defender for Cloud Apps

会社で使用されているクラウドサービスを特定したり、エンドユーザーが使用する無許可のクラウドサービスを特定するには、Microsoft Defender for Cloud Appsを利用します。

組織で検出されたクラウドアプリを表示するには、Microsoft 365 Defenderポータルの、Cloud Discovery Dashboardを使用します。

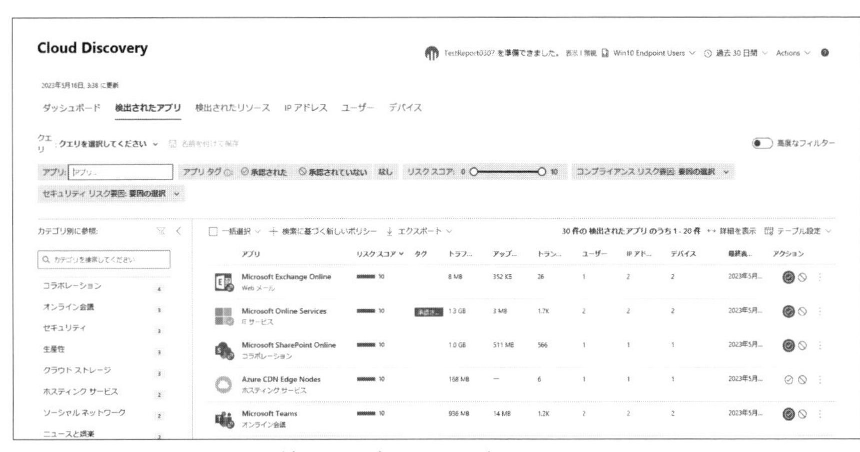

図7.31：Cloud Discoveryダッシュボードページ

Cloud Discoveryダッシュボードページには、検出されたクラウドアプリの一覧と、アプリに対するリスクスコアが表示されます。リスクスコアは10段階で表示され、値が大きいほど評価の高いクラウドアプリであるということが判断できます。

図7.32：リスクスコア

Cloud Discoveryダッシュボードは、組織内で使用されているアプリのリスクレベルに関する洞察を提供します。

検出されているアプリで、好ましくないアプリがあれば、ユーザーがアクセスしないようにブロックすることもできます。

Microsoft Defender for Cloud Appsでは、検出されたアプリで利用してほしくないものがあれば接続をブロックすることができます。

アプリをクリックすると、アプリの情報が展開され、リスクスコアの詳細情報を確認することができます。

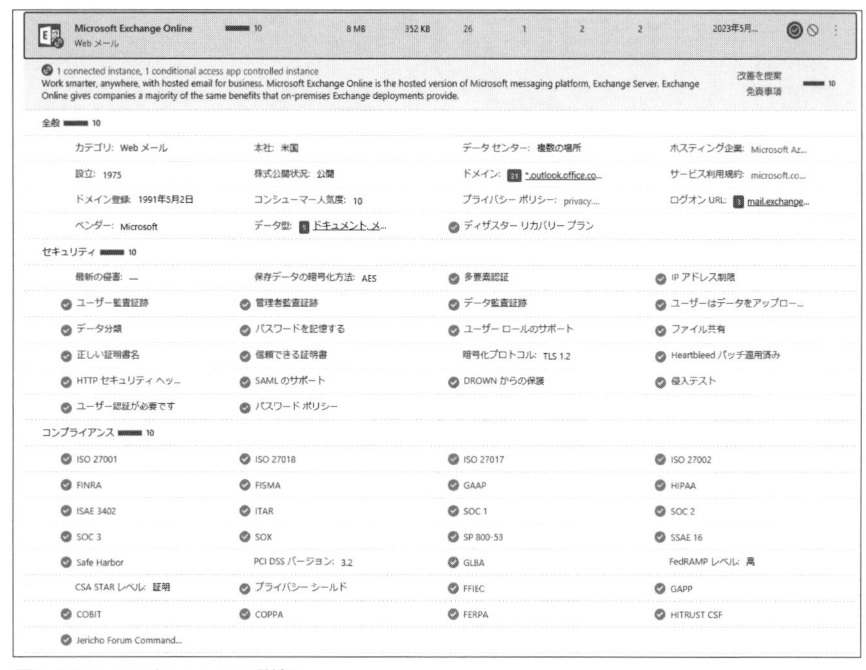

図7.33：リスクスコアの詳細

リスクスコアは、全般、セキュリティ、コンプライアンス、法的情報の4つのサブカテゴリに分類され、項目ごとに評価されます。例えば、コンプライアンスのセクションでは、アプリがどの国際標準や規制に準拠しているかなどを確認することができます。

Microsoft Defender for Cloud Appsは、他のMicrosoft 365 Defenderのサービスと統合することができます。統合することで、次のようなことができるようになります。

■ Microsoft Defender for Identity

Microsoft Defender for Cloud Appsに、Microsoft Defender for Identityのアラートが表示されるようになります。

■ セキュアスコア

セキュアスコアに、Microsoft Defender for Cloud Appsで必要なセキュリティ対策が表示されます。

■ Microsoft Defender for Endpoint

Microsoft Defender for Endpointにオンボードされているデバイスで、不適切なアプリを使用させないようにすることができます。

第7章

Microsoft Defender for Identityと統合することで、Microsoft Defender for Identityで上がったアラートをMicrosoft Defender for Cloud Appsのポータルで確認することができます。また、Microsoft Defender for Cloud Appsは、セキュアスコアと統合されています。

7.6 Microsoft Sentinel

Microsoft Sentinelは、Microsoft Azureに含まれるサービスのひとつで、次の機能をクラウドベースで提供します。

■ SIEM（セキュリティ情報とイベント管理）

さまざまな場所からログを収集して、横断的に分析し脅威を検知するサービス

■SOAR（セキュリティのオーケストレーション、自動化と対応）

検知された脅威に対して、優先順位をつけ対応を自動化するサービス

Microsoft Sentinelは、Microsoft AzureおよびMicrosoft 365、オンプレミスのサーバーのログ、サードパーティ製のクラウドサービスやネットワークやセキュリティ製品などのログを接続して、横断的に分析することができます。

この時、確実性の高い脅威をインシデントとして検出し、検出されたインシデントは自動的に調査されます。

インシデントに対する対応は、Azure Logic Appsを利用することで自動化することができます。

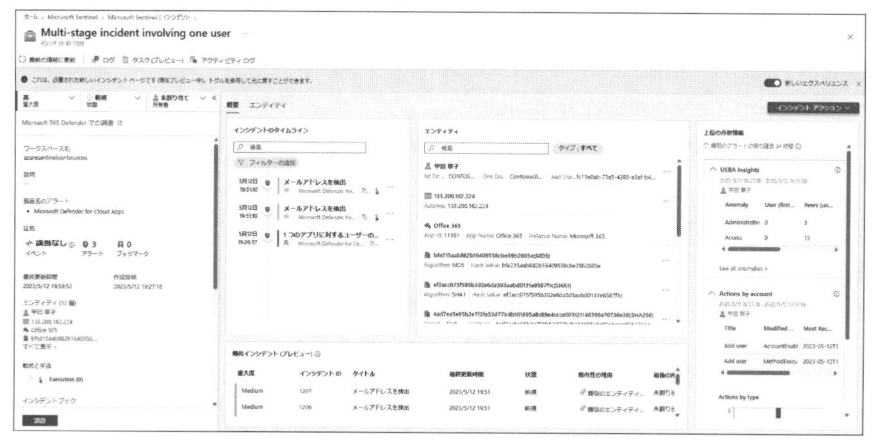

図7.34：Microsoft Sentinelで検出されたインシデントの分析

Microsoft Sentinelは、SIEMとSOARの機能を提供するクラウドベースのサービスです。

練習問題

問題 7-1

あなたはMicrosoft 365管理者です。次のシナリオに適切な機能を実装する必要があります。何を実装する必要がありますか。

<シナリオ>
動的なリスクプロファイルを使用して、グローバル管理者グループのメンバーを保護する

A. Azure AD Identity Protection
B. Azure AD Conditional Access（条件付きアクセス）
C. Azure AD Privileged Identity Management

問題 7-2

会社は、Microsoft 365を使用しています。会社は従業員のユーザーアカウントをActive Directoryにプロビジョニングし、アカウントをAzure ADに同期します。同社は、Azure ADで請負業者のユーザーアカウントをプロビジョニングしています。この会社には次のビジネス要件があります。

・営業部門および請負業者の従業員は、セルフサービスパスワードリセット（SSPR）を有効にする必要があります。
・管理部門の従業員は、条件付きアクセスポリシーを有効にする必要があります。

同社はコストを最小限に抑えたソリューションを必要としています。ユーザーに適切な Azure ADエディションを実装する必要があります。何を使えばいいですか。

	ユーザー
A	営業部門の従業員
B	管理部門の従業員
C	請負業者

	Azure ADのエディション
1	Azure AD Free
2	Azure AD Premium P1
3	Azure AD Premium P2
4	Office 365アプリ

問題 7-3

Microsoft Defender for Cloud Appsについて、各ステートメントが正しい場合は「はい」を、正しくない場合は「いいえ」を選択してください。

①Microsoft Defender for Cloud Appsは、複数のクラウドと連携することができます。
②Microsoft Defender for Cloud Appsは、クラウドアプリケーションの規制遵守のためのリソースとして使用することができます。
③Microsoft Defender for Cloud Appsは、行動解析と異常検知を提供することができます。

問題 7-4

あなたの会社ではMicrosoft 365を展開する予定です。あなたは要件ごとに必要なツールを特定する必要があります。要件に合うツールはどれですか。

要件	
A	異常や疑わしいインシデントを検出するための人工知能
B	悪意のあるインサイダーアクションを特定して検出し、ユーザーの資格情報を侵害することをより困難にします。
C	スパムから保護し、メッセージングポリシー違反を防ぐのに役立ちます。
D	電子メールとURLをスキャンして、悪意のあるファイルを特定します。

ツール	
1	Exchange Online Protection
2	Microsoft Defender for Office 365
3	Azure Active Directory Identity Protection
4	Microsoft Defender for Identity

問題 7-5

あなたの会社では、Microsoft 365を使用しています。現在、多要素認証（MFA）を評価しています。Microsoft 365でサポートされているMFAメソッドを決定する必要があります。サポートされている3つの方法はどれですか。

A. Microsoft Authenticatorスマートフォンアプリ
B. 生体認証網膜スキャナー
C. テキストメッセージで送信される確認コード
D. カスタムセキュリティの質問
E. 電話で送信された確認コード

問題 7-6

あなたの会社では、Microsoft 365 Defenderの使用を計画しています。あなたの会社では、Windows 10デバイスを利用していて、次の要件を満たす必要があります。

・デバイスを悪意のあるマルウェアから保護する必要があります。
・エンドユーザーが使用する無許可のクラウドアプリを特定する必要があります。

要件を満たすMicrosoft 365 Defenderのソリューションはどれですか。2つ選択してください。

A. Microsoft Defender for Identity
B. Microsoft Defender for Endpoint
C. Microsoft Defender for Office 365
D. Microsoft Defender for Cloud Apps

問題 7-7

ある会社がMicrosoft 365を使用しています。会社では、最小特権アクセスを実装する必要があります。要件を満たすソリューションを推奨する必要があります。どの2つのソリューションを推奨する必要がありますか。

A. デバイスコンプライアンス
B. 特権アクセスワークステーション（PAW）デバイス
C. Just-in-Timeアクセス
D. IPアドレス範囲の制限

問題 7-8

あなたの会社では、Microsoft 365を利用しています。また、オンプレミスのActive Directoryも利用しています。オンプレミスのActive Directoryに作成されているユーザーが自分のパスワードをリセットできる必要があります。どのようなライセンスが必要ですか。2つ選択してください。

A. Azure AD Premium P2
B. Azure AD Premium P1
C. Azure AD Free
D. Office 365アプリ

問題 7-9

ある企業が Microsoft 365の脅威保護ソリューションを調査しています。Microsoft 365 Defenderによって提供されるサービスを特定する必要があります。どのサービスを特定する必要がありますか。

①プロセス、カーネル、メモリ、レジストリ情報を含むテレメトリを収集するプラットフォーム

A. Microsoft Defender for Endpoint
B. Microsoft Defender for Office 365
C. Microsoft Defender for Identity
D. Microsoft Defender for Cloud Apps

②マルウェア対策、スパム対策、なりすまし対策が施されたプラットフォーム

A. Microsoft Defender for Endpoint
B. Microsoft Defender for Office 365
C. Microsoft Defender for Identity
D. Microsoft Defender for Cloud Apps

③相関性のあるActive Directoryシグナルを使用して、高度な脅威を識別、検出調査をするプラットフォーム

A. Microsoft Defender for Endpoint
B. Microsoft Defender for Office 365
C. Microsoft Defender for Identity
D. Microsoft Defender for Cloud Apps

④条件付きアクセスポリシー、ログトラフィック分析、サードパーティがホストするソフトウェアへのAPIコネクタを可能にするプラットフォーム

A. Microsoft Defender for Endpoint
B. Microsoft Defender for Office 365
C. Microsoft Defender for Identity
D. Microsoft Defender for Cloud Apps

問題 7-10

各ステートメントが正しい場合は「はい」を、正しくない場合は「いいえ」を選択してください。

①条件付きアクセスポリシーでは、Microsoft Azureの管理タスクに多要素認証を要求することができます。
②条件付きアクセスポリシーでは、管理者ロールを持つユーザーに対して多要素認証を要求することができます。
③アプリ固有の設定を構成するには、デバイスが組織によって管理される必要があります。

問題 7-11

ユーザーが、Microsoft 365にサインインするプロセスで、ユーザーのIDが確認されるようにする必要があります。どの機能を使用する必要がありますか。

A. モバイルアプリケーション管理（MAM）
B. Microsoft 365 Defender
C. 多要素認証（MFA）
D. データ損失防止（DLP）ポリシー

問題 7-12

ある会社がMicrosoft 365を評価しています。Microsoft 365のセキュリティ原則を記述する必要があります。以下の文を正しく補完してください。

管理されていないネットワークからのセキュリティ侵害を想定したモデルは、[　]です。

A. ゼロトラスト
B. セキュリティの既定値群
C. ゼロデイ
D. セキュアスコア

問題 7-13

会社は、Microsoft 365 E3およびAzure AD Premium P2（Microsoft Entra ID P2）ライセンスを購入しています。悪意のあるサインイン試行に対するID保護を構成するには、何を実装しますか。

A. Azure AD Identity Protection
B. Azure AD Privileged Identity Management
C. Azure Information Protection
D. Azure Identity and Access Management

問題 7-14

あなたは会社のMicrosoft 365管理者です。複数のユーザーが、PDFが添付された電子メールを受信すると報告しています。PDF添付ファイルは悪意のあるコードを起動します。影響を受けるドキュメントが開かれた場合、受信トレイからメッセージを削除し、PDFの脅威を無効にする必要があります。どの機能を実装する必要がありますか。

A. Exchange管理センターのブロックリスト
B. 送信者ポリシーフレームワーク
C. Microsoft Defender for Office 365の安全な添付ファイル
D. ゼロ時間自動削除
E. メールフロールールを使用したDKIM署名付きメッセージ

問題 7-15

あなたはMicrosoft 365管理者です。次のシナリオに適切な機能を実装する必要があります。何を実装する必要がありますか。

＜シナリオ＞
承認を要求することにより管理者の役割を保護する

A. Azure AD Identity Protection
B. Azure AD Privileged Identity Management
C. Azure AD Domain Services

問題 7-16

ある会社が、Microsoft 365で脅威保護を評価しています。各ステートメントが正しい場合は「はい」を、正しくない場合は「いいえ」を選択してください。

①Microsoft Defender for Endpointは、Windows 10のマルウェアをブロックすることができます。
②Microsoft Defender for Office 365は、悪意のあるメールを検出することができるソリューションです。
③Microsoft Defender for Endpointは、Windows 10デバイスに別途インストールが必要です。

問題 7-17

ある会社がMicrosoft 365を評価しています。ゼロトラストの原則を決定する必要があります。

2つの原則を特定する必要があります。それぞれの正解は、解決策の一部を示しています。

A. 侵害を想定します。
B. 変更を実装します。
C. 潜在的な変化を特定します。
D. 明示的に確認します。

問題 7-18

会社は、Azure AD（Microsoft Entra ID）を展開します。多要素認証を有効にします。使用できる多要素認証について、ユーザーに通知する必要があります。Microsoft 365で有効な多要素認証方法でないものはどれですか。2つ選択してください。

A. 確認コードを含む自動通話を卓上電話で受信します。
B. デスクトップコンピューターに小さなカードを挿入しプロンプトが表示されたらPINコードを入力します。
C. 携帯電話で電話を受け、プロンプトが表示されたら#を選択します。
D. 確認コードを含むSMSテキストメッセージを受信します。

問題 7-19

あなたは会社のMicrosoft 365管理者です。ユーザーが安全でない可能性のあるメール内のリンクを選択した場合、ユーザーが警告メッセージを受け取るようにする必要があります。あなたは何をすべきですか。

A. Windows PowerShellを使用して、マルウェア対策エンジンの最新の更新プログラムをインストールします。
B. Microsoft Defender for Office 365を使用します。
C. Exchange管理センターを使用して、新しいスパムフィルターポリシーを構成します。
D. Exchange管理センターを使用して、新しいマルウェア対策ポリシーを作成します。

練習問題の解答と解説

問題 7-1 正解 B

参照 7.4.4 「条件付きアクセス」

グローバル管理者のメンバーに対して条件付きアクセスを適用することができます。また、グローバル管理者のメンバーであれば常にアクセスを許可するのではなく、その時いる場所や使用しているデバイスによって動的に条件を判断し、アクセスを拒否することもできます。

問題 7-2 正解 以下を参照

参照 7.4.3 「セルフサービスパスワードリセット」、7.4.4 「条件付きアクセス」

セルフサービスパスワードリセットおよび条件付きアクセスは、いずれもAzure AD Premium P1（Microsoft Entra ID P1）以上のライセンスで利用可能な機能です。

ユーザー	
A	営業部門の従業員
B	管理部門の従業員
C	請負業者

Azure ADのエディション	
2	Azure AD Premium P1
2	Azure AD Premium P1
2	Azure AD Premium P1

問題 7-3 正解 以下を参照

参照 7.5.4 「Microsoft Defender for Cloud Apps」

①はい

複数のクラウドサービスを接続して、監視、制御を行うことができます。

②はい

Cloud Discoveryダッシュボードページを使用すると、検出されたアプリがどの規制や国際標準に準拠しているかなどを確認することができます。

③はい

組み込まれているポリシーを利用して異常を検知し、インシデントに関わったユーザーの行動解析を行うことができます。

問題 7-4 正解 以下を参照 参照 7.5「Microsoft 365 Defender」

Azure AD Identity Protection（Microsoft Entra ID Protection）は、サインインを監視し、機械学習を利用してインシデントを検出します。オンプレミス環境において、ユーザーの不審なアクティビティを検出し、資格情報の侵害を検出することができるのは、Microsoft Defender for Identityです。スパムから保護してメッセージングポリシー違反を防ぐのに役立つのは、Exchange Online Protectionです。電子メールとURLをスキャンして悪意のあるファイルを特定するのは、Microsoft Defender for Office 365です。

要件		ツール	
A	異常や疑わしいインシデントを検出するための人工知能	3	Azure Active Directory Identity Protection
B	悪意のあるインサイダーアクションを特定して検出し、ユーザーの資格情報を侵害することをより困難にします。	4	Microsoft Defender for Identity
C	スパムから保護し、メッセージングポリシー違反を防ぐのに役立ちます。	1	Exchange Online Protection
D	電子メールとURLをスキャンして、悪意のあるファイルを特定します。	2	Microsoft Defender for Office 365

問題 7-5 正解 A、C、E 参照 7.4.1「Azure AD Multi-Factor Authentication」

多要素認証で第2要素の認証方法としてサポートされているのが、Microsoft Authenticatorを使用する方法、電話に応答する方法、電話番号宛に送信されるショートメッセージの確認コードを使用する方法です。選択肢CとEは、どちらも電話番号宛に送信されるショートメッセージを表しています。

問題 7-6 正解 B、D 参照 7.5.3「Microsoft Defender for Endpoint」、7.5.4「Microsoft Defender for Cloud Apps」

デバイスを悪意のあるマルウェアから保護するサービスは、Microsoft Defender for Endpointです。

エンドユーザーが使用する無許可のクラウドアプリを特定するには、Microsoft Defender for Cloud Appsを使用します。

問題 7-7 正解 B、C 参照 7.2.3 「ゼロトラストの3原則」

最小特権アクセスの概念として、JITアクセス、Just Enoughアクセス、PAWデバイスの利用の3つがあります。

問題 7-8 正解 A、B 参照 7.4.3 「セルフサービスパスワードリセット（SSPR）」

セルフサービスパスワードリセットを行うためには、Azure AD Premium P1（Microsoft Entra ID P1）以上のライセンスが必要です。

問題 7-9 正解 ①A、②B、③C、④D 参照 7.5 「Microsoft 365 Defender」

①Microsoft Defender for Endpointでは、コンピューターのレジストリ情報、実行しているプロセスやインベントリ情報などのテレメトリを収集し、異常なふるまいを検出します。
②マルウェア対策やスパム対策などを行うのは、Microsoft Defender for Office 365です。
③Active Directoryの信号を調査して脅威を検出するのは、Microsoft Defender for Identityです。
④条件付きアクセスとの連携ができるセッションポリシーや、トラフィックログの分析、サードパーティのクラウドアプリとの接続などの機能をサポートしているのは、Microsoft Defender for Cloud Appsです。

問題 7-10 正解 以下を参照 参照 7.4.4 「条件付きアクセス」

①はい

条件付きアクセスポリシーでは、Azureポータルにアクセスして管理作業を行う場合に多要素認証を要求することができます。

②はい

条件付きアクセスポリシーでは、特定の役割グループ（管理者ロール）のメンバーに対して、多要素認証を要求することができます。

③いいえ

アプリ固有の設定を構成するために、デバイスが組織に登録されている必要はありません。

問題 7-11 正解 C 参照 7.4.1 「Azure AD Multi-Factor Authentication」

問題文に、「ユーザーのIDが確認」という記載があります。IDを確認する機能（認証）に関わるものは、多要素認証（MFA）です。

問題 7-12　正解 > A　　参照 7.2.2「ゼロトラストセキュリティ」

ゼロトラストは、すべての通信を信頼されていないネットワークや管理されていないネットワークからのものとして扱うセキュリティの考え方です。ゼロトラストの3原則の1つに「侵害を想定する」があります。

問題 7-13　正解 > A　　参照 7.4.5「Azure AD Identity Protection」

悪意のあるサインイン試行に対するID保護の機能を提供しているのは、Azure AD Identity Protection（Microsoft Entra ID Protection）です。

問題 7-14　正解 > D　　参照 7.5.2「Microsoft Defender for Office 365」

既に電子メールが受信トレイに配信された後に検出されたマルウェアを削除するには、ゼロ時間自動削除を使用します。

問題 7-15　正解 > B　　参照 7.4.6「Azure AD Privileged Identity Management」

役割グループのメンバーとしてユーザーを追加する際、承認者の承認を得るようにするには、Azure AD Privileged Identity Management（Microsoft Entra Privileged Identity Management）を使用します。

問題 7-16　正解 > 以下を参照

参照 7.5.2「Microsoft Defender for Office 365」、7.5.3「Microsoft Defender for Endpoint」

①はい

Microsoft Defender for Endpointには、Microsoft Defenderウイルス対策が含まれています。これにより、マルウェアをブロックすることができます。

②はい

Microsoft Defender for Office 365は、フィッシングメールやマルウェアの添付されたメールなど、悪意のあるメールを検出することができます。

③はい

Microsoft Defender for Endpointを利用したい場合は、対象となるデバイスを登録する必要があります。登録するには、デバイスにオンボード用のスクリプトをインストールする必要があります。

第7章

問題 7-17 正解 A、D　参照 7.2.3 「ゼロトラストの3原則」

ゼロトラストの原則は、次の3つです。

・明示的な確認
・最小特権アクセス
・侵害を想定する

問題 7-18 正解 B、D は誤り — A、B　参照 7.4.1 「Azure AD Multi-Factor Authentication」

選択肢のうちサポートしていないのは、確認コードを含む自動通話を卓上電話で受信する方法と、小さなカードを挿入しプロンプトが表示されたらPINコードを入力する方法です。

問題 7-19 正解 B

参照 7.5.2 「Microsoft Defender for Office 365」

Microsoft Defender for Office 365を利用すると、安全でない可能性のあるメール内のリンクをクリックしたときにチェックが行われ、安全でない場合は警告画面が表示されます。

第 8 章

Microsoft 365の信頼、プライバシーおよびコンプライアンスソリューション

本章では、Microsoft 365のコンプライアンスソリューションについて学びます。

理解度チェック

- □ サービストラストポータル
- □ Microsoft Purviewコンプライアンスポータル
- □ コンプライアンスマネージャー
- □ コンプライアンススコア
- □ 評価と評価テンプレート
- □ 予防必須
- □ データ損失防止
- □ Azure Information Protection
- □ 秘密度ラベル
- □ 自動ラベル付けが可能なライセンス
- □ ラベルポリシー
- □ Microsoft Priva
- □ 内部リスクの管理
- □ コミュニケーションコンプライアンス
- □ カスタマーロックボックス
- □ Information Barriers
- □ アイテム保持ポリシー
- □ 保持ラベル
- □ レコード管理
- □ 電子情報開示
- □ eDiscovery Manager
- □ データ主体要求

アクセスキー **8**
（数字のはち）

8.1 コンプライアンスとは

近年、色々な場面で「コンプライアンス」という言葉を聞くようになりましたが、コンプライアンスとはいったいどういうものでしょうか。コンプライアンスは、「法令遵守」と一言で表されることが多いです。文字通り、「法律や条令を守ること」です。しかし、現在は、法律や条令を守ることだけにとどまらず、社会規範や企業倫理などもコンプライアンスに含まれています。また、SNSなどのツールが発達した現在、誰でも自由にインターネット上で発言できるため、「コンプライアンスを守れない企業である」という印象が広まってしまうと、それを払しょくするのも非常に時間がかかります。また、企業に対する悪い評判が広まった結果、商品の不買運動が起こったり、株価が下落したり、最悪の場合、倒産に追い込まれる場合もあります。実際に、コンプライアンスを理由とした倒産は少なくありません。そのため、コンプライアンス対策は、組織や企業にとって、もはや必須といえます。

では、何をすればコンプライアンス対策を行っているということになるのでしょうか。コンプライアンス対策は多岐にわたっていますが、Microsoft 365の機能で大きく分けると、以下の3つです。

・内部リスク管理
・情報保護とガバナンス
・監査と訴訟対策

本章では、上記3つの内容について解説していきます。

8.2 サービストラストポータル

最初に、Microsoftが提供するWebサイトの一つであるサービストラストポータル（servicetrust.microsoft.com）について紹介します。ここでは、サービストラストポータル内の次の項目について紹介します。

■認定、規制、標準

Microsoftは、Microsoft AzureやMicrosoft 365などのクラウドサービスを

提供しています。これらのサービスは、定期的に第三者機関が特定の規制や標準に準拠しているかを監査しています。そして、その結果を監査レポートとして公開しています。ダウンロードできるのは次の規制や標準に関してです。

- ISO/IEC
- SOC
- GDPR
- FedRAMP
- Pci
- CSA Star
- オーストラリアIRAP
- シンガポールMTCS
- スペインENS

図8.1：サービストラストポータル

Microsoft 365の監査および評価レポートが必要な場合、サービストラストポータルを使用します。

■地域リソース

地域リソースは、地域ごとに異なる規制の違いを理解するのに役立ちます。たとえば、日本固有のものとしてマイナンバー法があります。このように、国によって異なる情報を得るのに役立ちます。

図8.2：サービストラストポータルの地域リソース

特定の地域の情報を得るためには、地域リソースを使用します。

ペンテストとセキュリティ評価

　ペンテストとセキュリティ評価では、第三者が行った侵入テスト（脆弱性評価）の結果やセキュリティ評価の記録を提供します。例えば、モバイルデバイスを利用して、アプリにアクセスする際に適用されるべきポリシーを迂回したり、特権の昇格を行うことができるかなどをテストした結果などを確認できます。

図8.3：ペンテストとセキュリティ評価

サービストラストポータルでは、侵入テストの結果レポートを表示することができます。

8.3 Microsoft 365のコンプライアンスソリューション

サービストラストポータルを使用すると、Microsoft 365がどの規制や標準に準拠しているかなどの監査レポートを確認することができると紹介しました。このようにMicrosoft 365は数多くの規制や標準に準拠するためのさまざまなコンプライアンス機能を提供しています。

分類	サービス
内部リスク管理	✓ 内部リスクの管理 ✓ コミュニケーションコンプライアンス ✓ Information Barriers（情報バリア） ✓ カスタマーロックボックス ✓ 特権アクセス管理
情報保護とガバナンス	✓ 秘密度ラベル ✓ データ損失防止 ✓ アイテム保持ポリシー ✓ 保持ラベル ✓ レコード管理 ✓ Microsoft Priva
監査と訴訟対策	✓ 監査 ✓ 電子情報開示

表8.1：Microsoft 365のコンプライアンス機能

8.4 Microsoft Purviewコンプライアンスポータル

Microsoft 365で利用可能なコンプライアンス機能は非常にたくさんあります。

最初にコンプライアンス機能を設定するために使用する管理ツールを紹介します。それが、Microsoft Purviewコンプライアンスポータルです。

図8.4：Microsoft Purviewコンプライアンスポータル

Microsoft Purviewコンプライアンスポータルは、2022年4月に現在の名称に変更されました。以前は、Microsoft 365コンプライアンスセンターと呼ばれていました。そのため、問題によっては古い名称で問題文や選択肢が出題される場合があります。

Microsoft Purviewコンプライアンスポータルには、［ソリューション］というセクションがあります。ここで、各種コンプライアンス機能の設定を行います。

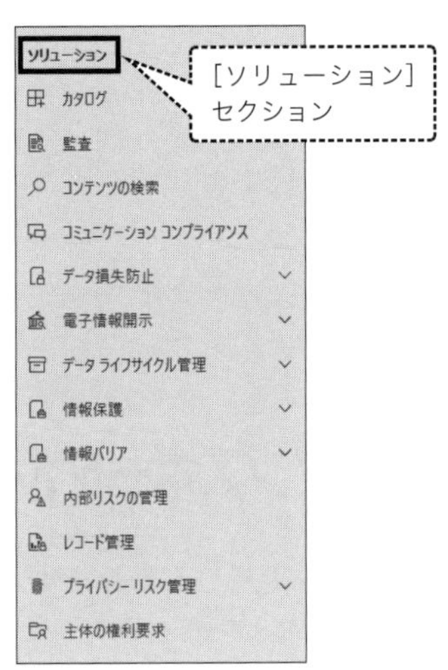

図8.5：Microsoft Purviewコンプライアンスポータルの［ソリューション］セクション

8.5 コンプライアンスマネージャー

コンプライアンスマネージャーは、Microsoft Purviewコンプライアンスポータルに含まれているツールの1つで、組織がどこまでコンプライアンス対策を進められているかを示すコンプライアンススコアを表示したり、スコアを向上するために必要な対策は何かといったことを確認したりすることができます。

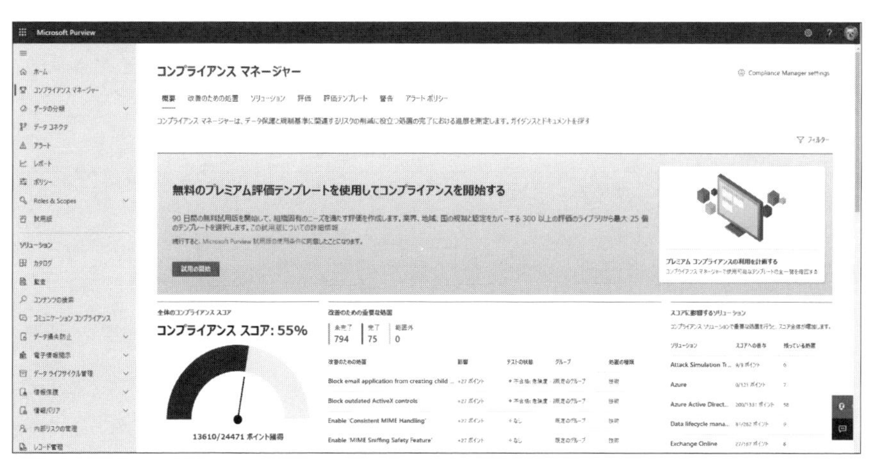

図8.6：コンプライアンスマネージャー

コンプライアンスマネージャーでは、次のことを行うことができます。

- コンプライアンススコアの確認
- 改善のための処置の確認
- 評価テンプレートを使用した評価の構成

これらの作業を行うには、次のいずれかの役割グループのメンバーである必要があります。

行える操作	コンプライアンスマネージャーの役割	Azure ADの役割
データの閲覧	✓ Compliance Manager Reader	✓ グローバル閲覧者 ✓ セキュリティ閲覧者
評価の作成や改善アクションの編集	✓ Compliance Manager Contributors	✓ コンプライアンス管理者
改善アクションのテストに関するメモを編集	✓ Compliance Manager Assessors	✓ コンプライアンス管理者
評価テンプレート、テナントデータの管理、改善アクションの割り当て	✓ Compliance Manager Administrators	✓ コンプライアンス管理者 ✓ コンプライアンスデータ管理者 ✓ セキュリティ管理者

表8.2：コンプライアンスマネージャーにアクセスできる役割グループ

上記の権限を担当者に付与する場合、グローバル管理者の権限を持つユーザーが行います。

HINT 役割グループ

Microsoft 365では、さまざまな役割グループを利用することができます。
グローバル管理者や、グローバル閲覧者などは、Azure AD（Microsoft Entra ID）で定義されている役割で、Microsoft 365管理センターや、Microsoft Entra管理センターなどで確認することができます。一方、セキュリティやコンプライアンスの管理を行うための役割グループがあり、これらは、Microsoft Purviewコンプライアンスポータルで確認できます。コンプライアンスマネージャーに関する役割グループも、ここで確認できます。

図8.7：セキュリティやコンプライアンスの管理を行う役割グループ

ここがポイント

コンプライアンスマネージャーの管理を特定のユーザーに行ってもらう場合、コンプライアンスマネージャーにアクセスできる権限を持った役割グループにメンバーを追加します。このとき、役割グループのメンバーとして追加できるのは、テナント内に登録されているユーザーのみです。例えば、Microsoftのエンジニアに権限を付与するといったことはできません。
コンプライアンスマネージャーの管理を行うことができるユーザーを追加するには、Microsoft Purviewコンプライアンスポータルの［ロールとスコープ］の［アクセス許可］、もしくはMicrosoft 365管理センターや、Microsoft Entra管理センターで行います。コンプライアンスマネージャーから、管理者権限を付与したりすることはできません。

一方、コンプライアンスマネージャーの管理を行うためではなく、スコアなどの評価を閲覧するためにユーザーに対して権限を付与したい場合もあります。この場合は、役割グループのメンバーに追加するのではなく、コンプライアンスマネージャーで、特定の評価に対してアクセス許可を付与します。図8.8は、「DataProtection」という評価へのアクセス許可を付与するための画面です。

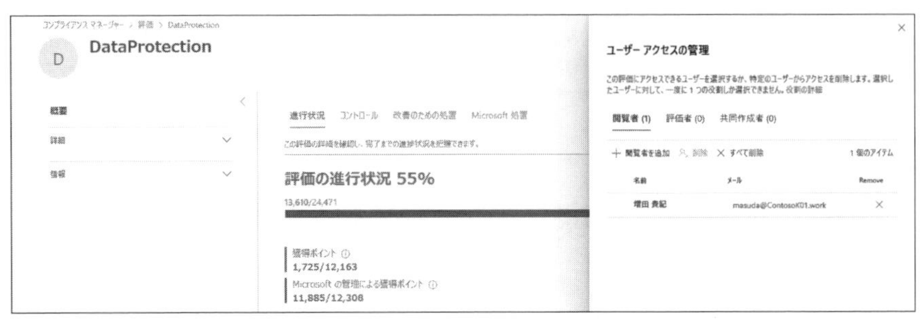

図8.8：特定の評価に対して、ユーザーにアクセス許可を付与する場合、コンプライアンスマネージャーを使用する

評価

コンプライアンススコアは、特定の評価テンプレートを使用して評価を作成することで表示されます。評価については後述します。

8.5.1 コンプライアンススコアの確認

コンプライアンスマネージャーで、最も目立つのがコンプライアンススコアです。図8.9では、コンプライアンススコアが55%であることが分かります。また、コンプライアンススコアは、次の2つの要素で構成されています。

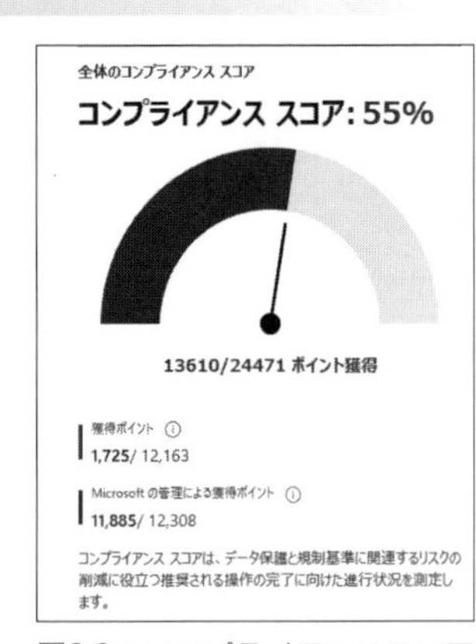

図8.9：コンプライアンススコア

■獲得ポイント

これは、特定の規制や標準に準拠するために組織で実際に行ったコンプライアンス対策で得たポイントです。

図8.9は、12,163ポイント中1,725ポイント分対策を行っているという意味です。

■ Microsoftの管理による獲得ポイント

コンプライアンス機能を提供しているMicrosoftが実装を担当している部分について、ポイントが表示されます。

上記2つのポイントを合計して、全体の何パーセントくらい対策ができているかをコンプライアンススコアとして表示しています。

コンプライアンスマネージャーは、Microsoft 365環境全体に対して評価を実行し、Microsoftと顧客の両方のコントロールを評価します。

8.5.2 改善のための処置の確認

コンプライアンスマネージャーには、[改善のための処置] タブが用意されています。これは、コンプライアンススコアを向上するために具体的にどんな対策や設定が必要かを表示してくれる場所です。

図8.10：改善のための処置の一覧

行いたい対策をクリックすると、詳細ページが表示されます。図8.11は、セルフサービスパスワードリセットを有効にするという対策です。実装方法が英語で表記されていて、下部に [Launch Now] というリンクが貼られています。これをクリックすると、設定に使用する管理ツールが表示され、すぐに設定を行うことができます。

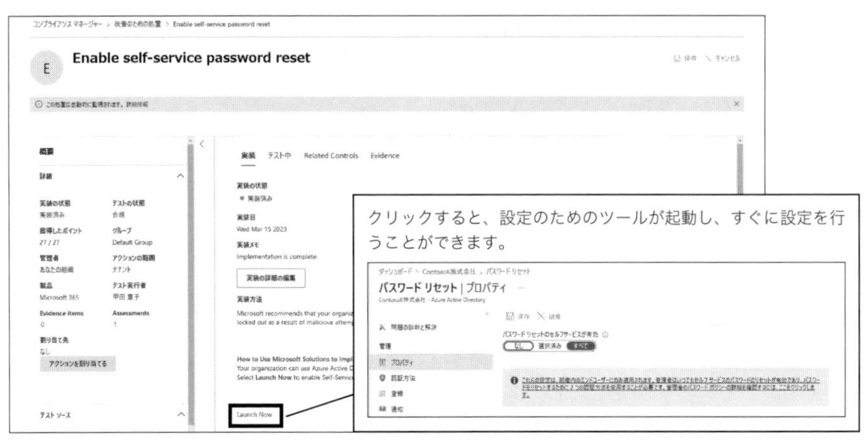

図8.11：セルフサービスパスワードリセットを有効にするための対策を行うページ

設定完了後は、実装日などを入力しておきます。そして、テストを行い、テストを行った日やテストの状態（合格/不合格など）を記録しておきます。その後、テナントのコンプライアンス設定が自動的にスキャンされ、適切に設定が行われていれば、コンプライアンススコアが増加します。

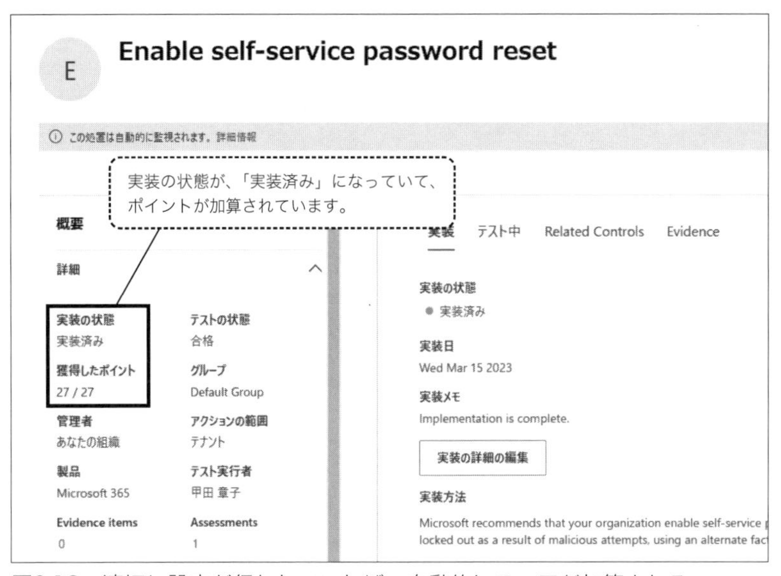

図8.12：適切に設定が行われていれば、自動的にスコアが加算される

このように、処置を確認し、実装とテストを行いながらコンプライアンス対策を行っていくことができます。

改善のための処置を確認することで、テナントのリスクになるような設定が放置されていないかなどを確認することができます。

8.5.3 評価および評価テンプレート

コンプライアンスマネージャーに表示されるコンプライアンススコアは、追加されている評価に基づいて表示されます。既定では、「データ保護のベースライン」という評価テンプレートを利用しています。

追加されている評価を確認するには、［評価］タブを表示します。

図8.13：コンプライアンスマネージャーの［評価］タブで、追加されている評価が確認できる。

データ保護のベースラインテンプレートは、データの保護や、一般的なデータガバナンスに関する主要な規制や標準に対する対策が含まれています。また、次の要素を取り入れている汎用的なテンプレートです。

・NIST CSF（米国国立標準技術研究所のサイバーセキュリティフレームワーク）
・ISO（国際標準化機構）
・FedRAMP（米国政府機関によるリスクおよび認証管理プログラム）

・GDPR（EU一般データ保護規則）

特定の規制や標準に、テナントが準拠しているかを調査したい場合は、用意されている評価テンプレートを使用して評価を追加することができます。評価テンプレートを確認するには、［規制］タブを使用します。

図8.14：評価テンプレートの一覧

国際的な標準や規制に、Microsoftテナントが準拠しているかを確認するには、評価を追加します。

8.5.4 改善のための処置を行って追加されるポイント

改善のための処置（アクション）を行うとポイントが追加されます。ポイントの値は行う処置によって異なりますが、次のいずれかのポイントが付与されます。

・27ポイント
・9ポイント
・3ポイント
・1ポイント

これらのポイントは、次のように割り当てられています。

アクションの種類	スコア
予防必須	27
予防任意	9
検出必須	3
検出任意	1
修正必須	3
修正任意	1

表8.3：スコアの割り当てとアクションの種類

表8.3に記載されている単語を取り出すと、次の5つの言葉になります。

■必須

システムで制御することができる設定のことです。各種ポリシーなどで制限が適用された場合、必ずその制限に従わなければいけません。たとえば、Azure Active Directory（Microsoft Entra ID）では、パスワードポリシーが定義されていて、パスワードの長さは8文字以上に設定しなければなりません。これはシステムで制限されているため、7文字以下に設定することは絶対にできません。このようなものが「必須」です。

■任意

システムでは制御できないものです。そのため組織や企業で周知した内容を守るかはその人次第ということになります。たとえば、離席する際にPCの画面をロックしてほしいという内容を会社のポリシーとして決め、周知したとします。しかし、画面をロックする操作を行うのは人なので従わないこともできます。

このようなものが「任意」です。

■予防

何かあったときのために備えて行うのが予防です。例えば、ファイルを間違って削除した場合や上書きしてしまった場合に備えて、SharePointのライブラリで、バージョン管理を有効にしたり、デバイスを紛失したときに備えて暗号化をしたりといったことが「予防」です。

■検出

検出は、何かあったときにその証拠を見られるようにしておくことです。例えば、監査ログが取られるように監査を有効にしておき、なりすましや侵入などがあったときに監査ログで確認できるようにしておきます。

■修正

修正は、インシデントとなるようなことが起きた時に、被害を最小限にするために行う是正措置です。

例えば、デバイスがウイルスに感染したときに、どのデバイスで感染が起きているかを確認し、デバイスを分離するなどの措置を行います。

改善アクションで最も点数が高いのは、予防必須のアクションです。

8.6 データ損失防止(DLP：Data Loss Prevention)

データ損失防止を利用すると、組織で利用している電子メールやファイルなどに含まれる個人情報や機密情報を検出し、外部に漏洩しないように制御することができます。

データ損失防止を利用するには、データ損失防止（DLP）ポリシーを作成します。DLPポリシーは、次の手順で設定を行います。

データ損失防止ポリシーの作成は、Mircrosoft Purviewコンプライアンスポータルで行います。Microsoft Purviewコンプライアンスポータルは、以前、Microsoft 365コンプライアンスセンターという名称でした。

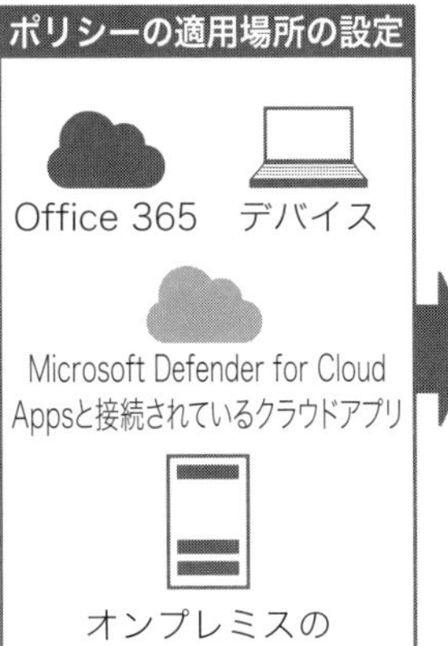

図8.15：DLPポリシーの作成手順

DLPポリシーを適用すると、機密情報が含まれたドキュメントのアクセスや電子メールの送信をブロックすることができます。

DLPポリシーは、SharePointやMicrosoft Teamsのチャットおよびチャネルメッセージに適用できます。

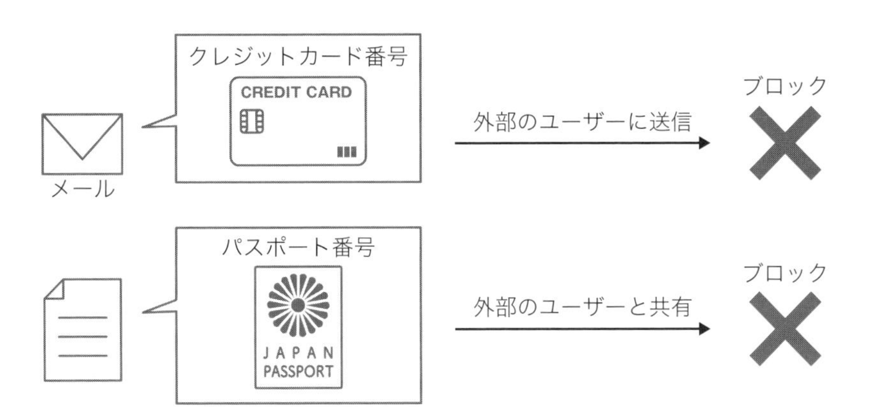

図8.16：データ損失防止

DLPポリシーが適用されると、条件に該当するアクティビティがあった場合に、アクションが実行されます。

図8.17は、電子メールの本文内にパスポート番号と思われる情報が入力されています。そして、外部のユーザーを宛先として指定しているため、アクションが実行されポリシーヒントが表示されています。

ポリシーヒント

秘密度: 機密度：高(機密情報)

ポリシー ヒント: このドキュメントやメールには、クレジットカード番号やパスポート番号などの機密情報が含まれています！ 詳細を表示する

宛先

CC

パスポート番号のご連絡

お疲れ様です。

パスポート番号をお知らせします。

です。

よろしくお願いいたします。

図8.17：DLPポリシーが適用されたため、画面上部にポリシーヒントが表示された

この電子メールを送信しようとすると、送信が禁止されていることを伝えるメッセージが表示され、送信がブロックされます。

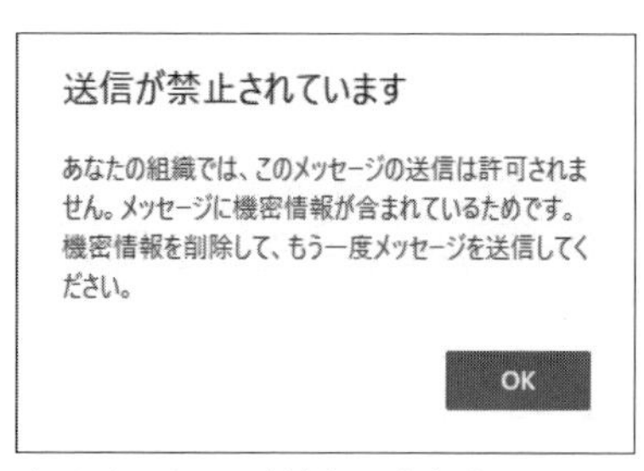

図8.18：送信をブロックするメッセージが表示された

しかし、業務上どうしても個人情報を送信しなければならないこともあります。

このような場合は、上書き設定を行うことで、ポリシーを一時的にバイパスして送信することもできます。上書きを行う場合は、ポリシーヒントに表示されている［詳細を表示する］をクリックします。

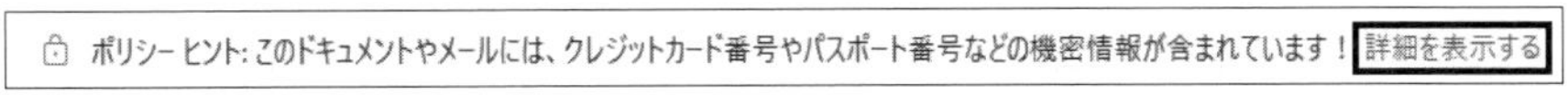

ポリシー ヒント: このドキュメントやメールには、クレジットカード番号やパスポート番号などの機密情報が含まれています！ 詳細を表示する

図8.19：ポリシーヒント

ポリシーヒントが展開されて、［上書き］リンクが表示されます。

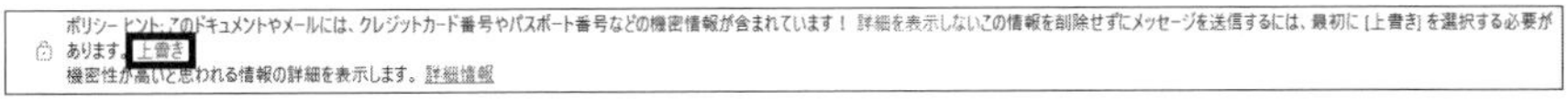

ポリシー ヒント: このドキュメントやメールには、クレジットカード番号やパスポート番号などの機密情報が含まれています！ 詳細を表示しないこの情報を削除せずにメッセージを送信するには、最初に [上書き] を選択する必要があります。上書き
機密性が高いと思われる情報の詳細を表示します。詳細情報

図8.20：［上書き］リンクが表示された

［上書き］をクリックすると、ポリシーを上書きするために業務上の理由を入力する画面が表示されます。

理由を入力して、［上書き］ボタンをクリックすると、メールが送信できるようになります。

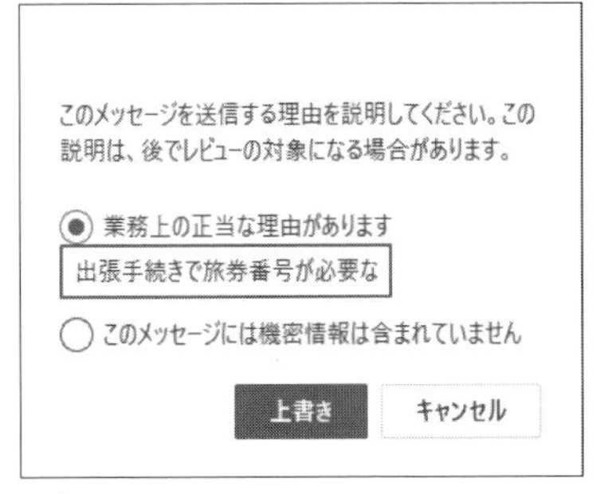

図8.21：業務上の理由を入力

DLPポリシーは上書きすることができます。

8.7 Azure Information Protection

Azure Information Protectionは、分類用のラベルを提供します。ラベルを適用することで、どのファイルに機密情報が含まれているかなどを識別しやすくなったり、分類ラベルが適用されたファイルやメールを暗号化して保護します。この分類用のラベルのことを、「秘密度ラベル」と呼んでいます。

秘密度ラベルは、分類と保護を提供します。

8.7.1 秘密度ラベルの適用対象

作成した秘密度ラベルは、次のものに設定することができます。

- **アイテム**
  Word、Excel、PowerPointのドキュメント
  OutlookおよびOutlook on the Webから送信されたメッセージ
  OutlookおよびTeamsに登録された予定表のイベントと会議

機密情報を含むドキュメントや電子メールにラベルを付けて分類するには、秘密度ラベルを使用します。

- **グループとサイト**
  Microsoft 365グループ
  Teamsのチーム
  SharePointサイト

秘密度ラベルは、Microsoft Teamsのチーム、Microsoft 365グループ、SharePointサイトに対して適用することができます。図8.22は、既存のSharePointサイトにラベルを適用する場合に利用する画面です。[秘密度] の一覧から公開されているラベルを選択することができます。

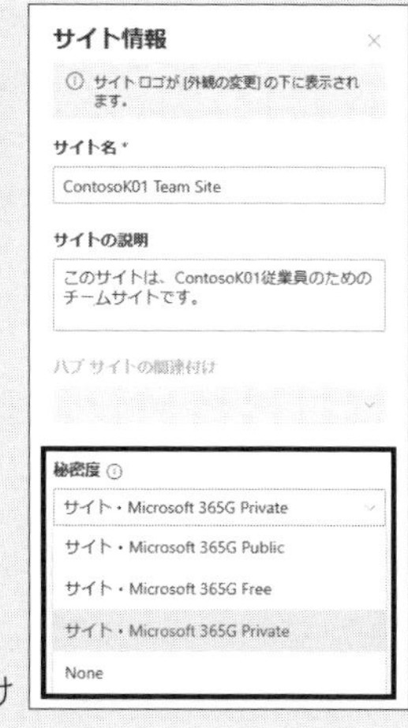

図8.22：SharePointサイトへのラベル付け

- **スキーマ化されたデータアセット**
  Azure上にあるさまざまな資産（Azure Blob Storage、Azure Files、SQL Server、Azure SQL Databaseなど）をスキャンして、これらのデータをMicrosoft Purview Data Mapに登録し、登録されたデータに対して自動的に分類ラベルを適用します。

MS-900の試験では、アイテムおよびグループとサイトの機能を問う問題が出題されます。

このように秘密度ラベルはさまざまなものに適用してデータを分類することができます。

8.7.2 必要なライセンス

秘密度ラベルを利用するには、ライセンスが必要です。Azure Information Protectionには、次の4種類のライセンスがあります。

・**個人用RMS（Free）**

無料で利用できます。Azure Information Protectionによって保護されているコンテンツを読み取ることができます。例えば、自社では、Azure Information Protectionを使用していませんが、他社のユーザーから送られてきた電子メールにAzure Information Protectionで保護されたドキュメントが添付されていて読み取りを行いたいといった場合に使用するライセンスです。

Freeライセンスの利用目的を覚えておきましょう。

・**Azure Information Protection for Office 365**

Office 365のライセンスに含まれるAzure Information Protectionです。

・**Azure Information Protection Premium P1**

Microsoft 365 Business Premium、Microsoft 365 E3などに含まれています。

Azure Information Protection for Office 365に含まれる機能はすべてサポートします。それに加え、Officeドキュメント以外のファイル（テキストファイル、jpegファイルなど）の保護やオンプレミスのファイルサーバーのファイルの保護も提供します。

・**Azure Information Protection Premium P2**

Azure Information Protection Premium P1に含まれる機能は、すべてサポートします。それに加え、自動および推奨のラベル付けや、保護を強化するための二重キー暗号化などをサポートします。

HINT 自動および推奨のラベル付け

秘密度ラベルの作成時に、特定の条件に合致した場合に自動的にラベルを適用するように構成できます。例えば、クレジットカード番号が入力されたときに、特定のラベルを適用するように設定が可能です。推奨のラベル付けは、条件に該当する場合に、ラベルを適用することを促すように設定することです。

Azure Information Protection Premium P1以上のライセンスを利用すると、Microsoft Purview Informationスキャナー（Azure Information Protectionスキャナー）を利用することができます。Microsoft Purview Informationスキャナーは、オンプレミスのファイルサーバーやSharePoint Server内のファイルを保護することができます。

自動ラベル付けを利用する場合、Azure Information Protection Premium P2のライセンスが必要です。

8.7.3 秘密度ラベルの作成

ここでは、秘密度ラベルの作成方法を確認します。秘密度ラベルを作成するには、Microsoft Purviewコンプライアンスポータルの［情報保護］-［ラベル］を選択します。

図8.23：Microsoft Purviewコンプライアンスポータル

秘密度ラベルの作成手順は、次の通りです。

Step1：秘密度ラベルの作成

Step2：秘密度ラベルの公開

秘密度ラベルをユーザーが利用できるようにするには、管理者が秘密度ラベルを作成し、ラベルを公開します。これにより、ユーザーが秘密度ラベルを利用できるようになります。

・Step1：秘密度ラベルの作成

秘密度ラベルの作成は、次の3つの設定を行います。

①秘密度ラベルの適用対象の選択

秘密度ラベルを、何に対して適用するかを指定します。ここでは、Officeドキュメントや電子メールにラベルを適用できるように設定します。

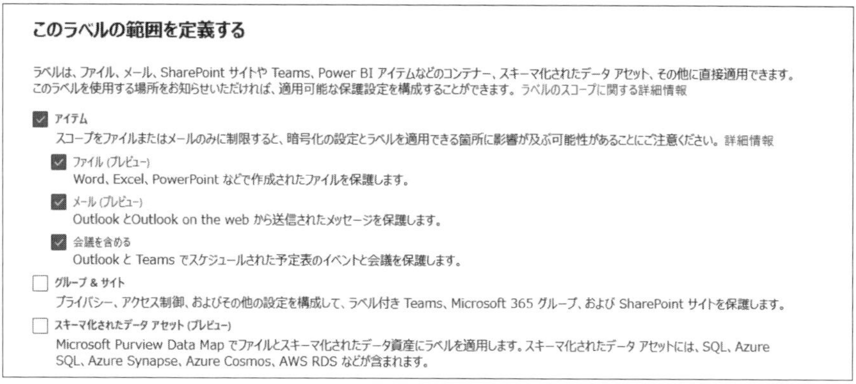

このラベルの範囲を定義する

ラベルは、ファイル、メール、SharePoint サイトや Teams、Power BI アイテムなどのコンテナー、スキーマ化されたデータ アセット、その他に直接適用できます。
このラベルを使用する場所をお知らせいただければ、適用可能な保護設定を構成することができます。ラベルのスコープに関する詳細情報

☑ アイテム
スコープをファイルまたはメールのみに制限すると、暗号化の設定とラベルを適用できる箇所に影響が及ぶ可能性があることにご注意ください。詳細情報

☑ ファイル (プレビュー)
Word、Excel、PowerPoint などで作成されたファイルを保護します。

☑ メール (プレビュー)
Outlook とOutlook on the web から送信されたメッセージを保護します。

☑ 会議を含める
Outlook と Teams でスケジュールされた予定表のイベントと会議を保護します。

☐ グループ & サイト
プライバシー、アクセス制御、およびその他の設定を構成して、ラベル付き Teams、Microsoft 365 グループ、および SharePoint サイトを保護します。

☐ スキーマ化されたデータ アセット (プレビュー)
Microsoft Purview Data Map でファイルとスキーマ化されたデータ資産にラベルを適用します。スキーマ化されたデータ アセットには、SQL、Azure SQL、Azure Synapse、Azure Cosmos、AWS RDS などが含まれます。

図8.24：作成する秘密度ラベルの使用範囲を定義する

②保護設定の選択

ラベルを適用したときに、ドキュメントやメールを暗号化するか、マーキングの設定を行うかなどを指定します。暗号化は、アクセス許可の設定のことです。このラベルが適用されているドキュメントに誰がアクセスできるか、いつまでドキュメントを使用できるかなどの設定を行います。マーキングは、ドキュメントのヘッダー（上部）やフッター（下部）の領域に、「社外秘」などの文字列を挿入したり、ドキュメントの本文に透かし（ウォーターマーク）を挿入することです。

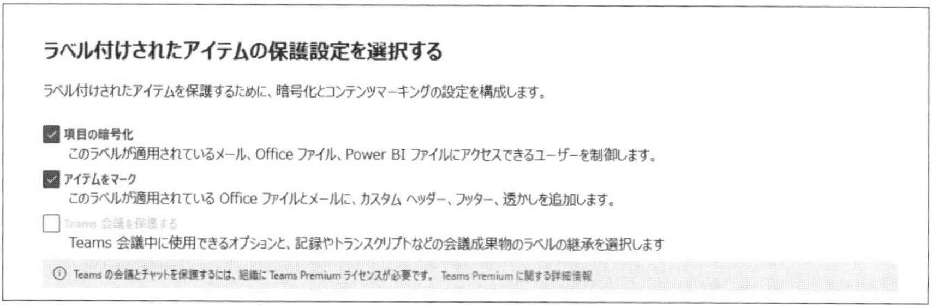

ラベル付けされたアイテムの保護設定を選択する

ラベル付けされたアイテムを保護するために、暗号化とコンテンツマーキングの設定を構成します。

☑ 項目の暗号化
このラベルが適用されているメール、Office ファイル、Power BI ファイルにアクセスできるユーザーを制御します。

☑ アイテムをマーク
このラベルが適用されている Office ファイルとメールに、カスタム ヘッダー、フッター、透かしを追加します。

☐ Teams 会議を保護する
Teams 会議中に使用できるオプションと、記録やトランスクリプトなどの会議成果物のラベルの継承を選択します

ⓘ Teams の会議とチャットを保護するには、組織に Teams Premium ライセンスが必要です。Teams Premium に関する詳細情報

図8.25：暗号化とマーキングの設定

秘密度ラベルは、暗号化（アクセス許可）の設定が可能です。
暗号化の設定では、このラベルが適用されたファイルに誰がどのようなアクセス許可を持つかを定義することができます。また、ドキュメントの使用期限やオフラインアクセスを許可するかどうかなどを設定することができます。

◉ 暗号化設定を構成

ⓘ 暗号化を有効にすると、このラベルが適用されている Office ファイル (Word, PowerPoint, Excel) に影響があります。セキュリティ上の理由でファイルが暗号化されるため、ファイルを開いたり保存したりするときにパフォーマンスが低下し、SharePoint と OneDrive の一部の機能が制限されるか、使用できなくなります。 詳細情報

アクセス許可を今すぐ割り当てますか、それともユーザーが決定するようにしますか?

アクセス許可を今すぐ割り当てる

ラベルがメールや Office ファイルに適用されると、選択した暗号化の設定が自動的に適用されます。

コンテンツに対するユーザーのアクセス許可の期限 ⓘ

ラベルの適用後の日数

ラベルが適用されてから、アクセスの期限が切れるまでの日数

30

オフライン アクセスを許可する ⓘ

常に許可

特定のユーザーとグループにアクセス許可を付与する * ⓘ

アクセス許可の割り当て

2 個のアイテム

ユーザーとグループ	アクセス許可
ContosoK01.onmicrosoft.com	Viewer
Tajima@contosok01.work	Co-Author

図8.26：暗号化の設定

ドキュメントには、ヘッダー、フッター、透かしをすべて適用することができますが、メールや会議依頼には、透かしが適用されません。ヘッダーおよびフッターはメールや会議依頼にも適用されます。

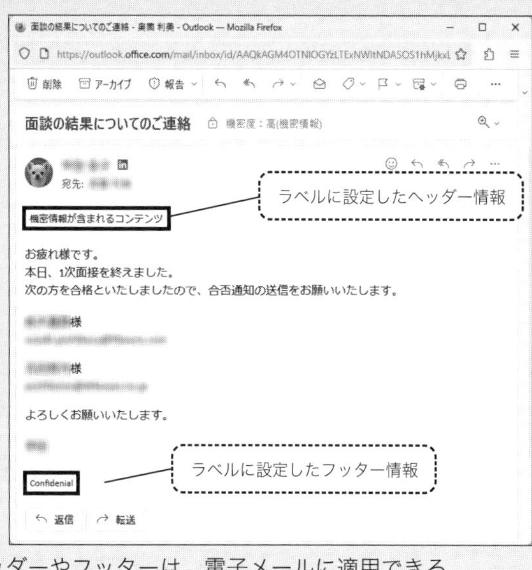

図8.27：ヘッダーやフッターは、電子メールに適用できる

③ファイルとメールの自動ラベル付け

ファイルとメールの自動ラベル付けを有効にすると、どのような機密情報が入力されたときに自動的にラベルを適用するかを指定することができます。図8.28では、パスポート番号もしくは住所が入力されたときに自動的にラベルを設定するように設定しています。

図8.28：自動ラベル付けの設定

これらの設定を行うことで、秘密度ラベルを作成することができます。

- **Step2：秘密度ラベルの公開**

  作成したラベルは、公開を行わないとユーザーが使用できるようになりません。ユーザーが使用できる状態というのは、WordやExcel、PowerPoint、OutlookなどのOfficeアプリケーション上でラベルが選択できる状態になっていることです。図8.29は、Wordの［ホーム］タブにある［秘密度］ボタンをクリックした状態です。公開されている秘密度ラベルの一覧が表示されています。

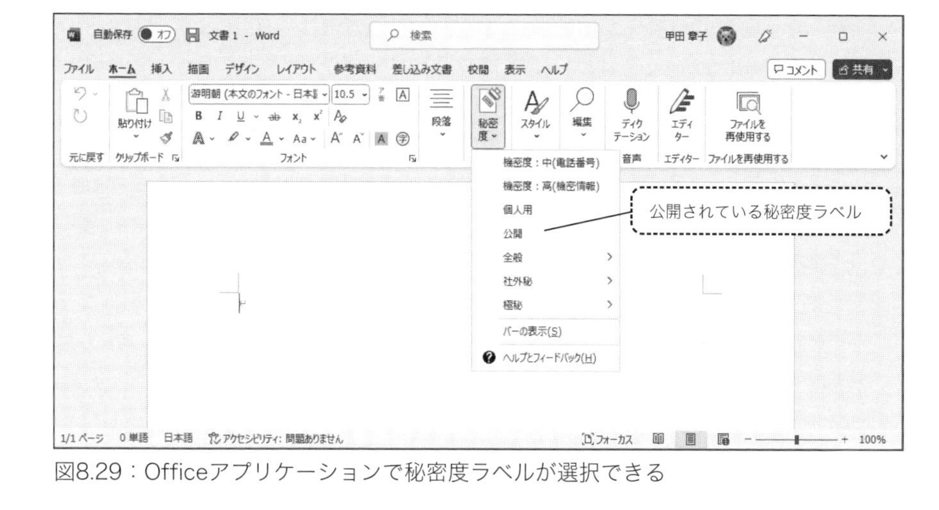

図8.29：Officeアプリケーションで秘密度ラベルが選択できる

秘密度ラベルを公開するには、Microsoft Purviewコンプライアンスポータルでラベルポリシーを作成する必要があります。ラベルポリシーでは、どのラベルを公開するか、誰に公開するかを指定して作成を行います。図8.30はラベルポリシーの作成画面で、公開したいラベルを選択しています。

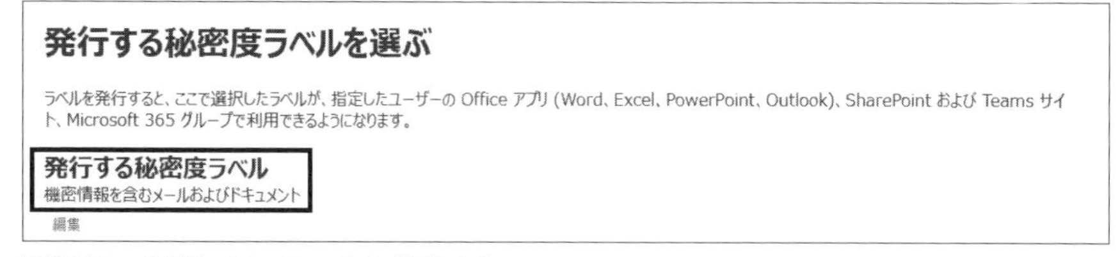

図8.30：公開したいラベルを指定する

8.7.4 公開された秘密度ラベルの利用

ここでは、ユーザーがラベルを利用するために必要な設定を紹介します。必要な設定は、ユーザーがどのようなOfficeアプリケーションを使用しているかによって異なります。考えられるのは次のパターンです。

・Microsoft 365 Appsを利用してる場合
　サブスクリプションタイプのOffice製品を利用している場合、ユーザーのコンピューター側で必要な設定はありません。公開されたラベルが、[ホーム]

タブの［秘密度］ボタンに表示されます。この方法は、「Officeアプリの組み込みラベル付け」と呼ばれ、現在推奨されている方法です。

・永続版Office（Office 2016/2019/2021）を利用している場合
永続版Office製品を利用している場合、ユーザーのコンピューターにAzure Information Protectionのクライアントコンポーネントをインストールする必要があります。クライアントコンポーネントはMicrosoftダウンロードセンターから無償でダウンロードしてインストールすることができます。クライアントコンポーネントをインストールすることで、Officeアドインが追加され、秘密度ラベルを利用できる設定になります。この方法は、「Azure Information Protection統合ラベル付けクライアント」と呼ばれ、メンテナンスモードになっています。今後、機能がアップデートされることはありません。

Microsoft 365のライセンスには、Microsoft 365 Appsが含まれるため、Officeアプリの組み込みラベル付けを使用することが推奨されます。

Azure Information Protection統合ラベル付けクライアントは、Officeの組み込みラベル付けが利用される以前から使われていた方法で、この方法が推奨されていました。
当時は、Microsoft 365 Appsを利用していても、AIPクライアントコンポーネントをインストールすることが推奨されていたため、試験ではクライアントコンポーネントのインストールを行うことが正解とされる問題が出題される可能性があります。

8.7.5 Microsoft 365における暗号化

Microsoft 365はマルチテナントであるため、テナント内のデータの安全性を確保するために次のことが行われています。

・保存されているデータの暗号化
・ネットワーク送信中のデータの暗号化

保存されているデータや通信中のデータを暗号化するために、次の技術が利用されています。

転送中のデータ		保存されているデータ	
ネットワーク	電子メール	ハードウェア（ディスクレベル）	アプリ（ファイルレベル）
・TLS	・Microsoft Purview Message Encryption ・Microsoft Purview Advanced Message Encryption	・BitLocker	・サービス暗号化 ・カスタマーキー

表8.4：Microsoft 365で使用される暗号化技術

　ハードディスクに保存されているデータは、BitLockerを使用して暗号化されます。

　一方、SharePoint OnlineやOneDrive for Businessなどでは、サービス暗号化が利用されます。これは、Microsoft 365内のコンテンツをアプリケーションレベルで保護するために利用されています。サービス暗号化では、ファイルごとに固有の暗号化キーを使用して暗号化が行われ、キーがコンテンツとは物理的に離れた場所に保存されることで安全性を確保しています。サービス暗号化で利用されるキーは、Microsoftがすべて管理していますが、カスタマーキーを利用した暗号化も行うことができます。カスタマーキーはクラウドサービスを契約している顧客がキーを生成し管理するというものです。

ハードディスクに保存されているデータは、BitLockerによって暗号化されます。
アプリケーションレベルでは、カスタマーキーを使用したサービスレベルの暗号化を利用することができます。

BitLockerドライブ暗号化

　BitLockerドライブ暗号化は、Windows Vistaからサポートされた、Cドライブなどを暗号化することができる機能です。暗号化が可能なのは次のドライブです。

・OSがインストールされているドライブ(通常は、Cドライブ)
・データドライブ
・リムーバブルドライブ

HINT リムーバブルドライブの暗号化

リムーバブルドライブを暗号化する機能を、BitLocker To Goといいます。

BitLockerドライブ暗号化をWindows 10/11で使用するには、次の要件を満たしている必要があります。

・Windows 10/11 Pro、Enterprise、Educationのいずれかのエディション
・TPM 1.2以降が搭載されているデバイス(TPM 2.0推奨)
・TPMを搭載していないデバイスでは、スタートアップキーを保存したUSBデバイスが必要です。

BitLockerは、Windows 10/11 Pro以上で利用可能です。
Microsoft 365 E3ライセンスを利用していれば、BitLockerを利用できます。

8.8 Microsoft Priva

Microsoft Privaは、組織内に存在する個人情報を含んだデータを自動的に検出し、それらを視覚的に表示してくれます。図8.31は、テナント内のどのサービスにどのような個人情報が格納されているかを表示したものです。

この情報にアクセスするには、Microsoft Purviewコンプライアンスポータルの、[プライバシーリスク管理] - [データプロファイル] を使用します。

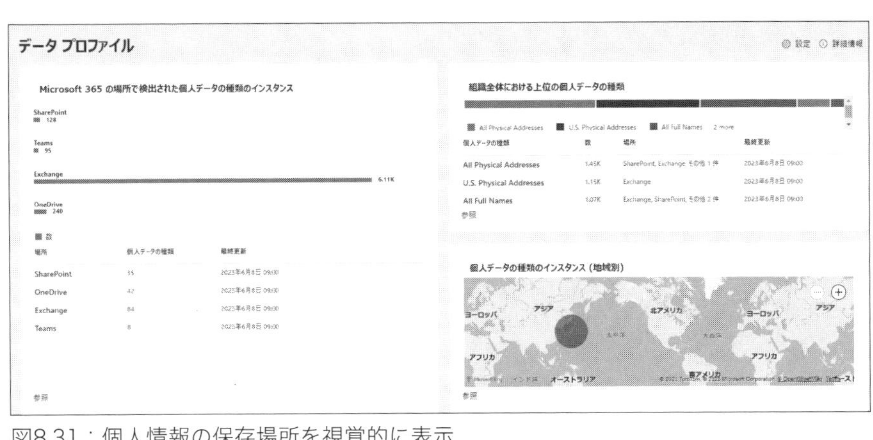

図8.31：個人情報の保存場所を視覚的に表示

また、ポリシーを使用して個人情報が外部に転送されたことを検出したり、SharePointやOneDrive for Businessで全ユーザーに対して公開されている個人データなど、本来露出されてはいけないような個人データを検出することができます。

Microsoft Privaを使用するには、Privaプライバシーリスク管理ライセンスが必要です。このライセンスは、Microsoft 365 E5にも含まれていません。

プライバシーリスクから保護するソリューションは、Microsoft Privaです。

8.9 内部リスクの管理

第7章で紹介したMicrosoft 365 Defenderは、サイバー攻撃などの外部リスク対策を行うためのサービスでした。ここで紹介する内部リスクの管理は、インサイダーが起こすリスクを検出するものです。インサイダーとは、「内部の人」と訳されますが、次の人たちが該当します。

・現在、組織や企業で働いている従業員
・組織や企業と取引がある外部業者を含むビジネスパートナー
・以前、組織や企業に所属していた人

このように、現在働いている人だけではなく、過去に働いていた人や、会社と契約して個人で仕事を請け負っているビジネスパートナーの人もインサイダーとして扱われます。そして、この人たちが起こすリスクのことを「インサイダーリスク」と呼んでいます。インサイダーリスクには次のようなものがあります。

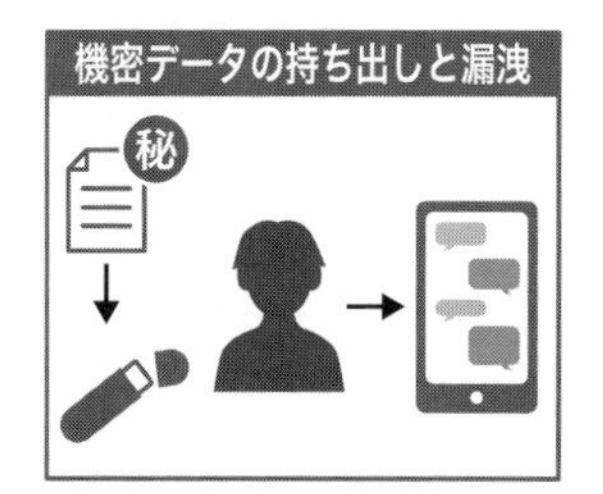

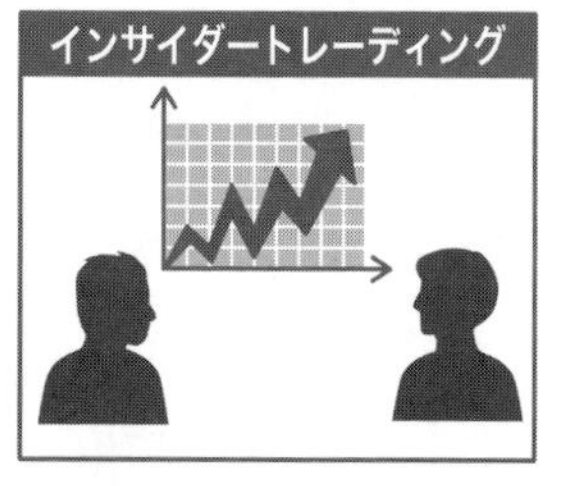

図8.32：インサイダーリスク

このようなアクティビティを検出するために、Microsoft 365では、「内部リスクの管理（Insider Risk Management）」という機能をサポートしています。これは、ポリシーを作成し、その適用対象となるユーザーが、不審な行動を起こしたときに検出するというものです。例えば、退職間近の従業員がSharePointやOneDriveから大量のデータをダウンロードして、個人のメールに転送していたり、USBドライブにコピーするなどのアクティビティを検出できます。

組織内の不審なアクティビティを発見して対処するためのポリシーを提供しているのが内部リスクの管理（Insider Risk Management）です。

8.10 コミュニケーションコンプライアンス

コミュニケーションコンプライアンスも、内部リスクを検出する機能のひとつです。コミュニケーションコンプライアンスでは、従業員がコミュニケーションに使用するツール（Exchange OnlineやMicrosoft Teams、Vivaエンゲージ（Microsoft Yammer））を監視し、不適切なやり取りを検出することができます。例えば、パワーハラスメントやセクシャルハラスメントに該当するやり取りなどを検出できます。図8.33は、コミュニケーションコンプライアンスポリシーを作成して不適切なやり取りを検出したものです。実際に誰がどのようなメッセージを送信したのかなどの内容を具体的に確認することができます。

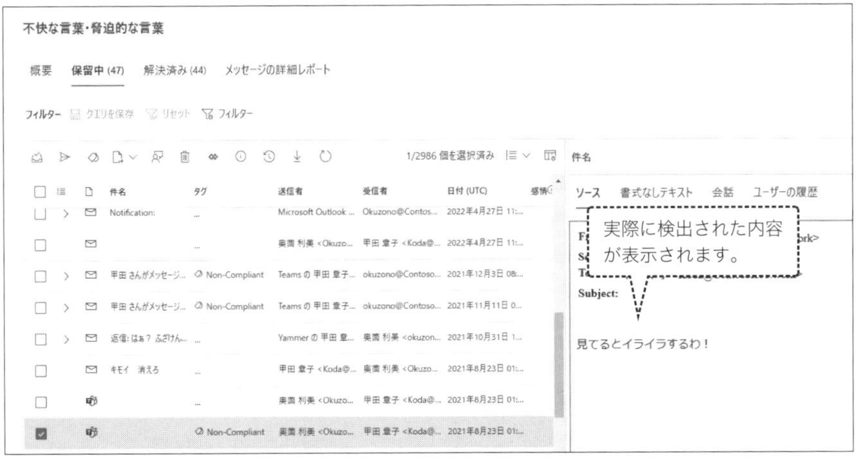

図8.33：コミュニケーションコンプライアンスのポリシーによって検出されたメールやチャット

8.11 カスタマーロックボックス

Microsoft 365を使用していて、問題が生じる場合があります。例えば、サービスにアクセスできない、設定が分からない、設定したのに反映されないなどさまざまなことが考えられます。自社で解決できない場合、Microsoftのサポートに問い合わせて解決を依頼することもあります。この時に、Microsoftのエンジニアが、サポートのために自社のテナントのExchange OnlineやSharePoint Onlineなどにアクセスすることもあります。

しかし、Exchange OnlineやSharePoint Onlineは電子メールやドキュメントを扱うサービスなので、機密情報が含まれている可能性があります。たとえサポートのためとはいえ、きちんと証跡を残すことなく外部の人にデータにアクセスされるのは会社のセキュリティポリシー上問題であるといった場合は、カスタマーロックボックスを使用します。

カスタマーロックボックスを有効にすると、サポートを受ける際に、Microsoftのエンジニアがテナントのデータにアクセスしなければ解決できないと判断した場合、テナントへのアクセスの許可を求めるメッセージが送信され、企業側で承認してからデータにアクセスしてもらうといったことができます。カスタマーロックボックスのプロセスは、次の通りです。

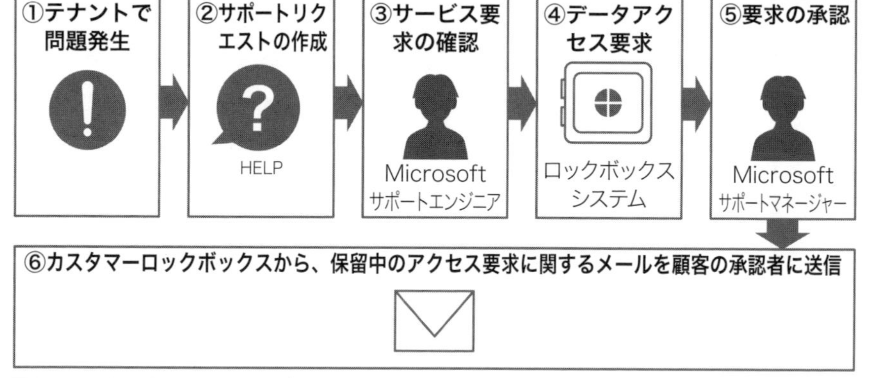

図8.34：カスタマーロックボックスのプロセス

① 自社のエンジニアでは解決できないMicrosoft 365に関する問題が発生します。
② Microsoft 365管理センターを使用して、サポートリクエストを作成し、サポートを依頼します。
③ サポートリクエストを受け取ったMicrosoftのエンジニアが、サポートのためにテナントにアクセスする必要があることを判断し、申請を行います。
④ 申請は、ロックボックスシステムを通じてMicrosoftのサポートマネージャーに送信されます。
⑤ Microsoftのサポートマネージャーは、申請の内容を確認し、テナントにアクセスする必要があると判断します。
⑥ Microsoftからアクセス要求が送信され、Microsoft 365管理センターで

確認することができます。
承認すると、Microsoftのサポートエンジニアがサポートのためにアクセスします。

ヘルプセッション中に、Microsoftのサポートエンジニアがデータにアクセスする方法を制御するのがカスタマーロックボックスです。

8.12 Information Barriers

Information Barriersは、Microsoft Teams内に作成したチーム間の通信をブロックするための機能です。
この機能を設定することで、ブロックされたチーム同士のメンバーは、チャットを行ったり、通話を行ったり、ブロックされているチームのユーザーを検索したりすることはできなくなります。

8.13 データ保持

企業や組織においては、特定の条件に該当するデータを一定期間もしくは無期限で保持しなければならない場合があります。Microsoft 365では、データを保持する機能として次のようなものをサポートしています。

・アイテム保持ポリシー
・保持ラベルとレコード管理
・電子情報開示（eDiscovery）

ここでは、これらの3つの機能について解説します。

8.13.1 アイテム保持ポリシー

アイテム保持ポリシーを利用すると、一定期間データを保持したり、保持期間を過ぎたデータをまとめて削除したりすることができます。アイテム保持ポリシーは、SharePointサイトなど、大きな単位で割り当てることができます。そのため、サイト内のすべてのドキュメントに同じ保持設定をまとめて適用できて便利です。

アイテム保持ポリシーを作成するには、Microsoft Purviewコンプライアンスポータルを使用して、保持する場所や保持期間、保持期間終了後の処理などの設定を行います。

コンテンツを保持するか、削除するか、または両方を行うかを決定します

(◉) 特定の期間アイテムを保持
アイテムは、選択した期間保持されます。
特定の期間アイテムを保持
5 年
以下に基づき保持期間を開始する
アイテムの作成日時
保持期間の終了時
(◉) アイテムを自動的に削除する
( ) 何もしない
( ) アイテムを無期限に保持する
ユーザーが削除した場合でも、アイテムは無期限に保持されます。
( ) 特定の期間が経過したときにのみアイテムを削除
アイテムは保持されず、選択した期間が経過すると、保存されている場所から削除されます。

図8.35：アイテム保持ポリシーの作成

使用されなくなったドキュメントを自動で削除されるようにするには、アイテム保持ポリシーを作成します。

8.13.2 保持ラベルとレコード管理

保持ラベルは、アイテム保持ポリシーと同様、一定期間データを保持しておくことができる機能です。アイテム保持ポリシーと機能は似ていますが、保持ラベルは、特定のドキュメントやフォルダーなどに対して個別に保持ラベルを設定することができます。図8.36は、SharePointサイトにアップロードされているExcelドキュメントに保持ラベルを適用する画面です。

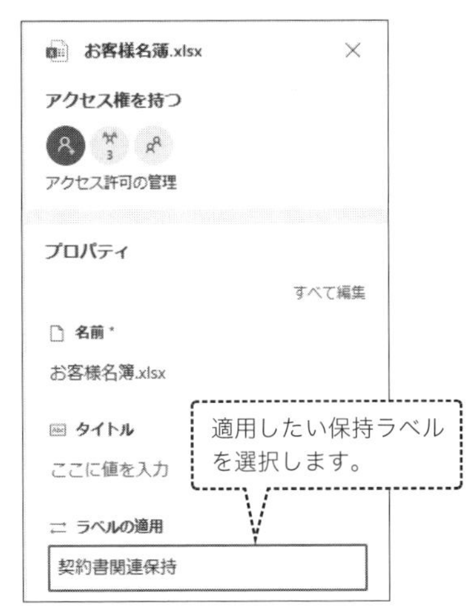

図8.36：保持ラベルの適用

このようにアイテム単位で、ユーザー自身が自分で保持ラベルを適用したり、自動で適用を行うこともできます。

保持ラベルの作成は、Microsoft Purviewコンプライアンスポータルの［データライフサイクル管理］-［Microsoft 365］の［ラベル］タブで作成することができますが、［レコード管理］のメニューからも作成することができます。

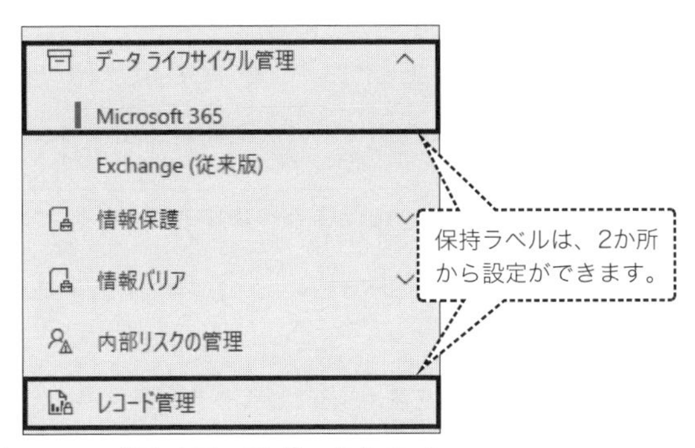

図8.37：Microsoft Purviewコンプライアンスポータルのメニュー

レコード管理から保持ラベルを作成すると、次のことが行えるようになります。

・アイテムをレコードとして分類する
　アイテムをレコードとして分類すると、ユーザーは保持ラベルが適用されたアイテムを編集したり、削除したりすることはできません。管理者は、アイテムに適用されている保持ラベルを変更、削除することができます。

・アイテムを規制レコードとして分類する
規制レコードとして設定されたアイテムは、編集、削除することはできません。また管理者もアイテムに設定されたラベルを変更したり削除したりすることはできません。

・処理確認を開始する
保持期間が過ぎたドキュメントに対して、承認者の承認を得たうえで削除することができます。

処理確認を行うことで、アイテムが削除されたことを確認することができます。

保持期間中の動作を選択する

これらの設定は、保持アイテムに対してユーザーが実行できる操作を制御します。

保存期間中

○ **ユーザーが削除した場合でもアイテムを保持する**
ユーザーはアイテムを編集したり、ラベルを変更または削除したりできます。アイテムを削除した場合、コピーは安全な場所に保管されます。詳細情報

◉ **アイテムをレコードとして分類する**
ユーザーはアイテムを編集または削除できず、管理者のみがラベルを変更または削除できます。SharePoint または OneDrive ファイルの場合、アイテムのレコード状態がロックされているかロック解除されているかに応じて、操作がブロックまたは許可されます。レコードに関する詳細情報

□ **既定でこのレコードのロックを解除する**
レコードをロックする前にユーザーがアイテムを編集できるようにする場合は、このオプションを選択します。ユーザーは、レコードのロックが解除されている間は、OneDrive アカウント、SharePoint ドキュメント ライブラリ間でアイテムを移動できません。

○ **アイテムを規制レコードとして分類する**
ユーザーはアイテムを編集または削除したり、ラベルを変更または削除したりできません。また、管理者は、作成後にこのラベルを変更または削除することはできません。保持期間を延長したり、他の場所に公開したりすることができます。規制レコードに関する詳細情報

図8.38：[レコード管理] からの保持ラベル作成

保持ラベルのレコード管理を使用すると、ラベルが適用されたアイテムをユーザーが編集、削除できないようにすることができます。

8.14 電子情報開示(eDiscovery)

電子情報開示は、訴訟で証拠として利用できるドキュメントやデータを変更、

削除されることなく保持しておくことができる機能です。電子情報開示を利用すると、次の場所のコンテンツを保留（ホールド）することができます。

・Exchange Online
・OneDrive for Business
・SharePoint Online
・Microsoft Teams
・Microsoft 365グループ
・Yammer

Exchangeハイブリッド環境の場合、オンプレミスのExchange Serverも対象にすることができます。

8.14.1 必要な役割

電子情報開示を利用するためには、Microsoft Purviewコンプライアンスポータルにアクセスして、「ケース」を作成しなければなりません。ケースの作成や管理ができるのは、次の役割グループのメンバーです。

図8.39：eDiscovery Manager役割グループ

● eDiscovery Manager

この役割は、Microsoft Purviewコンプライアンスポータルを使用して割り当てる必要があります。eDiscovery Managerは、さらに次の2つの役割に分かれています。

・電子情報開示マネージャー
自身が作成したケースのみを管理することができます。

・電子情報開示管理者

自身が作成したケースだけでなく、他の人が作成したケースも管理が可能です。

8.14.2 電子情報開示の設定プロセス

電子情報開示は、次の手順で設定を行います。

Step1：アクセス許可の付与

・電子情報開示ケースを作成するユーザーをeDiscovery Manager役割グループのメンバーに追加します。

Step2：ケースを作成

・Step1で権限を付与されたユーザーが、電子情報開示ケースを作成します。

Step3：保留リストの作成

・保留リストを作成し、保留したい場所を指定します。

Step4：検索の作成

・保留した場所を検索します。

Step5：検索結果のエクスポート

・Step4の検索の結果表示されたファイルやメールを必要に応じてエクスポートして、裁判所に提出することができます。

eDiscovery Manager役割グループのメンバーであれば、ケースの作成、保留リストの作成、検索の作成、検索結果のエクスポートを行うことができます。

8.14.3 電子情報開示のライセンス

電子情報開示には、次の2種類のライセンスがあります。

・Microsoft Purview電子情報開示（Standard）
　ケースや保留リスト、検索の作成、検索結果のエクスポートなど標準的な機能をサポートします。
Microsoft Purview電子情報開示（Standard）は、Microsoft 365 Business PremiumおよびMicrosoft 365 E3で利用できます。

・Microsoft Purview電子情報開示（Premium）
Microsoft Purview電子情報開示（Standard）機能をすべてサポートし、さらに訴訟に関係する社内ユーザーをカストディアン（情報開示の対象者）として追加することで、関係者の情報をAzure AD（Microsoft Entra ID）から収集して表示するといったことができます。

Microsoft Purview電子情報開示（Premium）は、以前、Advanced eDiscoveryと呼ばれていました。
Microsoft Purview電子情報開示（Premium）では、訴訟に関連するユーザーの情報を管理することができます。

8.14.4 データ主体要求（DSR）

EU一般データ保護規則（GDPR）では、欧州連合（EU）に拠点を持つ企業や組織、またはEUに拠点は持ちませんが、EUに居住するユーザーが自組織で提供するサービスに加入している場合を対象として、プライバシー権を保護するための規則が定められています。GDPRでは、欧州連合（EU）の個人に対して、個人データのアクセスや取得、修正、消去、制限を行う権限を付与します。例えば、EU内に拠点のある企業の場合、EUに居住する従業員を雇用します。これらの従業員から、自分の情報に対する削除や修正に対して要求があった場合には、これを速やかに実行する必要があります。この要求のことを「DSR（データ主体要求）」といいます。

Microsoft 365では、データ主体要求を管理するツールが用意されています。DSRを管理するには、Microsoft Purviewコンプライアンスポータルの、[電子情報開示] - [ユーザーデータ検索] で設定を行います。

図8.40：ユーザーデータ検索でデータ主体要求を管理する

データ主体要求を作成するには、図8.40の［ユーザーデータ検索］で、［ケースを作成］を選択しUDSケースを作成します。UDSケースを作成すると関連データを検索することができます。検索できるのは以下の場所です。

- Exchangeメール
- Microsoft 365グループ
- Skype for Business
- Teamsのメッセージ
- To-Do
- Sway
- Forms
- Yammerの会話
- SharePointサイト
- OneDriveアカウント
- Microsoft 365グループのサイト
- Teamsのチームサイト
- Yammerネットワーク
- Exchangeパブリックフォルダー

図8.41：検索可能な場所

上記以外の場所に個人データが存在する場合、アプリケーションの検索機能などを利用して検索を行います。
例えば、Microsoft AccessやPower Appsなどは、UDSケースで検索対象とならないアプリであるため、アプリを実行して、データを開き検索する必要があります。

練習問題

ここまで学習した内容がきちんと習得できているかを確認しましょう。

問題 8-1

各ステートメントが正しい場合は「はい」を、正しくない場合は「いいえ」を選択してください。

①DLPポリシーにより、Microsoft TeamsとSharePoint Onlineのコンテンツを検索し、レビューのためにコンテンツをエクスポートすることができます。
②秘密度ラベルを使用すると、Microsoft Teams および SharePoint Online のコンテンツを検索した結果を絞り込むことができます。
③Advanced eDiscovery（Microsoft Purview電子情報開示（Premium））により、訴訟に関連するカストディアンを管理することができます。

問題 8-2

Microsoft Purviewコンプライアンスポータルの2つの機能は何ですか。それぞれの正解は完全な解決策を提示します。

A. 電子情報開示のケース、保留、およびエクスポートの管理
B. Active Directoryイベントログの評価と監査
C. Exchange OnlineおよびSharePoint Onlineのデータ損失防止
D. オンプレミスファイアウォールログの評価と監査
E. 電子メールフィルタリングとマルウェア対策ポリシーを使用した脅威管理

問題 8-3

ある会社が、Microsoft 365を展開しています。同社は秘密度ラベルの使用を計画しています。秘密度ラベルの機能を識別する必要があります。秘密度ラベルの3つの機能は何ですか。

A. 秘密度ラベルをカスタマイズすることができます。
B. 秘密度ラベルは、ドキュメントを無期限に保持することができます。
C. 秘密度ラベルは、削除レビューを開始することができます。
D. 秘密度ラベルは、ドキュメントの暗号化をするために使用することができます。
E. 秘密度ラベルは、自動的に文書に適用することができます。

問題 8-4

あなたは会社のMicrosoft 365管理者です。あなたの会社は、英国に新しいオフィスを開設する予定です。

新しいオフィスの侵入テストとセキュリティ評価レポートを提供する必要があります。必要なレポートはどこにありますか。

A. セキュリティとコンプライアンスポータルのデータガバナンスページ
B. サービストラストポータルのコンプライアンスマネージャーページ
C. セキュリティとコンプライアンスポータルのデータ損失防止ページ
D. サービストラストポータルの地域コンプライアンスページ

問題 8-5

あなたの会社はMicrosoft 365を利用しています。Microsoft 365が国際的な規制や標準に準拠しているか、また、あなたの会社のリスクについて確認する必要があります。どのツールを使用すればいいですか。2つ選択してください。

A. サービストラストポータル
B. セキュリティとコンプライアンスセンター
C. Azure Portal
D. Microsoft Purviewコンプライアンスポータル（Microsoft 365コンプライアンスセンター）

問題 8-6

会社は、データ損失防止ポリシーを使用しています。各ステートメントが正しい場合は「はい」を、正しくない場合は「いいえ」を選択してください。

①DLPポリシーを適用すると、ドキュメントを開けないようにすることができます。
②DLPポリシーは上書きすることができます。

問題 8-7

あなたは会社のMicrosoft 365管理者です。従業員がEU一般データ保護規則（GDPR）ガイドラインに基づいて個人データを要求しています。従業員のデータを取得する必要があります。あなたは何をするべきですか。

A. データサブジェクトリクエストケースを作成します。
B. 保持ポリシーを作成します。
C. データ損失防止ポリシーを作成します。
D. GDPR評価を作成します。

問題 8-8

各ステートメントが正しい場合は「はい」を、正しくない場合は「いいえ」を選択してください。

①コンプライアンスマネージャーは、Microsoft 365環境全体に対して評価を実行し、Microsoftと顧客の両方のコントロールを評価します。
②コンプライアンスマネージャーを使用すると、組織内の個人を管理責任者に割り当てることができます。
③コンプライアンスマネージャーは、Service Trust Portal内から是正措置を講じる機能を提供します。

問題 8-9

データ保護について各ステートメントが正しい場合は「はい」を、正しくない場合は「いいえ」を選択してください。

①秘密度ラベルは自動的に適用でき、ユーザーに推奨ラベルの適用を促すこともできます。
②秘密度ラベルを使用して、SharePointサイト上にある情報に対して外部ユーザーからのアクセスを制限できます。
③秘密度ラベルは、管理されていないデバイスの条件付きアクセスポリシーを管理するために使用できます。

問題 8-10

別の会社の仕事上の知人から、Azure Information Protection（AIP）によって暗号化されたドキュメントが送られてきました。会社のAzure Active Directory（Microsoft Entra ID）でユーザーアカウントを認証できないため、ドキュメントを開くことができません。ドキュメントにアクセスする必要があります。あなたは何をするべきですか。

A. 個人用のAzure RMS（Azure Rights Management）を実装します。
B. OfficeアプリケーションにInformation Rights Management（IRM）を実装します。
C. アカウントをアップグレードして、Office 365のAzure Information Protectionを含めます。

問題 8-11

サービストラストポータルについて正しい場合は「はい」を選択し、そうでない場合は、「いいえ」を選択してください。

①サービストラストポータルでは、監査レポートを提供しています。
②サービストラストポータルは、侵入テストレポートを提供しています。
③サービストラストポータルは、条件付きアクセスポリシーを設定することができます。

問題 8-12

会社は Exchange OnlineとSharePoint Onlineを展開しています。会社が使用するMicrosoft 365クラウドサービスの監査および評価レポートが必要です。この情報を取得するには、どのMicrosoftサイトを使用する必要がありますか。

A. コンプライアンスマネージャー
B. サービストラストポータル
C. Azure Portal
D. Microsoft Purviewコンプライアンスポータル
E. Microsoft 365 Defender

問題 8-13

あなたは会社のMicrosoft 365管理者です。従業員は、Microsoft 365 Apps for enterpriseを使用してドキュメントを作成します。Azure Information Protectionを使用して、ドキュメントの分類と保護を実装する必要があります。どの2つのアクションを実行する必要がありますか。各正解は、ソリューションの一部を示しています。

A. Microsoft 365テナントに、Azureサブスクリプションを追加します。
B. Azure Information Protectionクライアントをインストールします。
C. Confidentialラベルを使用して、カスタムAzure Information Protectionポリシーを作成します。
D. デフォルトのAzure Information Protectionポリシーを有効にします。
E. Rights Management Serviceクライアントをインストールします。

問題 8-14

会社がMicrosoft 365 E5を購入します。実装するセキュリティ機能を決定する必要があります。どの機能を実装する必要がありますか。シナリオに対する適切な機能を選択してください。

	シナリオ
A	リスクを軽減するための推奨事項を提供します。
B	ヘルプセッション中に、Microsoftのサポートエンジニアがデータにアクセスする方法を制御します。
C	未知のマルウェアや悪意のあるURLから保護します。
D	機密データを特定し、ユーザーが誤ってまたは意図的にデータを共有するのを防ぐポリシーを作成します。

	機能
1	Microsoftセキュアスコア
2	データ損失防止
3	Microsoft Defender for Office 365
4	カスタマーロックボックス

問題 8-15

秘密度ラベルについて正しい場合は「はい」を選択し、そうでない場合は「いいえ」を選択してください。

①秘密度ラベルを使用するとドキュメントやメールの暗号化ができます。
②秘密度ラベルを使用すると、Word文書内にウォーターマーク（透かし）を適用して、その文書が社内で使用するものであることを示すことができます。
③秘密度ラベルでは、Word文書への読み取りや書き込みなどのアクセス、および内容を変更するための権限レベルを制御できます。

問題 8-16

会社は、Microsoft 365 E5サブスクリプションを持っています。会社は、法的証拠開示要件を満たすために電子情報開示の使用を計画しています。各ステートメントが正しい場合は「はい」を、正しくない場合は「いいえ」を選択してください。

①eDiscoveryケースを作成して、Exchange Onlineメールボックスのデータを保持できます。
②eDiscovery Manager役割グループのメンバーには、メッセージをエクスポートする権限があります。
③1つのeDiscoveryケースを作成して、Exchange ServerメールボックスとOneDrive for Businessのデータを保持できます。

問題 8-17

あなたは会社でMicrosoft 365を利用しています。会社は、機密テキストを含む電子メールやドキュメントにラベルを付ける必要があります。この要件を満たす機能を特定する必要があります。どの機能を選択する必要がありますか。

A. 保持ラベル
B. 秘密度ラベル
C. Microsoft Outlookの仕訳ルール
D. カスタマーキー

練習問題の解答と解説

問題 8-1 正解 以下を参照

参照：8.6「データ損失防止（DLP：Data Loss Prevention）」、8.7「Azure Information Protection」、8.14「電子情報開示（eDiscovery）」

①いいえ

DLPポリシーは、個人情報をドキュメントやメールなどから検出し、共有や送信をブロックするために使用します。

②いいえ

秘密度ラベルは、電子メールやドキュメント、SharePointサイトなどに分類用のラベルを適用し、情報を保護する機能です。

③はい

Microsoft Purview電子情報開示（Premium）を使用すると、訴訟に関連するカストディアンを追加し、それらのユーザーの情報を参照することができます。

問題 8-2 正解 A、C

参照：8.6「データ損失防止（DLP：Data Loss Prevention）」、8.14「電子情報開示（eDiscovery）」

Microsoft Purviewコンプライアンスポータルで行えるのは、データ損失防止ポリシーの作成と、電子情報開示の設定です。

問題 8-3 正解 A、D、E

参照：8.7.3「秘密度ラベルの作成」

秘密度ラベルは、作成時に暗号化やマーキングなどの設定を行うことができます。また作成後にも編集を行うことができます（A）。秘密度ラベルは、適用することでドキュメントやメールを暗号化することができます（D）。秘密度ラベルは自動適用を行うことができます（E）。

問題 8-4 正解 D

参照：8.2「サービストラストポータル」

この問題には適切な解答がありません。

地域ごとの異なる情報を得るためには、サービストラストポータルの地域コンプライアンスページ（現在は、地域リソースページ）を使用します。地域リソースページでは、国ごとの情報を表示することができます。

侵入テストやセキュリティレポートを確認するには、Service Trust Portalの、[ペンテストとセキュリティ評価] ページを使用します。

地域リソースページには侵入テストなどのレポートは表示されませんが、便宜的にDを正解とします。

問題 8-5 正解＞A、D

参照：8.2 「サービストラストポータル」、8.5.2 「改善のための処置の確認」

Microsoft 365が国際的な規制や標準に準拠しているかを確認するには、サービストラストポータルを使用します。また、会社のコンプライアンス上のリスクについて確認するには、Microsoft Purviewコンプライアンスポータルのコンプライアンスマネージャーを使用します。

問題 8-6 正解＞以下を参照

参照：8.6 「データ損失防止（DLP：Data Loss Prevention）」

①はい

DLPポリシーを適用するとファイルへのアクセスをブロックすることができます。

②はい

DLPポリシーは、上書きすることで一時的にポリシーをバイパスすることができます。

問題 8-7 正解＞A

参照：8.14.4 「データ主体要求（DSR）」

GDPRガイドラインに基づいて個人データを要求してきた場合、速やかに対応する必要があります。要求を適切に管理するには、選択肢Aのデータサブジェクトリクエストケース（DSR）を作成します。

問題 8-8 正解＞以下を参照

参照：8.5 「コンプライアンスマネージャー」

①はい

コンプライアンスマネージャーに表示されるコンプライアンススコアは、Microsoftのコントロールおよび顧客のコントロールの両方をスコアの要素として表示します。

②いいえ

コンプライアンスマネージャーでは、管理者権限を付与することはできません。

③いいえ

Service Trust Portalから措置を講じることはできません。

問題 8-9 正解 以下を参照　　参照：8.7.3「秘密度ラベルの作成」

①はい

Azure Information Protection Premium P2のライセンスを所有している場合、ラベルの自動適用を行ったり、ラベルの適用を促すことができます。

②はい

SharePointサイト上のドキュメントに対しても、秘密度ラベルを使用して特定のユーザーのみアクセスできるように設定できます。

③いいえ

条件付きアクセスポリシーとは関係がありません。

問題 8-10 正解 A

個人用のライセンス（Free）を使用することで、Azure Information Protectionの分類ラベルで保護されたドキュメントにアクセスすることができます。Azure RMSは、Azure Information Protectionでデータを保護（暗号化）する際に使用されるテクノロジです。

問題 8-11 正解 以下を参照　　参照：8.2「サービストラストポータル」

①はい

第三者機関が調査したMicrosoftクラウドサービスの監査レポートを提供しています。

②はい

サービストラストポータルでは、第三者が実施した侵入テストの結果を見ることができます。

③いいえ

サービストラストポータルでは、条件付きアクセスポリシーを設定することはできません。

問題 8-12 正解 B　　参照：8.2「サービストラストポータル」

サービストラストポータルを使用すると、Microsoft 365などのクラウドサービスについて、第三者機関が行った監査のレポートを見ることができます。

問題 8-13 正解 B、C

参照：8.7.4 「公開された秘密度ラベルの利用」

この問題は、Azure Information Protection統合ラベルクライアントに関する問題です。ラベルの利用を行うにあたり、ラベルおよびラベルポリシーを新たに作成します。そして、ユーザーのコンピューターには、クライアントコンポーネントをインストールします。Microsoft 365 Appsを利用している場合、クライアントのインストールは不要ですが、以前は推奨されていたため、Bも正解とします。

問題 8-14 正解 以下を参照

参照：7.3 「セキュリティ対策の評価と実装」、7.5.2 「Microsoft Defender for Office 365」、8.6 「データ損失防止(DLP：Data Loss Prevention)」、8.11 「カスタマーロックボックス」

リスクを軽減するための推奨事項を表示するのは、Microsoftセキュアスコアです。ヘルプセッション中に、Microsoftのサポートエンジニアがテナントのデータにアクセスするために承認を求めるようにする機能はカスタマーロックボックスです。未知のマルウェアや悪意のあるURLから保護するのは、Microsoft Defender for Office 365です。機密データを検出し、共有を防ぐのはデータ損失防止です。

	シナリオ		機能
A	リスクを軽減するための推奨事項を提供します。	1	Microsoftセキュアスコア
B	ヘルプセッション中に、Microsoftのサポートエンジニアがデータにアクセスする方法を制御します。	4	カスタマーロックボックス
C	未知のマルウェアや悪意のあるURLから保護します。	3	Microsoft Defender for Office 365
D	機密データを特定し、ユーザーが誤ってまたは意図的にデータを共有するのを防ぐポリシーを作成します。	2	データ損失防止

問題 8-15 正解 以下を参照

参照：8.7.3 「秘密度ラベルの作成」

①はい

秘密度ラベルには暗号化（アクセス制御）の設定を含むことができます。

②はい

秘密度ラベルでは、ラベルを適用したときにドキュメントに透かしを挿入することができます。

③はい

秘密度ラベルでは、暗号化の設定を行うことで、特定の人だけがデータにアクセスできるように構成することができます。また読み取りのみや編集可能などの権限の制御も可能です。

問題 8-16 正解 **以下を参照**

参照：8.14 「電子情報開示（eDiscovery）」

①はい

　電子情報開示ケースでは、Exchange Onlineのメールボックスを保留（ホールド）することができます。

②はい

　eDiscovery Managerのメンバーは、メッセージをエクスポートすることができます。

③はい

　Exchange Hybrid環境の場合、1つの保留リストの中に、Exchange ServerおよびExchange Onlineを含めることができます。また、OneDrive for Businessのデータも保留リストに含めることができます。

問題 8-17 正解 **B**

参照：8.7 「Azure Information Protection」

　機密テキストを含むドキュメントや電子メールにラベルを付けるには、秘密度ラベルを使用します。

第9章

Microsoft 365の価格とサポート

本章では、Microsoft 365のライセンスや購入方法、サービスのライフサイクルやサポートなど、Microsoft 365のライセンスを管理する上で必要な知識について紹介します。

理解度チェック

- □ サブスクリプションタイプのSaaS
- □ ユーザーベースのライセンスモデル
- □ コマーシャルライセンス契約
- □ クラウドソリューションプロバイダープログラム
- □ Webダイレクト
- □ Enterprise Agreement（エンタープライズ契約）
- □ Enterprise Subscription Agreement
- □ 直接請求モデル
- □ 間接モデル
- □ 課金管理者
- □ 課金アカウント
- □ 課金プロファイル
- □ Standardサポート
- □ Professional Directサポート for Microsoft 365
- □ 統合エンタープライズ
- □ サポートリクエスト
- □ サポートリクエストの重大度と応答時間
- □ プライベートプレビュー
- □ パブリックプレビュー
- □ 一般提供（GA）
- □ Microsoft 365 Roadmap
- □ Roadmapのフィルター条件
- □ UserVoiceサイト（廃止）
- □ フィードバックへようこそ
- □ サービス正常性
- □ 正常性アイコン（インシデント、アドバイザリ、正常）
- □ 予備のインシデントの事後レビュー
- □ インシデントの事後レビュー
- □ メッセージセンター
- □ サービスレベル契約（SLA）

アクセスキー **8**
（数字のはち）

9.1 Microsoft 365のライセンスモデル

Microsoft 365のライセンスには、次のような特徴があります。

■サブスクリプションタイプのSaaSサービス

Microsoft 365は、購入したライセンスのエディションによって価格は異なりますが、料金は固定されていて、毎月もしくは毎年、使用料金を支払います。

■ユーザーベースのライセンスモデル

Microsoft 365のライセンスは、「ユーザーベース」です。購入したライセンスはユーザーに割り当てて使用します。ライセンスを割り当てられたユーザーは、サービスが利用できるようになります。

このように、価格が固定であること、ユーザーに割り当てて使用するという特徴があるため、ライセンスコストの算出が非常にしやすいです。例えば、Microsoft 365 E5ライセンスは月額で¥7,130ですが、このライセンスを必要とするユーザーが50名いた場合、毎月¥356,500がライセンス料としてかかることになります。

Microsoft 365のライセンスは、ユーザーに割り当てたライセンスの数に応じて課金されます。

9.2 ライセンスプログラムを通じたライセンスの購入

Microsoft 365のライセンスには、300ユーザー以内の小・中規模の組織を対象としたものや、大規模企業向けのライセンスがあります。また、大規模企業向けのライセンスには、さらに業務内容によってフロントラインワーカー向けのライセンスや、インフォメーションワーカー向けのライセンスなどがあります。これらのライセンスを組織や企業で購入するには、次のいずれかの方法を利用します。

■コマーシャルライセンス契約

コマーシャルライセンス契約には、Enterprise Agreement、Open

Programs、マイクロソフト製品/サービス契約（MPSA）、Select Plusなどさまざまなものがあります。購入条件などはありますが、これらのライセンスプログラムを利用することで、大幅なコスト削減や柔軟な購入方法や支払いオプション、多くの特典を利用できるなどメリットがあります。

■ クラウドソリューションプロバイダープログラム

Microsoftとパートナー契約（Cloud Solution Provider）を結ぶ販売代理店から購入します。

■ Webダイレクト（MOSP：Microsoft Online Subscription Program）

Microsoftから直接、インターネット経由でライセンスを購入することができます。

ライセンスの購入方法を覚えておきましょう。

9.2.1 Enterprise Agreement(EA)

Enterprise Agreementは、コマーシャルライセンス契約の一つで、ユーザー数もしくはデバイス数が500以上の大規模企業向けのライセンス購入プログラムです。EA契約は3年の契約期間であるため、Microsoftのクラウドサービスやソフトウェアを3年以上利用したいお客様に適しています。EA契約には、次のような特徴があります。

■ 補正発注

契約期間の中で、必要な時にクラウドサービスやソフトウェアを追加することができます。年1回の補正発注プロセスで変更内容を申請し、調整を行います。

■ アップグレードの権利

ライセンスを取得した製品の新しいバージョンがリリースされた場合、ソフトウェアアシュアランス特典により、追加コストなしで、最新のバージョンを利用できます。その他にも、24時間年中無休の技術サポートや技術トレーニングなどを利用することができます。

■ステップアップオプション

下位エディションを利用している場合に、上位エディションへのアップグレードを低価格で行うことができます。

■柔軟な支払いオプション

12～60か月にわたって均等額を支払う分割払い（月払い、四半期払いなど）や、事前に合意された条件に基づき、インフラが整った際や予算時期に合わせて支払いをすることができる据置払い、初期費用を抑えて、だんだん支払額を多くしていく不均等払いなども利用できます。

Enterprise Agreementでは、3年間の契約期間中の支払い金額を固定することができます。

Enterprise Agreementは、製品ライセンスを永続的に所有する標準的なEA契約と、サブスクリプション契約を結ぶことができる、Enterprise Subscription Agreement（エンタープライズサブスクリプション加入契約）があります。標準のEnterprise Agreementでは、ライセンスが永続的な使用権を持つため、契約を終了しても利用することができますが、Enterprise Subscription Agreementでは、契約期間内の利用となるため、契約を終了する場合は、ライセンスの買い取りを行って永続ライセンスを取得するか、使用権を放棄する必要があります。

Microsoft 365のライセンス購入方法として、Enterprise Agreementや、Enterprise Subscription Agreementなどがあります。

9.2.2 クラウドソリューションプロバイダー(CSP)

クラウドソリューションプロバイダーは、Microsoftのパートナープログラムのひとつです。Cloud Solution Provider（CSP）プログラムに登録すると、Microsoftのクラウドサービスを販売することができ、販売を行うことでインセンティブを得ることもできます。また、Microsoftのクラウドサービスだけではなく、自社で販売しているサービス等があれば、それらも含めて販売することができます。

ここが
ポイント

CSPプログラムに登録すると、Microsoftのクラウドサービスおよび自社のサービスを一緒に販売することができます。

CSPパートナーとなり、Microsoftのクラウドサービスを販売することで、インセンティブを得ることができます。この手続きを行うには、Microsoft Partner Centerにサインインします。

また、サービスの紹介や導入に大きく貢献するのが試用版です。CSPパートナーは、顧客に対して30日間、25ライセンスの無料試用版を提供することができます。顧客に対して無料試用版を提供するには、Microsoftのパートナーセンターサイトで手続きを行う必要があります。

顧客に対して、30日間の無料試用版を提供できます。

CSPモデルには、次のようなものがあります。

■直接請求モデル

直接請求モデルを使用して、直接パートナーとしてCSPに登録した場合、顧客に対して、Microsoftのクラウドサービスおよび自社で提供しているサービスを販売することができます。それ以外に発生する月々の請求、顧客に対するサポートなどを提供する必要があります。

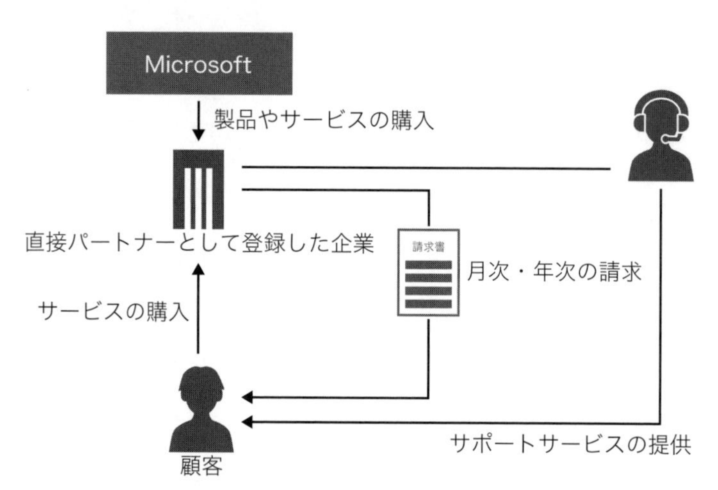

図9.1：直接請求モデル

■間接モデル

直接請求モデルは、Microsoftのクラウドサービスの販売だけでなく、請求やサポートなど多くのことを自律的に行う必要があります。しかし、請求やサポートの仕組みを導入するのは、ハードルが高い場合もあります。間接モデルを利用することで、請求やサポートの仕組みを自社で持っていなくても、パートナー契約を行うことができます。間接モデルは、間接プロバイダーと呼ばれる企業と提携して、間接リセラーという立場で、Microsoftのクラウドサービスを販売することができます。請求やサポートは、間接プロバイダーが提供するため、間接リセラーは、製品やサービスの販売に専念することができます。

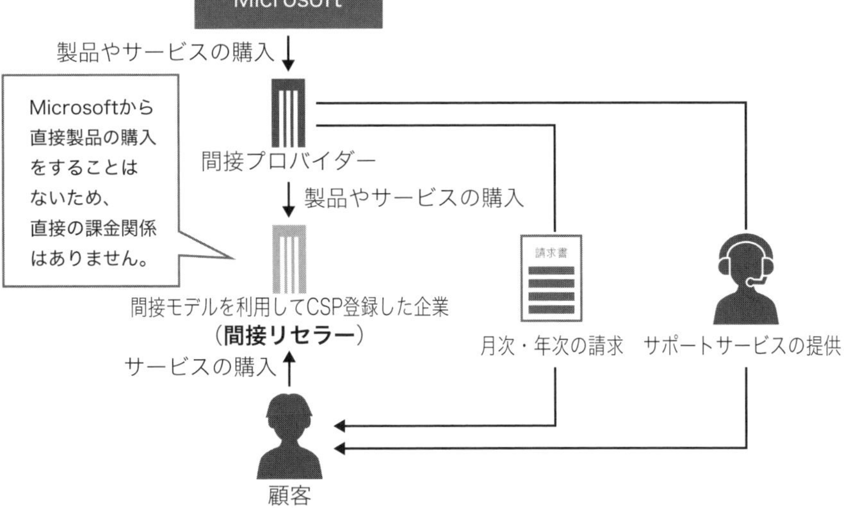

図9.2：間接モデル

直接請求モデルと、間接モデルの違いを覚えておきましょう。

また、CSPから購入した製品やサービスは、CSPから請求が行われます。そのため、請求書の内容に関する問い合わせは、CSPに行う必要があります。一方、サポートについては、CSPから受けることもできますが、Microsoftの技術サポートを利用することもできます。

請求の窓口は1つですが、サポートについてはMicrosoft、CSPの両方を利用することができます。

9.3 Microsoft 365管理センターを使用したライセンスの購入

既に、Microsoft 365テナントを所有している場合、Microsoft 365管理センターの［マーケットプレース］ページを使用してライセンスを購入することができます。

図9.3：Microsoft 365管理センターの［マーケットプレース］ページから、追加のライセンス購入ができる

目的の製品を検索し、選択すると製品ページが表示されます。

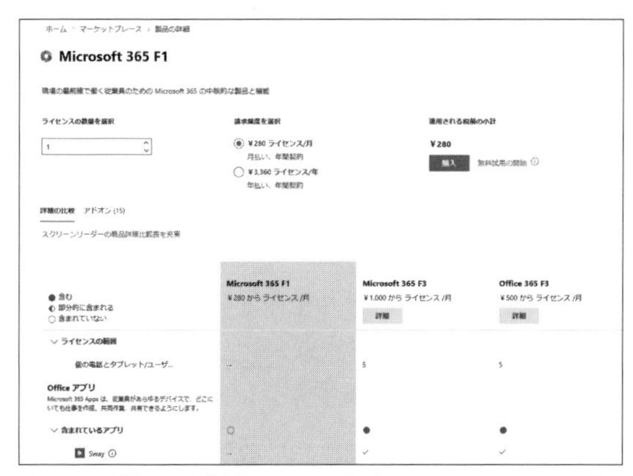

図9.4：選択した製品のページ（Microsoft 365 F1）

図9.4では、Microsoft 365 F1を選択しています。すぐにライセンス購入を行うこともできますが、［無料試用の開始］を選択することで、製品を試してみてから購入することも可能です。

また、ライセンスの購入は誰でも行えるわけではありません。次の役割グループのメンバーのみ行うことができます。

- ・グローバル管理者
- ・課金管理者

Microsoft 365管理センターを使用して、ライセンス購入が行えるのは、グローバル管理者と課金管理者です。

9.4 請求に関する管理

Microsoft 365のライセンスの料金は、月払いもしくは年払いで支払いを行います。支払いに利用できるのは、次の3つの方法です。

・クレジットカード
・デビットカード
・銀行口座振り込み

ここがポイント

Microsoft 365のライセンス料金は、クレジットカード、デビットカード、銀行口座振り込みを利用できます。

この時、課金アカウントに紐づく課金プロファイルの情報を使用して、支払いを行うことができます。

課金プロファイルの情報を使用する場合に、選択可能な支払い方法は次の通りです。

・クレジットカード
・デビットカード
・請求書

課金プロファイルには、銀行口座の情報をリンクすることはできません。
課金プロファイルでは請求書払いを利用することができます。2023年4月から、請求書での支払いに小切手は利用できなくなりました。しかし、試験においては、選択肢の中に小切手が含まれていて、これが正解とされる可能性もあります。

課金アカウントは、初めてテナントを契約した時や試用版のテナントを契約したときに自動的に作成されるものです。課金アカウントが作成されるようにするには、組織情報が正しく登録されている必要があります。組織情報の登録は、Microsoft 365管理センターの［設定］をクリックし、［組織のプロファイル］タブの［組織の情報］を選択して登録を行います。

組織の情報

この情報は、サインインページなどの場所や組織への請求に表示されます。
組織の情報の編集に関する詳細情報

名前 *
ContosoK株式会社

郵便番号 *
104-0031

都道府県 *
東京都

市区町村 *
中央区

番地 *
京橋2-8-7読売八重洲ビル4F

建物名

国または地域
日本

電話
国コードや特殊文字 (4255550199 など) を含めないでください。

技術的な事項に関する連絡先 *
サービスの状態情報を受信する組織のプライマリ Office 365 技術管理者のメールアドレスを入力してください。

図9.5：組織の情報

課金アカウントには、1つもしくは複数の課金プロファイルが含まれます。課金プロファイルは、支払い方法や請求先情報や請求に関する設定が含まれていて、Microsoft 365管理センターで確認できます。課金プロファイルが複数ある場合は、ライセンス購入時に、目的の課金プロファイルを選択して購入を行います。

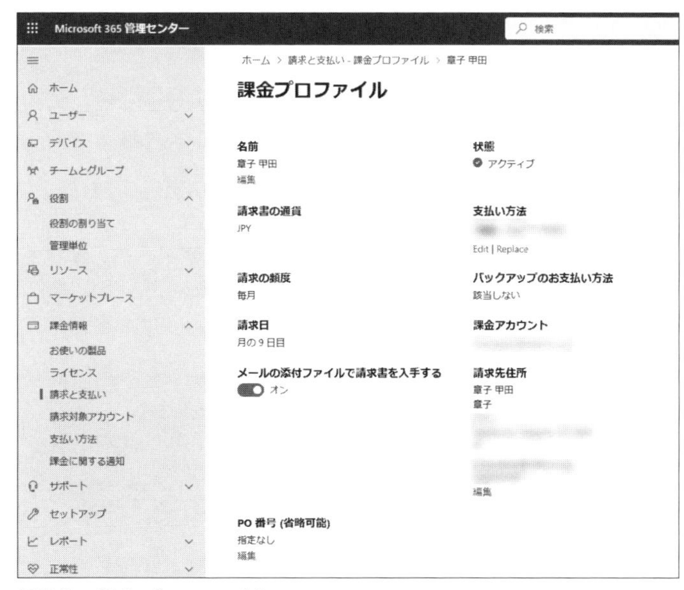

図9.6：課金プロファイル

課金プロファイルでは、支払い方法や請求日、課金アカウントなど、請求に関する各種情報を確認したり、クレジットカード番号の編集、請求先住所の変更を行ったりすることができます。

9.5 Microsoftのサポート

Microsoftでは、お客様に対してさまざまなサポート窓口を提供しています。提供されるサポートは次の通りです。

■製品購入前のサポート

Microsoft 365などの導入を検討していて、どのライセンスにしたらよいか分からないから相談したいといった場合に問い合わせを行います。

■技術サポート

　導入した製品で、設定方法が分からない場合やトラブルが起きている場合に、技術サポートを受けることができます。

■請求サポート

　発行された請求書の内容や課金に関する問い合わせを行うことができます。

Microsoft 365 Business Premiumなど、中小規模向けのサービスをご利用のお客様は、以下のURLから問い合わせ先電話番号などを確認できます。

国または地域別にMicrosoft 365 for Businessサポートの電話番号を検索する
https://learn.microsoft.com/ja-jp/microsoft-365/admin/support-contact-info?view=o365-worldwide

日本

電話番号
0120 996 680 (Office 365 Enterprise)
0120 628 860 (Microsoft 365 Business Basic、Microsoft 365 Business Standard、Microsoft 365 Business Premium などのその他のプラン)

代替電話番号:
03 4332 5493 (Office 365 Enterprise)
03 4332 6257 (Microsoft 365 Business Basic、Microsoft 365 Business Standard、Microsoft 365 Business Premium などのその他のプラン)
国内通話料金がかかります。

請求サポート時間:
日本語: 月曜日から金曜日、9:00 ～ 17:00
(週末および祝日は休み)
英語: 月曜日から金曜日、9:00 ～ 17:00
(週末および祝日は休み)

テクニカル サポート時間:

Office 365 Enterprise:
日本語: 24 時間年中無休
英語: 24 時間年中無休

その他のプラン:
電話によるテクニカル サポートは、平日 9:00 ～ 17:30 までご利用いただけます。
緊急度が高い問題については、24 時間年中無休でテクニカル サポートが受けられます。

図9.7：技術サポートおよび請求サポートの問い合わせ先

9.5.1 サポートプラン

Microsoft 365では、次の3種類のサポートプランが用意されています。

■ Standardサポート

Microsoft 365の一部として含まれていて、請求やサブスクリプションの管理、基本的なインストールやセットアップ、一般的な技術的使用に関する問題について問い合わせをすることができます。

■ Professional Directサポートfor Microsoft 365

Standardに含まれている内容に加え、応答までの時間の短縮、優先扱い、技術ウェビナーなどのサービスが含まれます。1ユーザーあたり月額¥1,130で利用することができます。

■ 統合エンタープライズ

Professional Directサポートfor Microsoft 365に含まれる内容に加え、オンサイトサービス、シナリオ固有のサポートサービスなども提供されます。料金は変動制で、製品支出に基づきます。

9.5.2 サポートリクエストの作成

既に、Microsoft 365テナントを所有している場合は、Microsoft 365管理センターを使用して、技術的な問題および請求やサブスクリプションに関する問題について、サポートリクエストを作成することができます。サポートリクエストを作成するには、次の手順を実行します。

①Microsoft 365管理センターの［サポート］-［新規お問い合わせ］をクリックします。

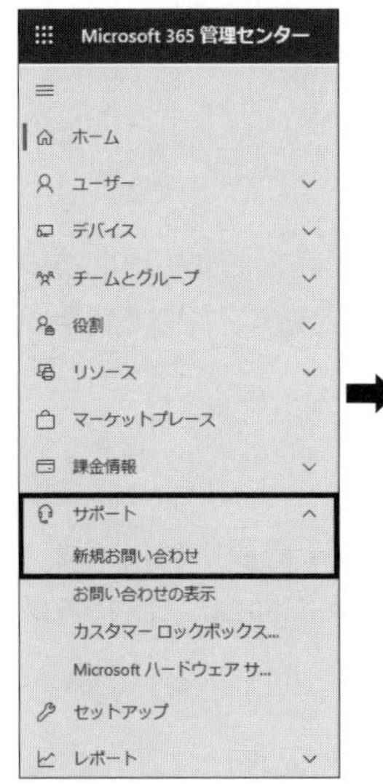

図9.8：［サポート］-［新規お問い合わせ］

②トラブルの内容などを入力し、セルフヘルプを行います。

図9.9：セルフヘルプ

③問い合わせフォームが表示されたことを確認し、問い合わせ内容を入力します。

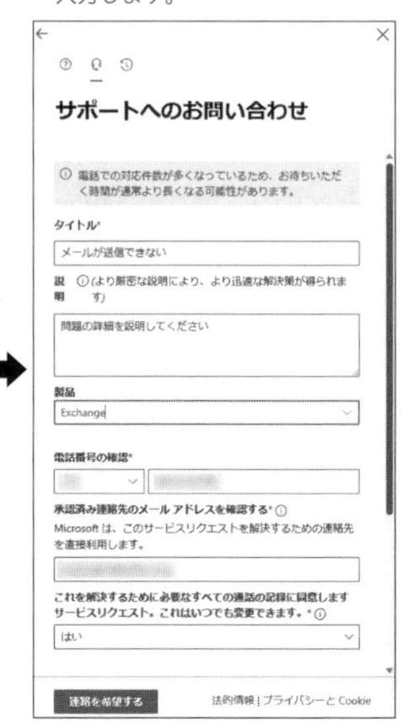

図9.10：問い合わせフォーム

図9.8の手順を実行すると、図9.9のような［何かお困りでしょうか？］ページが表示されます。ここで困っている内容を入力すると、診断ツールやヘルプドキュメントが表示されます。診断ツールを実行することでトラブルの原因を特定することができる場合があります。診断ツールを実行したり、ヘルプドキュメントを読んでも解決しない場合は、図9.9の下部にある［サポートへの問い合わせ］ボタンをクリックします。

図9.10のような、［サポートへのお問い合わせ］ページが表示され、トラブルが起きている製品や、連絡先の電話番号、メールアドレスなどを入力して、［連絡を希望する］ボタンをクリックすることで、サポートリクエストを作成することができます。

サポートを受けるには、次のいずれかの方法を使用します。
- 電話による問い合わせ
- オンライン（Microsoft 365管理センターを使用した問い合わせ）

［サポートへの問い合わせ］ボタンをクリックしたときに、次のような画面が表示される場合があります。これは、CSPなどのパートナーからもサービスを購入している場合に表示されます。サポートをMicrosoftから受けたい場合は、画面下部の［Microsoftへの新規お問い合わせ］ボタンをクリックします。CSPからサポートを受けたい場合は、表示されている電話番号やメールアドレス宛に問い合わせを行います。

図9.11：CSPにも問い合わせが可能

9.5.3 サポートリクエストが作成可能な管理者

サポートリクエストは、誰でも作成できるわけではありません。たとえば、次の役割グループのメンバーであればサポートリクエストを作成することができます。

・グローバル管理者
・Exchange管理者
・SharePoint管理者
・Teams管理者
・Power BI管理者
・サービスサポート管理者
・Dynamics 365管理者
・Azure Information Protection管理者
・Intune管理者
・Yammer管理者

サポートリクエストが作成できる役割グループは、上記だけではありません。多くの役割グループがサポートリクエストを作成することができます。

サポートリクエストは、「サービスリクエスト」と呼ばれることもあります。
グローバル管理者は、サポートリクエストを作成することができます。

9.5.4 重要度と応答時間

サポートリクエストを送信すると、Microsoftのサポートエンジニアが対応を開始します。

この時、ケースが作成され、内容を評価して重大度が割り当てられます。

また、対応を開始するまでの時間のことを、「初回応答時間」と呼びます。この初回応答時間は、内容の重大度によって異なります。重大度は次の3つに分けられます。

重大度	内容	応答時間
重大度A（重大）	特定のサービスや複数のサービスにアクセスができない、アクセスできても使用できないなど、業務において著しく支障を及ぼし、収益などに大きな影響を与えるような問題です。	1時間
重大度B（高）	サービスは利用できるものの、その一部に問題がある場合、また、問題はあるものの業務への影響は大きくないといった場合にこのレベルに判定されます。	翌日
重大度C（重大でない）	ビジネスへの影響は軽微であり、収益や生産性に影響が出るものではない場合、問題はあるものの、他の方法を利用すれば利用できるなどの場合は、このレベルに判定されます。	不定

表9.1：ケースの重大度と応答時間

どのレベルであってもサポートリクエストは、24時間365日、処理されます。

重大度と応答時間を覚えておきましょう。

表9.1は、Microsoft 365 Business PremiumおよびMicrosoft 365 Enterpriseに含まれるStandardサポートに適用されます。有料のサポートプランを利用している場合は、表9.2のようになります。

重大度	応答時間
重大度A（重大）	1時間
重大度B（高）	2時間
重大度C（重大でない）	4時間

表9.2：有料サポートプランの場合の応答時間

9.6 Microsoft 365のサービスライフサイクル

ここでは、Microsoft 365のサービスライフサイクルについて紹介します。Microsoft 365はサービスを正式提供する前にプレビューとして提供し、多くの顧客に評価してもらうことができます。ここでは、サービスライフサイクルに関わる次の機能について紹介します。

・サービス提供までのライフサイクル
・Microsoft 365 Roadmap
・製品やサービスの改善

9.6.1 サービス提供までのライフサイクル

Microsoftでは、サービスを有料で標準的に提供する前に、プレビューとして提供します。正式提供されるまでの段階は次の通りです。

Step1：プライベートプレビュー

・少数の顧客に対して提供されるプレビューです。新しく提供される機能にいち早くアクセスをしていただき、新しい機能の概念などを知っていただくのに適しています。場合によっては、機密保持契約を結ぶこともあります。

Step2：パブリックプレビュー

・ライセンスを持つすべての顧客が利用できます。新しい機能を多くの顧客が利用することができます。サポートは提供されますが、SLA（サービスレベル契約）は適用されません。

Step3：一般提供（GA：General Availability）

・正式提供された状態です。サービスは有償で提供され、サポートを受けることができます。
また、SLA（サービスレベル契約）も適用されます。

HINT パブリックプレビューのサポート

Microsoft 365に含まれるサービスがパブリックプレビューで提供される場合、サポートが提供されます。ただし、制限が適用されることもあるため、公開されているドキュメントなどを確認する必要があります。

プライベートプレビュー、パブリックプレビュー、一般提供のそれぞれの特徴を覚えておきましょう。サポートが提供されるのは、パブリックプレビューとGA（一般提供）です。

Microsoft 365の新しいサービスが特定の規制や標準に準拠しているかを確認したい場合、プライベートプレビューの段階で行うことができます。ただし、法律や規制に準拠した方法でプレビューを使用する責任が生じます。また、サービスによっては、プレビュー機能を使用することによって出力された結果は、特定の法律や規制、コンプライアンスの要件を満たすことを保証するものではない場合もあります。

9.6.2 Microsoft 365 Roadmap

Microsoft 365 Roadmap（www.microsoft.com/ja-jp/microsoft-365/roadmap）は、Microsoftが提供するサイトで、Microsoft 365に含まれるサービスで、新しく追加される機能や更新される機能がどのような段階にあるのかを確認することができます。

図9.12：Microsoft 365 Roadmapサイト

Microsoft 365 Roadmapは、Microsoft 365に含まれるサービスのライフサイクルを確認することができるサイトです。Windows Serverなどの製品は表示されません。

このサイトには、Microsoft 365に含まれるすべてのサービスの情報が表示されます。数が非常に多いため、条件を指定してフィルターすることで目的のものが見つけやすくなります。利用可能な条件で最も目立つのが、サービスのステータス（状態）が表示されている部分です。

図9.13：サービスの状態が表示される

各ステータスの意味は次の通りです。

■開発中

現在、開発およびテスト中であり、まだ顧客が利用できる状態ではありません。

■展開中

該当する顧客に段階的に展開されている状態です。完全に展開が終わっていない状態なので、該当するすべての顧客が利用できる状態ではありません。

■提供中

完全にリリース済みで、該当する顧客に一般提供されています。

確認したいステータスをクリックすると、該当するサービスが表示されます。

例えば、一般提供されているサービスを一覧で表示したい場合は、[提供中]チェックボックスをオンにします。

「提供中」のステータスに設定されているものだけが表示されます。「提供中」に設定されているサービスは、サービス名の先頭に3つの青い四角形が表示されます。

図9.14：「提供中」でフィルター

展開中は水色の四角形が2つ、開発中は、紺色の四角形が1つ表示されます。

一般提供されているすべてのサービスを表示するには、[提供中]チェックボックスをオンにします。

サービスの状態だけでなく、特定のキーワードで検索を行ったり、製品、リリースフェーズ、プラットフォームなどさまざまな条件でフィルターを行うことができます。条件を設定した項目は黒で表示されるため、どの条件を使用しているのかが分かりやすくなっています。

特定のアイテムを検索する:
機能 ID またはキーワードで検索します
アイテムを絞り込む:
製品　リリース フェーズ　プラットフォーム　クラウド インスタンス　新規または更新　すべてクリア

図9.15：フィルター条件

クラウドインスタンス、製品、プラットフォームなどの条件でフィルターすることができます。

次に、追加や更新が予定されているサービスの情報を確認する方法を紹介します。

各項目の右側には、「Preview Available」や「Rollout Start」という項目と、日付が表示されています。

Preview Availableは、プレビューが利用可能になった年月、もしくは利用可能になる予定の年月が表示されます。Rollout Startは展開が始まった年月、もしくは展開予定の年月が表示されます。

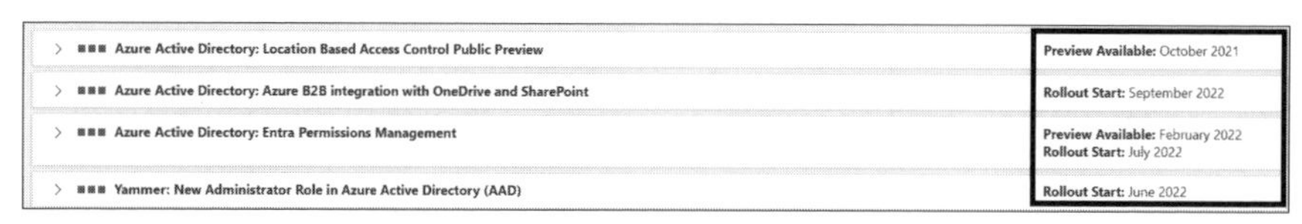

図9.16：プレビューや展開が行われた、もしくは予定の年月が表示される

以前は、「Rollout Start」ではなく、「GA」という項目が表示され、GAされた年月、もしくはGAされる予定の年月を確認することができました。現在の、Microsoft 365 Roadmapでは、GAされているかどうかを確認することができますが、年月の情報は表示されません。試験では、「GAされた年月もしくはGAされる予定の年月を確認できるか」を問う問題が出題される可能性があります。出題された場合は、以前のユーザーインターフェイスをもとに作成されている問題である可能性が高いため、GAされた年月もしくはGAされる予定の年月を確認できるという認識で解答したほうが正解する可能性が高いと考えます。

さらに詳細を知りたい場合は、項目をクリックすると内容が展開されます。

Yammer: New Administrator Role in Azure Active Directory (AAD)　Rollout Start: June 2022

A new role is being added to Azure Active Directory titled, "Yammer Administrator". Users who are assigned the Yammer Administrator role will be allowed to manage all aspects of the Yammer service.
More info

Feature ID: 82187
Added to roadmap: 11/23/2021
Last modified: 8/17/2022
Product(s): Azure Active Directory, Yammer
Cloud instance(s): Worldwide (Standard Multi-Tenant)
Platform(s): Mobile, Web
Release phase(s): General Availability

図9.17：項目を選択すると詳細が表示される

詳細情報では、Microsoft 365 Roadmapに追加された日や、最後にこの情報が変更された日、対象となる製品やプラットフォーム、リリースフェーズなどの情報が表示されます。

また、Microsoft 365 Roadmapサイトの右下に、［フィードバック］というボタンがあります。

これは、Microsoft 365 Roadmapサイトそのものに対するフィードバックを行うものであって、新しく追加、更新されたMicrosoft 365の各種サービスについてフィードバックを行うものではありません。

ロールアウト日で並べ替える　新しい順

Preview Available: October 2021

Rollout Start: September 2022

Preview Available: February 2022
Rollout Start: July 2022

フィードバック

Rollout Start: June 2022

図9.18：サイトの右下に用意されている［フィードバック］ボタン

Microsoft 365 Roadmapでは、新しく追加、更新されたMicrosoft 365のサービスについてフィードバックする機能はありません。

9.6.3 製品やサービスの改善

Microsoft 365のサービスを利用していて、「ここが使いにくい」、「こんな機能があればいいのに」などの感想を持つ場合があります。このような意見は、Microsoftに直接伝えることができます。そのツールとして用意されているのが次の3つです。

■UserVoiceサイト

以前、利用していたフィードバック用のサイトで現在は廃止されています。試験で出題される可能性があるので記載します。

■フィードバックへようこそ

2023年7月現在で、プレビューとなっている新しいサイトです。

feedbackportal.microsoft.com/feedbackからアクセスすることができます。ここで、フィードバックしたい製品を選択し、内容を投稿します。また、他の人が投稿したフィードバックも閲覧することができます。

図9.19：フィードバックへようこそ

■アプリやWebサイト

利用中のアプリや、Microsoft 365管理センターなどのWebサイトからもフィードバックを送信することができます。図9.20は、Microsoft 365管理センターですが、右下に［フィードバックを送信］ボタンが用意され、ここからMicrosoft 365管理センターの改善点を送信することができます。

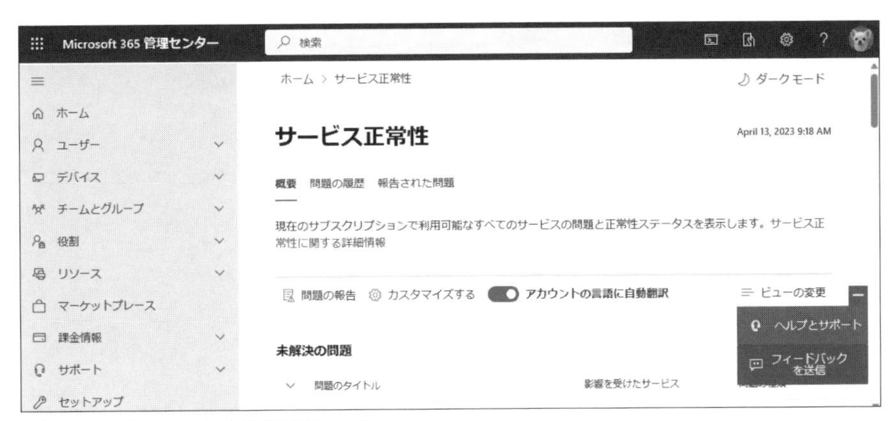

図9.20：Microsoft 365管理センター

フィードバックを送信できるツールを覚えておきましょう。

9.7 Microsoft 365サービスの正常性

Microsoft 365管理センターには、[正常性] というメニューがあります。ここでは、[正常性] に含まれる次の機能を紹介します。

・サービス正常性
・メッセージセンター

9.7.1 サービス正常性

Microsoft 365のサービスに接続できない、サービスが利用できないといった場合、自社のネットワークや設定等に問題があることもあれば、Microsoft側の問題の場合もあります。このような切り分けを素早く行うために、[サービス正常性] を利用することができます。[サービス正常性] ページを利用すると、Microsoft側の問題で障害が起きている場合に、その問題が表示されます。

図9.21：[サービス正常性] ページ

このページに表示されるステータスは、次の3種類です。

ステータス	説明	アイコン
インシデント （赤色で表示）	重大な問題が起きている場合に表示されます。サービスの主要な機能などを利用できない場合などが該当します。たとえば、Teamsで会議を開始できない、Exchange Onlineで電子メールが送受信できない場合などはインシデントとして扱われます。	
アドバイザリ （青色で表示）	サービスは利用可能ですが、一部のユーザーに影響を与えている場合が該当します。多くの場合、解決策があったり、問題が継続的ではない場合にアドバイザリとして扱われます。	
正常 （緑色で表示）	問題のない正常な状態です。	

表9.3：正常性のステータス

図9.22：インシデントアイコン
図9.23：アドバイザリアイコン
図9.24：正常アイコン

正常性のステータスとアイコンの形と色を覚えておきましょう。

[正常性] ページで、インシデントやアドバイザリが表示されている場合、それ

らをクリックすると詳細が表示されます。

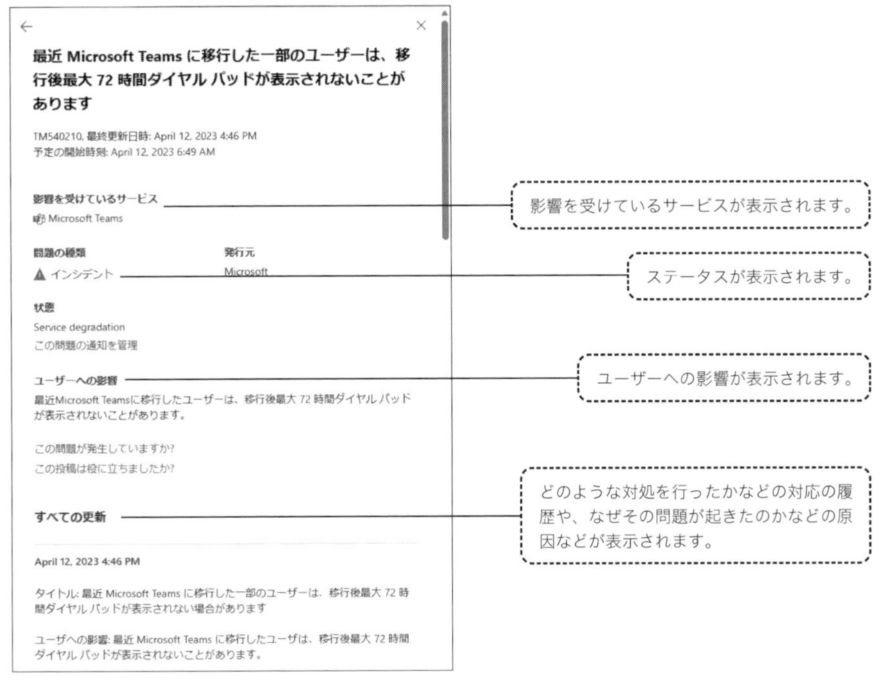

図9.25：インシデントの詳細

インシデントが発生すると、Microsoftはその復旧に取り組みながら、原因や復旧の進捗を［サービス正常性］ページで確認できるように更新します。その後、インシデントが解決してから48時間以内に、［サービス正常性］ページに、「予備的なインシデントの事後レビュー（PIR：post-incident review）」が配信され、その後、5営業日以内に最終的なPIRレポートが配信されます。

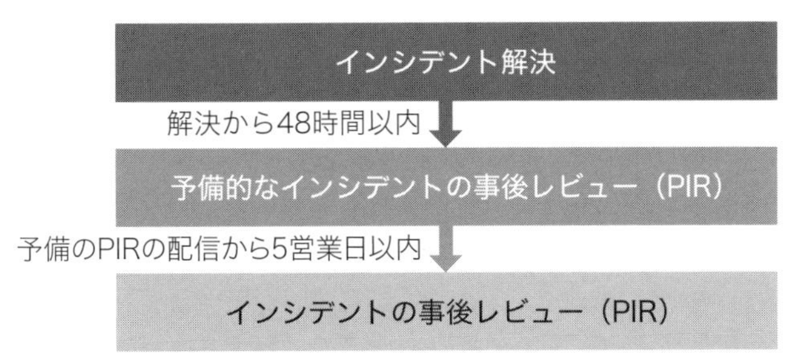

図9.26：PIRの配信プロセス

PIRレポートには、次のような内容が含まれます。

・ユーザーの操作および顧客への影響
・インシデントの開始日および終了日と時刻
・影響と解決策のタイムライン
・実行されている根本原因の分析とアクション

図9.27：インシデントの詳細ページから、PIRをダウンロードできる

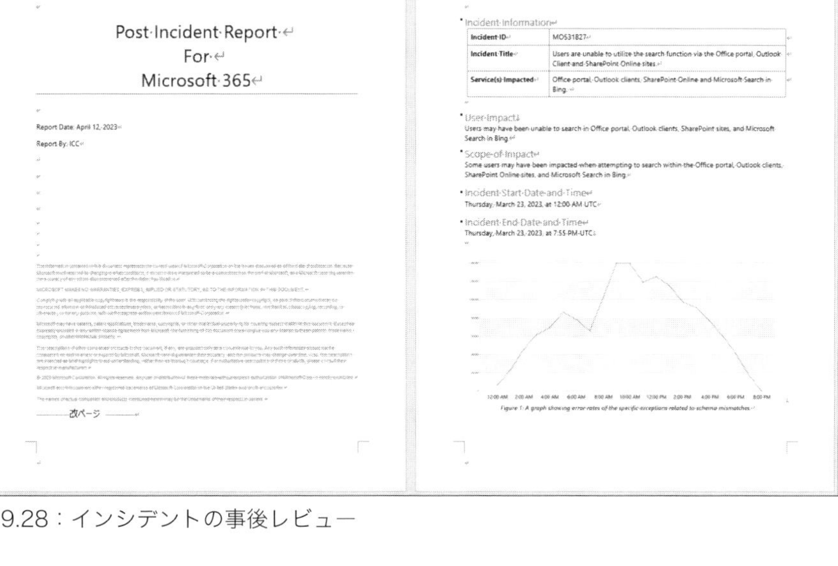

Post Incident Report
For
Microsoft 365

Report Date: April 12, 2023
Report By: ICC

改ページ

Microsoft 365 Customer Ready Post Incident Report

Incident Information

Incident ID	MO531827
Incident Title	Users are unable to utilize the search function via the Office portal, Outlook Client and SharePoint Online sites.
Service(s) Impacted	Office portal, Outlook clients, SharePoint Online and Microsoft Search in Bing.

User Impact
Users may have been unable to search in Office portal, Outlook clients, SharePoint sites, and Microsoft Search in Bing.

Scope of Impact
Some users may have been impacted when attempting to search within the Office portal, Outlook clients, SharePoint Online sites, and Microsoft Search in Bing.

Incident Start Date and Time
Thursday, March 23, 2023, at 12:00 AM UTC

Incident End Date and Time
Thursday, March 23, 2023, at 7:55 PM UTC

12:00 AM 2:00 AM 4:00 AM 6:00 AM 8:00 AM 10:00 AM 12:00 PM 2:00 PM 4:00 PM 6:00 PM 8:00 PM

Figure 1: A graph showing error rates of the specific exceptions related to schema mismatches.

図9.28：インシデントの事後レビュー

インシデントの解決から48時間以内に配信されるのは、予備的なインシデントの事後レビュー、その後、5日以内に最終的なPIR（インシデントの事後レビュー）が配信されます。

9.7.2 メッセージセンター

Microsoft 365管理センターの、[メッセージセンター] を表示すると、今後の機能の追加、更新、廃止などの情報や、サービスのメンテナンスの情報などを確認することができます。

図9.29：メッセージセンター

表示されている項目をクリックすると、選択した内容について詳細が表示されます。

ここで、どのような変更がいつ行われて、誰に影響を与えるかといった情報を確認することができます。

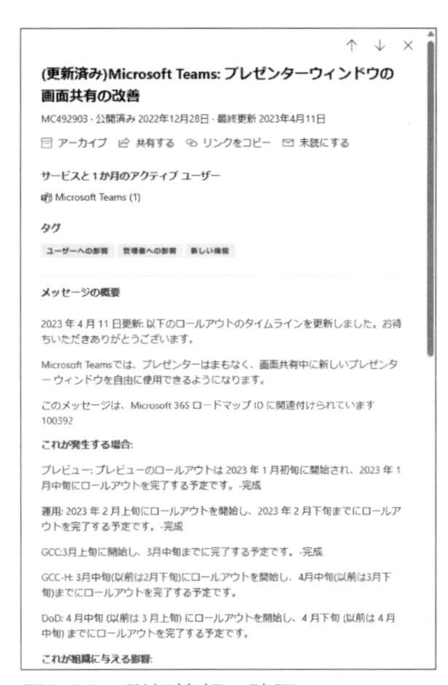

図9.30：詳細情報の確認

また、メッセージセンターに表示される情報は、メールで管理者に対して配信することもできます。メッセージセンターで、[ユーザー設定] を選択すると、[メール] タブで誰にどのような更新情報を配信するかを指定することができます。

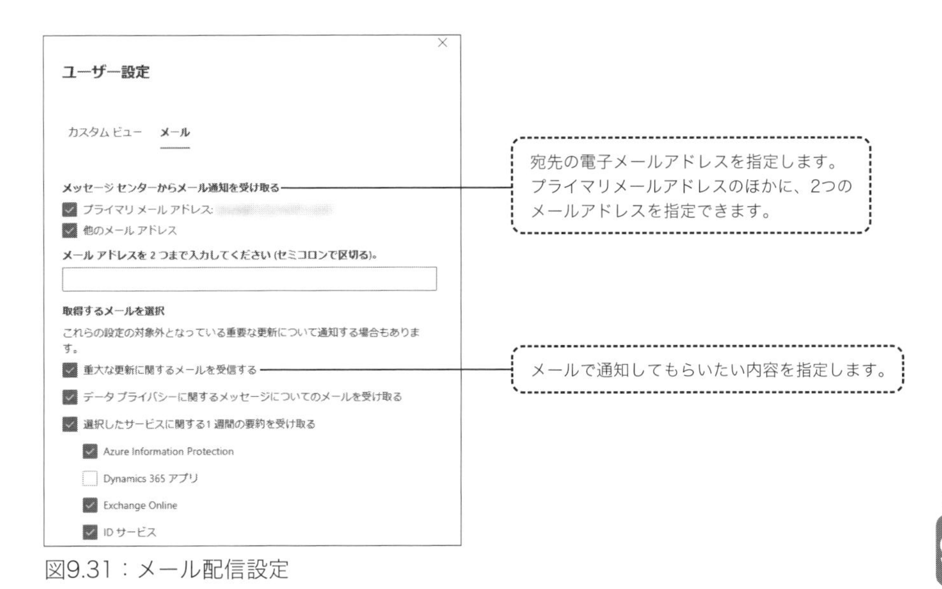

図9.31：メール配信設定

今後のアップデートやスケジュールされたメンテナンスイベントを確認するには、メッセージセンターを使用します。

9.8 サービスレベル契約

サービスレベル契約（SLA：Service Level Agreement）は、Microsoft 365に含まれる各種サービスに対して「1か月のサービス稼働率○○%以上」といったサービスレベルを設定し、それを達成、維持するという約束をするものです。

サービスの可用性が維持されない場合に、どのような対応がされるのかを確認するには、サービスレベル契約（SLA）を確認します。

第9章

この約束を守れなかった場合は、毎月のサービス料金の一部に対するクレジット（返金）の対象となる可能性があります。たとえば、2023年6月1日時点で公開されているService Level Agreement for Microsoft Online Servicesでは、Exchange Onlineは、次のようなサービスレベル契約が定められています。

月間稼働率	サービスクレジット
99.9%を下回った場合	25%の返金
99%を下回った場合	50%の返金
95%を下回った場合	100%の返金

表9.4：Exchange OnlineのSLA

クレジットは、影響を受けたサービスと停止期間に基づいて日割りで計算されます。クレジットを請求するには、インシデントが発生した月の末日から1か月以内に送信する必要があります。

SLAが定められているのは、Exchange Onlineだけではなく、OneDrive for BusinessやMicrosoft Teams、Azure Active Directory（Microsoft Entra ID）、Microsoft Intuneなど各種サービスで、それぞれ設定されています。

Microsoft 365の各サービスには、個別にSLAコミットメントがあり、SLAが維持されない場合、サービスクレジットを提供します。
また、100%のSLAを保証することはありません。

練習問題

ここまで学習した内容がきちんと習得できているかを確認しましょう。

問題 9-1

あなたの会社は、クラウドソリューションプロバイダー（CSP）です。あなたの会社はマネージドサービスや直接のカスタマーサポートを提供していません。顧客にライセンスを提供し、販売されたライセンスごとに手数料を受け取る必要があります。あなたは何をするべきですか。

A. Microsoft管理ポータルを使用して顧客のライセンスを購入します。
B. クラウドソリューションプロバイダーの直接パートナーとしてパートナーセンターにサインアップします。
C. クラウドソリューションプロバイダーの間接リセラーとしてパートナーセンターにサインアップします。
D. マイクロソフト認定ディストリビューターから顧客のライセンスを購入します。

問題 9-2

従業員数50人の会社がMicrosoft 365 Business Premiumサブスクリプションを購入する予定です。利用できる支払い方法を2つ選択してください。

A. PayPal
B. 銀行口座振り込み
C. エンタープライズ契約
D. クレジットカードまたはデビットカード

問題 9-3

各ステートメントが正しい場合は「はい」を、正しくない場合は「いいえ」を選択してください。

①Microsoft 365 Roadmapでは、機能がいつGAされたのかを確認することができます。
②Microsoft 365 Roadmapでは、新機能がいつ提供されるのかを確認することができます。
③Microsoft 365 Roadmapでは、機能に対するフィードバックを送信することができます。

問題 9-4

あなたの会社には、Microsoft 365サブスクリプションがあります。Microsoft 365の停止後、サービス正常性ダッシュボードはサービスに問題がないことを示します。サービス正常性ダッシュボードを確認し、サービスが正常であることを確認します。その後、インシデントの事後レビュー（PIR）にアクセスします。インシデントが解決された後、予備のインシデントの事後レビュー（PIR）がサービス正常性ダッシュボードを介して配信されるまで待機する必要がある最大時間は次のうちどれですか。

A. 12時間
B. 24時間
C. 48時間
D. 5営業日

問題 9-5

あなたは会社のMicrosoft 365の管理者です。ユーザーが、SharePoint Onlineで問題を経験しています。問題を解決するにはどのオプションを使用しますか。2つ選択してください。

A. SharePoint管理センターにアクセスして、サポートリクエストを作成します。
B. 電話でマイクロソフトテクニカルサポートに問い合わせします。
C. Microsoft 365管理センターから新しいサポートリクエストを作成します。
D. SharePointポータルからサポートリクエストを作成します。

問題 9-6

あなたは、組織のMicrosoft 365 Enterpriseライセンスを取得する任務を負っています。

クラウドソリューションプロバイダー（CSP）に連絡するか、Microsoft Enterprise Agreement（EA）にサブスクライブする必要があります。

下線部が正しい場合は、「調整不要」を選択してください。下線部が不正確な場合は、正確なオプションを選択してください。

A. 調整不要
B. クラウドソリューションプロバイダー（CSP）に連絡するか、Microsoft Webサイトから会社のクレジットカードを使用します。
C. Microsoft Enterprise Agreement（EA）に加入するか、Microsoft小売店にアクセスします。
D. MicrosoftのWebサイトから会社のクレジットカードを使用するか、Microsoftの小売店のサブスクリプションにアクセスします。

問題 9-7

各ステートメントが正しい場合は「はい」を、正しくない場合は「いいえ」を選択してください。

①直接請求CSPモデルでは、顧客はMicrosoftからライセンスを購入できます。
②直接請求CSPモデルでは、CSPが技術サポートのための単一の連絡先です。
③直接請求CSPモデルでは、CSPが請求のための単一の連絡先です。

問題 9-8

地域全体に影響を与えるMicrosoft 365の停止が発生しています。サービス正常性ダッシュボードを確認し、サービスが正常であることを確認します。何を使用しますか。

A. メッセージセンター
B. インシデントクローズの概要
C. インシデントの事後レビュー（PIR）
D. サービスリクエスト

問題 9-9

ある会社が Microsoft 365を購入予定です。経営陣に Microsoft 365の価格設定モデルの概要を伝える必要があります。Microsoft 365の請求方法は次のうちどれですか。

A. 会社はすべての従業員が毎月使用するコンピューティングリソースの量に応じて課金されます。
B. 会社は、Microsoft 365に対して1回の支払いを行います。
C. 会社は、すべての従業員の間で共有できる単一のMicrosoft 365ライセンスに対して毎年請求されます。
D. 必要なユーザーライセンスの数に応じて、会社に課金されます。

問題 9-10

あなたはMicrosoft 365の管理者です。Microsoft 365の機能が提供されたらすぐに検証する必要があります。どのステップで、どの機能フェーズを利用するべきですか。

開発ステップ	
A	完全なコンプライアンステスト
B	最近リリースされた完全なQAテスト
C	QA結果とエンドユーザードキュメントを準備

機能フェーズ	
1	パブリックプレビュー
2	GA（General Availability）
3	プライベートプレビュー

問題 9-11

会社が、Microsoft 365サービスを評価しています。請求プロファイルでサポートされている支払いオプションを決定する必要があります。サポートされている3つのオプションはどれですか。それぞれの正解は、完全な解決策を提示します。

A. マネーオーダー
B. デビットカード
C. 小切手
D. 現金
E. クレジットカード

問題 9-12

あなたは会社のMicrosoft 365の管理者です。プライベートプレビュー、パブリックプレビューまたは一般提供（GA）のうち、Microsoftからサポートを受けることができるフェーズを決定する必要があります。

次のうち、サポートを受けることができるのはどれですか。

A. GA、パブリックプレビュー、プライベートプレビュー
B. GA、プライベートプレビューのみ
C. GAのみ
D. GA、パブリックプレビューのみ
E. パブリックプレビュー、プライベートプレビューのみ

問題 9-13

会社は Microsoft 365 Enterpriseライセンスの購入を計画しています。どのオプションを使用できますか。2つ選択してください。

A. クラウドソリューションプロバイダー経由
B. 会社のクレジットカードを使用してMicrosoftのWebサイトから
C. Microsoft小売店
D. MicrosoftのEnterprise Subscription Agreementを使用

問題 9-14

各ステートメントが正しい場合は「はい」を、正しくない場合は「いいえ」を選択してください。

①クラウドソリューションプロバイダーは、顧客にMicrosoft 365ライセンスを毎年請求できます。
②クラウドソリューションプロバイダーは、30日間の試用ライセンスを顧客に提供できます。
③クラウドソリューションプロバイダーは、顧客が使用するライセンスに対してのみ顧客に課金できます。

問題 9-15

あなたは会社のMicrosoft 365の管理者です。すべての管理者がサービス中断についての電子メールを受信するように構成する必要があります。[ユーザー設定] ページで設定が必要な個所を3つ答えてください。

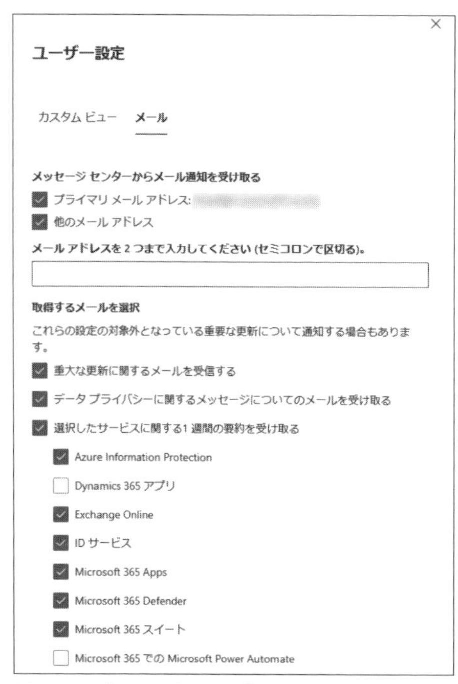

図9.32：[ユーザー設定] ページ

問題 9-16

あなたは会社のMicrosoft 365管理者です。あなたの会社は、Microsoft 365サービスの可用性が満たされない場合に何が起こるかについてもっと知りたいと考えています。その情報はどこにありますか。

A. サービスレベル契約
B. Microsoftサービス契約
C. Microsoftクラウド契約
D. Microsoft Product and Services契約
E. Enterprise Agreement

問題 9-17

あなたはMicrosoft 365の管理者です。新機能のリリースが会社に与える影響を確認する必要があります。展開シナリオに対する適切なリリースタイプを選択してください。

	展開シナリオ
A	広範な展開
B	短期間の限られた展開
C	短期間の少数の組織への限定的な展開

	リリースタイプ
1	プライベートプレビュー
2	パブリックプレビュー
3	GA（General Availability）

問題 9-18

Microsoft 365のサービスと機能のライフサイクルを確認したいと考えています。次のうち、どこで確認すればいいですか。

A. docs.microsoft.com
B. support.microsoft.com
C. Microsoft 365 Roadmap
D. Microsoft Lifecycle Services

問題 9-19

ある会社が、Microsoft 365を評価しています。エンタープライズ契約（Enterprise Agreement）のメリットを特定する必要があります。エンタープライズ契約のメリットは何ですか。

A. すべてのライセンスは永続的です。
B. 簡略されたデバイスごとのライセンスモデルを使用します。
C. 簡略化された有効期限のないライセンスモデルを使用します。
D. 期間中は固定価格で利用できます。

練習問題の解答と解説

問題 9-1 正解 C　　参照 9.2.2「クラウドソリューションプロバイダー（CSP）」

問題文の中に、「直接のカスタマーサポートを提供していない」という記述があるため、間接モデルを利用した間接リセラーとして登録しているのが分かります。インセンティブを受け取るには、Microsoftのパートナーセンターにサインアップして手続きを行う必要があります。

問題 9-2 正解 B、D　　参照 9.4「請求に関する管理」

Microsoft 365のライセンス料金は、クレジットカード、デビットカード、銀行口座への振り込みの3種類が利用可能です。

問題 9-3 正解 以下を参照

①はい

現在のユーザーインターフェイスでは、GAではなく、Rollout Startですので確認することはできませんが、以前は、機能がいつGAされたのかを確認することができました。ユーザーインターフェイスが変更される前に作成された問題である可能性が高いため、「はい」を正解とします。

②はい

Microsoft 365 Roadmapでは、どのような新機能が、どんな段階でいつプレビューとして提供される予定かなどを確認することができます。

③いいえ

機能に対するフィードバックを送信することはできません。

問題 9-4 正解 C　　参照 9.7.1「サービス正常性」

予備のインシデントの事後レビューは、インシデントが解決してから48時間以内に配信されます。

問題 9-5 正解 B、C　　参照 9.5「Microsoftのサポート」

発生した問題を解決するために技術サポートを受けるには、電話で問い合わせを行うか、Microsoft 365管理センターを使用してサポートリクエストを作成します。

問題 9-6 正解＞A　　参照 9.1 「Microsoft 365のライセンスモデル」

Microsoft 365のライセンスの取得方法として、クラウドソリューションプロバイダー（CSP）から購入、Enterprise Agreementを利用するという2つの方法は、両方とも適切であるため調整は不要です。

問題 9-7 正解＞以下を参照　　参照 9.2.2 「クラウドソリューションプロバイダー（CSP）」

①いいえ

直接請求CSPモデルは、顧客（クラウドカスタマー）が直接Microsoftからライセンスを購入できるという制度ではありません。

②いいえ

CSPから製品やサービスを購入していたとしても、Microsoftのサポートを受けることができるため、サポートのチャネルはCSPとMicrosoftの2つです。

③はい

CSPから購入した製品やサービスは、CSPに問い合わせる必要があります。

問題 9-8 正解＞C　　参照 9.7.1 「サービス正常性」

サービス正常性ページでは、Microsoft 365の各種サービスが正常であるかを確認することができます。

また、インシデントが発生して解決してから48時間以内に、予備のインシデントの事後レビューが配信され、そこから5営業日以内にインシデントの事後レビューが配信されます。これにより、インシデントの詳細を確認できます。

問題 9-9 正解＞D　　参照 9.1 「Microsoft 365のライセンスモデル」

Microsoft 365は、ユーザーベースのライセンスです。そのため、必要なユーザー数分だけ購入し、ユーザーアカウントに割り当てて使用します。料金は、ライセンス料金×ユーザー数で算出することができます。

問題 9-10 正解 以下を参照　参照 9.6.1 「サービス提供までのライフサイクル」

特定の法令や規制の適用対象となるデータの処理にサービスが適しているかについては、プライベートプレビューで判断することができます。最近リリースされた機能の完全なQAテストは、パブリックプレビューで行うことができます。QAの結果に基づいたエンドユーザー用のドキュメントの準備はGAされたサービスで行います。

シナリオ	
A	完全なコンプライアンステスト
B	最近リリースされた完全なQAテスト
C	QA結果とエンドユーザードキュメントを準備

機能	
3	プライベートプレビュー
1	パブリックプレビュー
2	GA（General Availability）

問題 9-11 正解 B、C、E　参照 9.4 「請求に関する管理」

請求プロファイルでサポートされている支払いオプションは、デビットカード、クレジットカード、請求書です。

ただし、2023年4月1日以降、請求書を使用した支払いで小切手が利用できなくなりました。しかし、この情報が公開される前に作成された問題が試験で出題される可能性があります。このような場合は、小切手が正解とされますのでご注意ください。

問題 9-12 正解 D　参照 9.6.1 「サービス提供までのライフサイクル」

サポートサービスが提供されるのは、パブリックプレビューとGAです。

問題 9-13 正解 A、D　参照 9.1 「Microsoft 365のライセンスモデル」

Microsoft 365のライセンスは、CSPパートナーとなっている企業から購入することができます。また、Enterprise Subscription Agreementを使用して購入することができます。

問題 9-14 正解 以下を参照

①はい

ライセンス料金の支払いは、月払いか年払いを選択できます。

②はい

CSPは、顧客に対して30日間の無料試用ライセンスを提供できます。

③いいえ

Microsoftのクラウドサービスだけでなく、自社で提供している独自のサービスなどを販売し、それに対しても課金することができます。

問題 9-15 正解 以下を参照

すべての管理者にメッセージセンターからのメールが配信されるようにするには、[他のメールアドレス] チェックボックスをオンにし、管理者全員が含まれるグループのメールアドレスを指定します。また、サービスの中断に繋がるような重要なメンテナンス情報や更新の情報を受け取るには、[重大な更新に関するメールを受信する] を選択します。

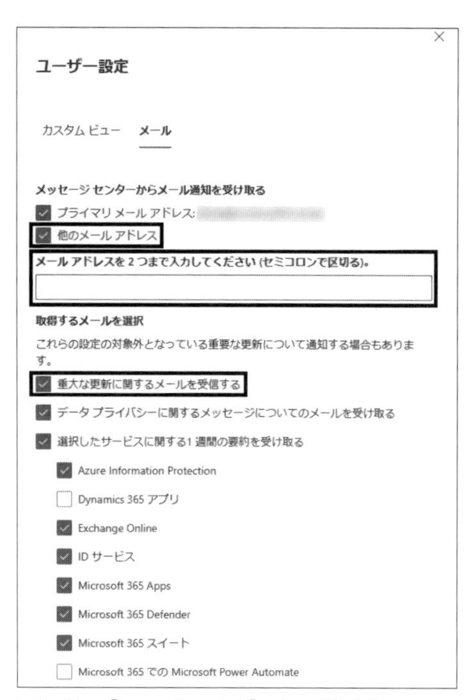

図9.33：[ユーザー設定] ページ解答

問題 9-16 正解 A　　参照 9.8 「サービスレベル契約」

Microsoft 365のサービスで、可用性が満たされなかった場合に、何が起こるかについて確認するには、サービスレベル契約を使用します。

問題 9-17 正解 以下を参照　　参照 9.6.1 「サービス提供までのライフサイクル」

広範な展開に対応するリリースタイプは、GAです。短期間の限られた展開は、パブリックプレビューです。パブリックプレビューでは、ライセンスを持つすべての顧客がサービスを利用することができます。短期間の少数の組織への限定的な展開はプライベートプレビューです。少数の顧客に対して早期にサービスにアクセスするよう呼びかけます。

	展開シナリオ
A	広範な展開
B	短期間の限られた展開
C	短期間の少数の組織への限定的な展開

	リリースタイプ
3	GA（General Availability）
2	パブリックプレビュー
1	プライベートプレビュー

問題 9-18 正解 C

参照 9.6.2 「Microsoft 365 Roadmap」

サービスや機能のライフサイクルを確認するには、Microsoft 365 Roadmapサイトを使用します。

問題 9-19 正解 D　　参照 9.2.1 「Enterprise Agreement（EA）」

Enterprise Agreementでは、契約期間内は固定価格で製品を利用することができます。

索引

アルファベット

あ

か

さ

た

な

は

ま

や

ら

著者紹介

甲田 章子（こうだ あきこ）

マイクロソフト認定トレーナー（MCT）として、数多くの研修コースの開発や実施、書籍の執筆を担当。
特にMicrosoft 365においては、そのサービス開始時から、マイクロソフト社の依頼で、パートナー向けトレーニングの作成と実施に従事してきた第一人者である。そのわかりやすさと深い知識、丁寧な対応に定評があり、研修の依頼が後を絶たない人気講師である。大の犬好きで、ダルメシアン（1頭）とチワワ（4頭）の多頭飼いをしている。休日は犬と一緒に遠出をしてリフレッシュしている。

●認定・受賞
MCT（Microsoft Certified Trainer）
Microsoft 365 認定 Enterprise Administrator Expert
Microsoft 365 認定 Modern Desktop Administrator Associate
マイクロソフトトレーナーアワード新人賞（2008年）
マイクロソフト MVP（Most Valuable Professional）受賞（2014～2018年）
Windows Insider MVP受賞（2016年～2021年）
Microsoft Top Partner Engineer Award「Modern Work」受賞（2023年）

エディフィストラーニング株式会社

1997年に、株式会社野村総合研究所（NRI）の情報技術本部から独立し、IT教育専門会社の「NRIラーニングネットワーク株式会社」として設立。2009年に「エディフィストラーニング株式会社」と社名変更。2021年よりコムチュア株式会社のグループに参画し、システムインテグレーションサービスに不可欠な教育研修のノウハウを事業とし、ITベンダートレーニングやシステム上流工程トレーニングにも力を入れている。
Microsoft 研修においては、Windows NTのころから25年以上の実績があり、Microsoft Azure、Microsoft 365、Power Platform、Active Directoryなど、オンプレミスからクラウドまで幅広くトレーニングを行っている。講師の質の高さが有名で、顧客企業からの評価は元より、マイクロソフト社などベンダーからの信頼も厚く、多くのアワードも受賞している。

装丁・本文デザイン／ハヤカワデザイン 早川いくを

DTP／株式会社明昌堂

MCP教科書 Microsoft 365 Fundamentals（試験番号：MS-900）

2023年 9 月19日　初版第1刷発行
2024年 7 月 5 日　初版第3刷発行

著者　甲田 章子
発行人　佐々木 幹夫
発行所　株式会社 翔泳社（https://www.shoeisha.co.jp）
印刷　昭和情報プロセス 株式会社
製本　株式会社国宝社

ISBN978-4-7981-8081-6
Printed in Japan